新 版
ライフサイエンスの有機化学

樹林千尋　秋葉光雄

三共出版

新版にあたって

　本書第1版は1987年に上梓され，以来17年が経過した。この間の生命科学の進歩は目を見張るばかりであり，さらに進化・発展を遂げつつある。とりわけ，ヒトゲノムの構造解明は生命科学という学問分野にとどまらず，人類の文明において新紀元を画する大きなできごとであるといえよう。このような状況を考慮し，また，旧版の内容に関してなん人かの読者諸氏から貴重なご指摘をいただいたこともあり，著者は本書の改訂の必要性を感じていた。しかしながら，著者の多忙と怠慢のためなかなか改定作業に取りかかれないでいたところ，本書初版を出版するにあたってお世話になった三共出版の秀島　功氏より強く改訂を勧められ，また種々のご協力をいただき，ここにようやく新版出版の運びとなった次第である。

　初版における本書の方針は，生体物理を最重要と思われる糖質，タンパク質，脂質，核酸の4群に限定して取りあげ，できるだけ基礎事項を重視し，一般基礎有機化学を修得した学生であれば一読して理解できるように努める点にあった。新版においてもこの方針は基本的に踏襲したうえで，さらに各章の内容を全般的に見直し新事項を加筆するなど大幅な改定を行った。また，旧版の第1章「生体の成分」も，新版では「生体分子とその起源」として新しく書きかえた。さらに，章末のNoteでは，読者に興味を持っていただけるようなライフサイエンスに関する最先端のトピックスを新たに取り上げた。

　内容の改善に努め，体裁も一新した本書であるが，著者の意に反して不手際や不満があるかもしれない。これらについては読者諸氏の忌憚のないご批判を賜れば幸いである。

2004年1月

著　者

まえがき

　生命は究極的には化学物質の働きに由来する現象であり，生命の諸活動は絶え間のない物質変換（化学反応）の流れの中で営まれている。細菌からヒトにいたるまで，地球上のあらゆる生命はこの原則に支配されるが，その中で中心的役割を担う物質は有機分子である。有機分子がもつさまざまな機能の中で，生命にかかわる機能こそは有機分子に与えられた最もきわ立った特性といえるであろう。生物系における生体分子の複雑な機能も，もとをたどれば個々の有機分子がもつ固有の性質が統合され，その結果が反映されたものであり，分子に固有な性質はひとえに化学構造によってきまる。

　このようにみてくると，生命の本質は有機化学と深くかかわっていることがわかる。

　近年，有機化学は急速な進歩をとげ，理論から応用に至るまで膨大な蓄積を重ねつつある。このため，最近の有機化学書はますます大部なものになってきた。さらに，最近のライフサイエンスの隆盛から，これらの有機化学書では巻末に生体物質に関してかなりのページを割いている例が多い。多くの大学では，有機化学の講義はこのような有機化学書の構成に準拠して，基礎有機化学から始まり，巻末の有機生体分子の項目へ向けて進められるのが普通と思われる。しかしながら，多くの場合，最終段階にいたらず，せっかく修めた基礎有機化学の知識を，有機化学の原点ともいうべき生体分子の有機化学に結びつける機会の訪れないままに終わってしまうことも多いのではなかろうか。今日，化学を志す学生の多くはライフサイエンスを志向していることを考えると，これはもったいない気がする。また損失でもある。

　このような反省から，著者らの在職する大学では，数年前より有機化学の講義を一般有機化学（Ⅰ）と生体分子の有機化学（Ⅱ）とに分け，Ⅰの基礎過程を終了した段階で，以後ⅠとⅡを平行して進めて行く方式を実行しており，ある程度の成功を収めている。Ⅱの分野といえども基本はあくまでも有機化学であるから，ⅠとⅡは本質的には共通している部分が多く，重複もある。しかし，Ⅱにおいては対象とする化合物が限定され，それぞれが個性的であることから，一般有機化学とはまた違った興味が引き出される期待もある。

　このような経験を踏まえて，著者らはかねて講義や学習に役立つ書物の出現を望んでいたところ，三共出版の秀島功氏よりお世話をいただく機会を得，このたび本書が上梓の運びとなった次第である。

　一般に生体物質といわれる化合物は多種多様であるが，本書では最重要と思われる化合物群，すなわち糖質，タンパク質（ペプチド，アミノ酸を含む），脂質，核酸の4群に限定し，これらを第2章～第5章にわたって述べた。各章の内容はできるだけ基礎事項を重視し，一般基礎有機化学を修得した学生であれば一読して理解できるよう努めた。また，各章ごとに練習問題を置いたので，これによって内容の理解を深め，さらに学習を発展させるための指針としていただきたい。

　さらに，章末に関連化合物のライフサイエンスにおける話題をとり上げNoteとして紹介した。これ

らは独立して読んでも内容がくみ取れるよう配慮してあるが，本文と対照させて読んでいただければいっそう理解が深まるものと思う。

　何分にも，本書の内容は生体というあまりにも大きく奥深い対象に関連しているために，著者らの力量が及び難く，至らぬ記述や思わぬ誤記もあろうかと思う。それらについては読者諸賢の御指導と御批判をいただければ幸いである。

　1987年9月

著　　者

目　次

1. 生体分子とその起源
1-1　地球上における生体分子の誕生 …………………………2
- 1-1-1　アミノ酸の前生物的生成 …………………………3
- 1-1-2　プリン，ピリミジンの前生成物的生成 …………………………4
- 1-1-3　糖類の前生物的生成 …………………………7

1-2　生体分子の生合成経路 …………………………7
- 1-2-1　糖質の生合成 …………………………7
- 1-2-2　アミノ酸の生合成 …………………………8
- 1-2-3　脂肪酸の生合成 …………………………9
- 1-2-4　プリンヌクレオチドの生合成 …………………………10
- 1-2-5　ピリミジンヌクレオチドの生合成 …………………………11
- 1-2-6　自然界における生体物質の循環 …………………………12

2. 糖質の化学
2-1　単糖類の分類と構造 …………………………16
2-2　環状ヘミアセタール構造 …………………………19
2-3　ピラノースの立体化学 …………………………23
2-4　天然由来の単糖誘導体 …………………………26
- 2-4-1　デオキシ糖 …………………………26
- 2-4-2　アミノ糖 …………………………27
- 2-4-3　グリコシルアミン …………………………27
- 2-4-4　配糖体 …………………………29
- 2-4-5　L-アスコルビン酸 …………………………30
- 2-4-6　シアル酸 …………………………30

2-5　単糖類の反応 …………………………31
- 2-5-1　酸化 …………………………31
- 2-5-2　還元 …………………………36
- 2-5-3　アミノ酸化合物との反応 …………………………37
- 2-5-4　炭素鎖の延長 …………………………39
- 2-5-5　炭素鎖の短縮 …………………………41
- 2-5-6　エーテル …………………………42
- 2-5-7　環状アセタールおよび環状ケタール …………………………43

2-5-8	エステル	44
2-6	オリゴ糖類	45
2-6-1	還元性二糖類	45
2-6-2	非還元性二糖類	48
2-6-3	三 糖 類	50
2-6-4	シクロデキストリン	50
2-7	多 糖 類	51
2-7-1	グルカン	51
2-7-2	複合多糖（ヘテログリカン）	55
演習問題		58

3. アミノ酸，ペプチド，タンパク質の化学

3-1	アミノ酸の構造	59
3-2	その他の天然 L-アミノ酸	62
3-3	アミノ酸の性質	63
3-3-1	双性イオン	63
3-4	アミノ酸の化学的性質	64
3-4-1	アミノ基の反応	64
3-4-2	カルボキシル基の反応	65
3-4-3	α-アミノ酸の反応	66
3-5	α-アミノ酸の合成	66
3-5-1	α-ハロゲン酸のアミノ化	67
3-5-2	Strecker 合成	67
3-5-3	マロン酸エステル合成	67
3-5-4	α-ケト酸の還元的アミノ化	68
3-5-5	その他の反応	68
3-5-6	光学活性アミノ酸の合成	70
3-6	ペ プ チ ド	71
3-6-1	ペプチドの構造	72
3-6-2	ポリペプチドの一次構造の決定	74
3-6-3	ペプチドの合成	76
3-7	タンパク質の分類	80
3-8	タンパク質の高次構造	82
3-8-1	α ヘリックス構造	82
3-8-2	β シート構造	83
3-8-3	三次構造	84
3-8-4	四次構造	86

3-8-5　タンパク質の変性……………………………………………86
　演習問題………………………………………………………………90

4. 脂質の化学
　4-1　脂肪酸………………………………………………………………92
　4-2　単純脂質……………………………………………………………97
　　4-2-1　中性脂肪（トリグリセリド）…………………………………97
　　4-2-2　ろう……………………………………………………………100
　4-3　複合脂質……………………………………………………………100
　　4-3-1　リン脂質………………………………………………………100
　　4-3-2　スフィンゴ脂質………………………………………………104
　　4-3-4　糖脂質…………………………………………………………104
　4-4　テルペノイド………………………………………………………110
　4-5　ステロイド…………………………………………………………116
　4-6　プロスタグランジン………………………………………………121
　演習問題…………………………………………………………………130

5. 核酸の化学
　5-1　核酸の構成成分……………………………………………………134
　　5-1-1　塩基……………………………………………………………135
　　5-1-2　糖………………………………………………………………137
　　5-1-3　ヌクレオシド，ヌクレオチド………………………………137
　5-2　核酸の構造と性質…………………………………………………146
　　5-2-1　DNAの構造と複製……………………………………………146
　　5-2-2　リボ核酸の構造………………………………………………151
　　5-2-3　核酸の性質……………………………………………………154
　5-3　核酸の化学合成……………………………………………………160
　5-4　DNAの遺伝情報とタンパク質合成………………………………165
　　5-4-1　DNAの遺伝情報………………………………………………165
　　5-4-2　タンパク質の合成……………………………………………166
　演習問題…………………………………………………………………181

Note
1. 不斉発生の謎……………………………………………………………13
2. 糖鎖医薬の開発…………………………………………………………57
3. 実験の失敗から生まれたノーベル化学賞

──タンパク質の質量分析を可能にした田中耕一氏の業績 …………87
　4. エンドルフィン──モルヒネ様作用をもつ脳内ペプチド ……………88
　5. 狂牛病の原因はタンパク質の立体構造の変化………………………89
　6. 石けんの性質とその働き …………………………………………106
　7. 細胞膜の構造 ………………………………………………………108
　8. PGの化学合成 ……………………………………………………128
　9. DNAのいろいろな立体構造………………………………………158
　10. がんとエイズ………………………………………………………173
　11. ヒトゲノム解読……………………………………………………179

演習問題解答……………………………………………………………183
参考文献…………………………………………………………………191
索　　引…………………………………………………………………193

1 生体分子とその起源

　地球上には90種余りの元素が存在しているが，それらの中で生物体内に見いだされる元素は生物の種類を問わずごく限られており，20数種類にすぎない。地球全体からみると生物圏は特殊な組成をもつ存在であるといえる。生物が生命活動を営むのに不可欠な元素は生元素（bioelement）とよばれ，C, H, O, N, P, Sのほか金属原子など10数種類が必要である。生元素は生物種によって若干異なるが，ヒトの場合，生元素は多い順にO, C, H, N, Ca, P, Sであり，ほかにK, Na, Cl, Mgなどが加わり，これらの主元素で99.3％を占める（表1-1）。Oが特に多いのは，人体の60〜70％が水のためである。残りの約30％は有機物であるため，Oとともに C, H, Nが多く，人体の大半（約96％）はこれら主要4元素（C, H, O, N）で占められていることになる。これらのほかFe, Mn, Zn, F, Cu, Se, I, Mo, Cr, Coなどの微量元素も生体に必要である。生元素と海水の元素組成は類似性が高く，生物の初期の進化が海水中で行われたという説の大きな根拠になっている。

表1-1　ヒトの構成元素組成

元　素	重量（％）	元　素	重量（％）
酸　素	63	ナトリウム	0.2
炭　素	19	塩　素	0.15
水　素	9	マグネシウム	0.05
窒　素	5	鉄	＞0.01
カルシウム	1.5	マンガン	＞0.01
リ　ン	0.6	亜　鉛	＞0.01
硫　黄	0.6	フッ素	＞0.01
カリウム	0.2		

　イオンを形成する元素Na, K, Mg, Ca, Clは，イオン強度の調整，刺激情報の伝達などをつかさどる。一方，Fe, Zn, Cu, Se, Mn, Mo, Coなどは錯体を形成し，生体内化学反応の触媒として働く（たとえば，

ヘモグロビン，チトクロムにおけるFe）。

　生体の約70％を占める水は生体物質を溶かす溶媒であり，また水に不溶性の生体物質も構造物間のすき間をうめる媒体の役割を果たしている。すべての生体物質がその機能を発揮するためには，水と接触している必要がある。また生体内化学反応の多くは水中で進行する。それゆえ，水は生体にとって最も基本的な成分である。水を除いた生体の組成はきわめて複雑であるが，その大部分はC，H，O，Nの4元素からなる糖質，脂質，タンパク質，核酸などの有機分子によって占められている。生体におけるこれらの重量比は，一般に，タンパク質15％，核酸6～7％，糖質および脂質がそれぞれ2～3％程度であり，全体で約30％に達する。これらの元素に次いで多いCaやPは骨や歯の主成分となっている。

1-1　地球上における生体分子の誕生

　生命を誕生させるために必要な有機化合物はどのようにして地球上に誕生したのであろうか。宇宙で生成し，隕石などによって地球へ運ばれてきたとする考えもあり（地球外起源説），事実，石質隕石の炭素質コンドライトという鉱物質中に，種々のアミノ酸や核酸塩基など多くの有機化合物が含まれていることが確認されている。しかし，その量はごくわずかであり，生命の誕生に必要な膨大な量の有機化合物は原始地球を包んでいた大気（原始大気）中の単純な物質から生じたと考えるのが一般的である（自然発生説）。すなわち，原始大気の成分に，紫外線，放電，放射線，熱などのエネルギーが加わって自発的な化学反応が起こり，アミノ酸，核酸塩基，脂肪酸，糖などの有機物が生じた。これらが当時の海（原始海）に溶け込んで栄養に富んだスープ（原始スープ）となり，このスープの中で重合化が進みポリペプチドや核酸に似た重合体がつくられたのであろう。これらの物質はやがて触媒機能をもつタンパク質や自己複製機能をもつリボ核酸（RNA）となり，両者が協力し始め単独では発揮し得なかった新しい機能をもつ相互依存システム（原始RNA・タンパク質ワールド）をつくりあげたのであろう。さらに，これらが細胞構造の前駆体となる袋状の構造体やリポソームに包まれて最初の原始生命が生まれると，RNAは遺伝情報を，タンパク質は化学反応を触媒する酵素としての役割をそれぞれ担うようになり，進化はいっそう加速され機能の多様性が増した。さらに，RNAはより安定なDNAを生みだし，現在の生物に共通な，DNA→RNA→タンパク質という遺伝情報の流れ（セントラルドグマ）が確立した。このように物質が次第に複雑な存在状態になっていくという考え方は，生物が簡単な形態のも

のから進化して複雑な形態のものになるという考え方に対応するもので，これを**化学進化**（chemical evolution）とよんでいる。

1-1-1 アミノ酸の前生物的生成

原始大気からアミノ酸はどのようにして生成したのであろうか。アミノ酸の非生物的（前生物的）生成過程を，原始地球的条件下に実験室内で再現するいくつかの試みがなされている。その中で，1953年に行われたユーリー・ミラー（Urey-Miller）の実験が歴史的に有名である。シカゴ大学の大学院生であったミラーは，ユーリーの解析にもとづいて原始大気*を還元型のメタン（CH_4），アンモニア（NH_3），水（H_2O），水素（H_2）と想定し，これらの混合ガスに電極による火花放電を行った。放電によって生成した不揮発性成分は冷却管を通ってフラスコの中に集められ，揮発性成分はさらに循環を続け放電を受ける装置（図1-1）で1週間実験を続けたところ，メタンに含まれる炭素のうちの約5％が種々のアミノ酸や有機化合物に変わっていることが見いだされた（表1-2）。この反応においては最初にシアン化水素（HCN）が大量に生成し，各種アミノ酸の生成とともにHCNの減少が見られた。また、メタンがなくなるまでアルデヒドの生成が続くことが観察された（図1-2）。

* 地球創成期の大気はCH_4，H_2，NH_3，H_2O，N_2などを主とする還元性のガス（一次原始大気）であったが，やがて原始地球の高温のために地球外へ散逸し，地球内部から噴出したガス（N_2，H_2O，CO_2，COなど）による還元性の失われた二次原始大気になったと考えられている。その後地球上に生命が誕生し，植物による光合成のためN_2，O_2，H_2O，CO_2を主とする現在の酸化的大気に急速に変化していったと考えられる。

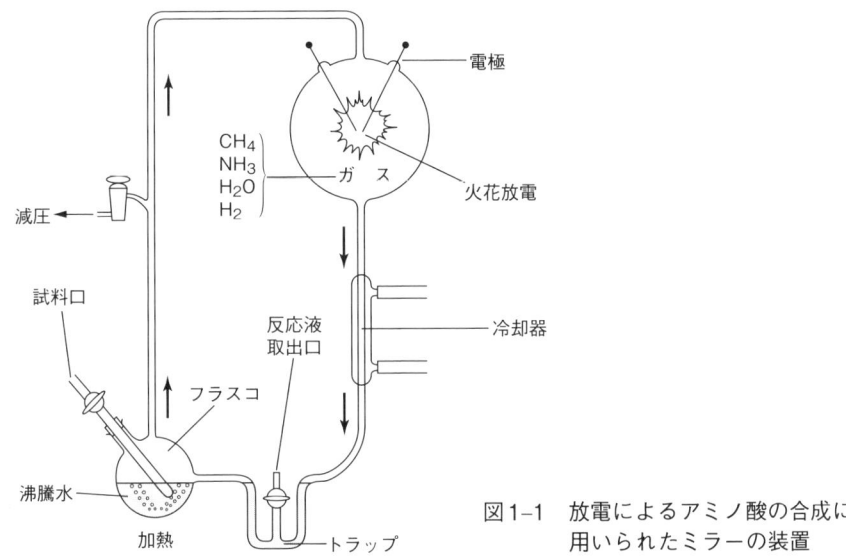

図1-1 放電によるアミノ酸の合成に用いられたミラーの装置

この実験におけるアミノ酸の生成は，有機化学でα-アミノ酸の合成法として知られているStrecker合成（3-5-2参照）と本質的にまった

$$R-CHO + HCN + NH_3 \rightleftharpoons R-\underset{NH_2}{CH}-C\equiv N + H_2O$$

$$R-\underset{NH_2}{CH}-C\equiv N + 2H_2O \longrightarrow R-\underset{NH_2}{CH}-COOH + NH_3$$

Strecker合成によるα-アミノ酸の合成

表1-2 ユーリー・ミラーの実験によって生成した有機化合物

化合物	収率 （mol×10⁵）
グリシン	63
アラニン	34
サルコシン	5
β-アラニン	15
α-アミノ酪酸	5
N-メチルアラニン	1
アスパラギン酸	0.4
グルタミン酸	0.6
イミノジ酢酸	5.5
イミノアセトプロピオン酸	1.5
ギ酸	233.0
酢酸	15
プロピオン酸	13
グリコール酸	56
乳酸	31
α-オキシ酪酸	5
コハク酸	4
尿素	2.0
N-メチル尿素	1.5

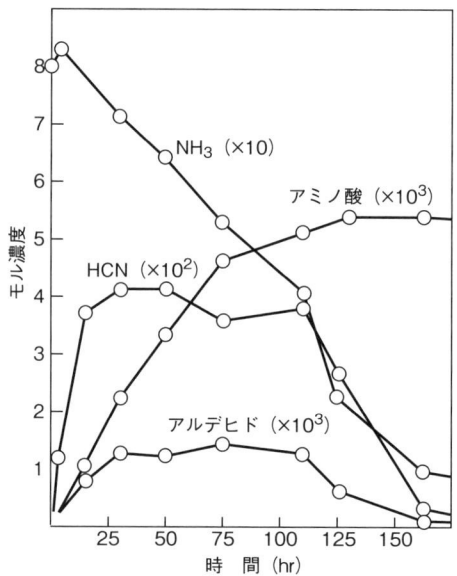

図1-2 メタン，アンモニア，水，水素の混合物に放電中のミラーの装置のU字管中のアンモニア，シアン化水素，アルデヒドおよびフラスコ中のアミノ酸の濃度

く同じである。

1-1-2 プリン、ピリミジンの前生物的生成

　核酸にはいわゆる核酸塩基が含まれている。この塩基成分であるプリン，ピリミジンが生体の遺伝機構において重要な役割を果たしていることはよく知られている。これらのプリン（アデニン，グアニン），ピリ

ミジン（シトシン，ウラシル，チミン）の原始地球的条件下での生成はきわめて興味ある問題である。

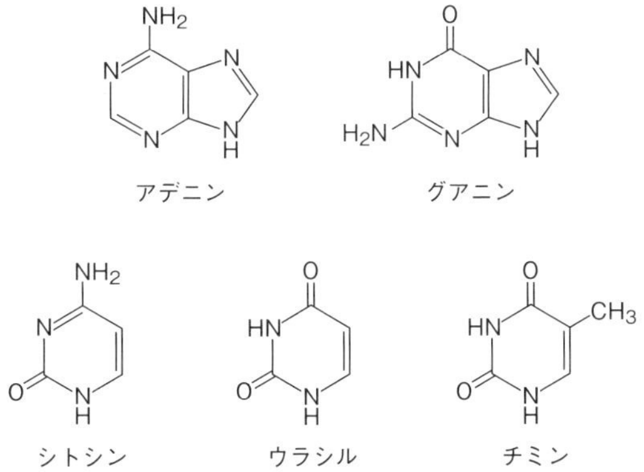

アデニン　　　　　グアニン

シトシン　　ウラシル　　チミン

上述のミラーの実験において観察されたように，還元型混合気体（CH_4，NH_3，H_2O，N_2）の放電により大量のシアン化水素の発生がみられたが，シアン化水素はCO，N_2，H_2の系の放電によっても大量に発生する。シアン化水素は，これらの混合気体から次の反応によって発生する。

$$CH_4 + NH_3 \longrightarrow HCN + 3H_2$$
$$3H_2 + N_2 + 2CO \longrightarrow 2HCN + 2H_2O$$

シアン化水素は，前述のようにアンモニアおよびアルデヒドと反応してアミノ酸を生成するが，アミノ酸以外にも，多くの含窒素化合物は，シアン化水素を起源として前生物的に合成されることが原始大気実験から明らかにされている。核酸構成成分のプリン塩基として重要なアデニンは，シアン化水素をアンモニア水溶液中で反応させることによって生成することが確かめられている。この前生物的合成の機構は次のように考えられる。3分子のシアン化水素が重合して三量体（アミノマロンニトリル）を生成し，さらに三量体のアミノ基がもう1分子のシアン化水素に付加し(Z)-四量体を形成したのち，光異性化を経て分子内閉環によ

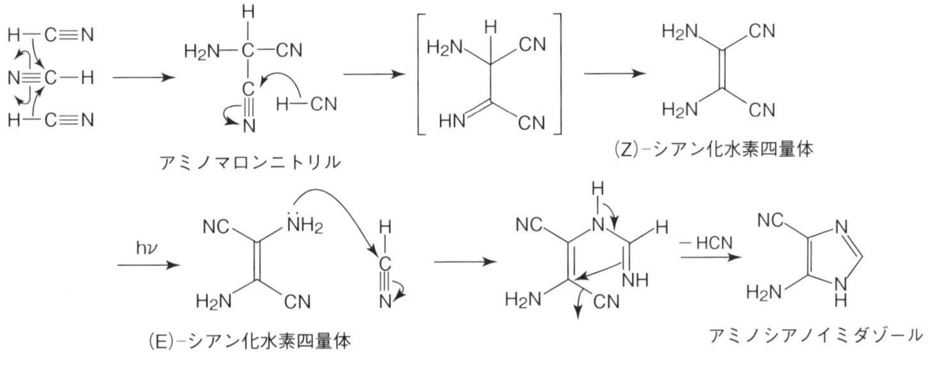

アミノマロンニトリル　　　　　　　　　　(Z)-シアン化水素四量体

(E)-シアン化水素四量体　　　　　　　　　アミノシアノイミダゾール

りイミダゾール（アミノシアノイミダゾール）を生成するものと考えられる。

アミノシアノイミダゾールからアデニンへの変換は、シアノ基が加水分解を受けて生じたアミノイミダゾールカルボキシアミドと、シアン化水素の加水分解によって生じたホルムアミドとの脱水縮合によるものと考えられている。興味深いことに、この反応により生成するアデニンは結局シアン化水素の五量体$(HCN)_5$ということになる。また、詳しくはわかっていないが、アミノイミダゾールカルボキシアミドから生じた尿素中間体（またはシアナミド中間体）の環化により、プリン塩基であるグアニンが前生物的に合成されると考えられている。

核酸塩基として重要なピリミジン類の前生物的合成は、プリン塩基は

ど詳しくは研究されていないが，CH_4とN_2の混合物に放電したときに生じるシアノアセチレンから出発すると考えられている。シアノアセチレンはシアン酸水溶液と反応してシトシンおよびウラシルを与える。

1-1-3 糖類の前生物的生成

ホルムアルデヒドの水溶液に水酸化カルシウムを添加して放置すると，ホルモース（formose）*と名づけられた甘味を呈する糖類の混合物を生じることが100年以上前から知られている。原始地球の条件下で生成したホルムアルデヒドからも，同様の反応（ホルモース反応）によって前生物的に糖類が生成したと考えられている。ホルモースは炭素数3～8のアルドース，ケトースのラセミ体の混合物で，その種類は30種以上といわれている。ホルムアルデヒドにはカルボニル基に隣接するC—Hがないので，最初に起こる反応はアシロイン縮合であると考えられるが，その後は塩基触媒によるアルドール縮合により種々の糖類が生成する。

* 糖類$(CH_2O)_n$はホルムアルデヒドHCHOと同じ元素組成をもつことから，当初糖類の生合成経路はホルモース反応と関連づけて考えられていたが，糖類は光合成によってつくられるのであり，現在ではこのような考えは否定されている。

$$2\ HCHO \xrightarrow{\text{アシロイン縮合}} \underset{\text{グリコールアルデヒド}}{H_2C(OH)-CHO} \xrightarrow[\text{アルドール縮合}]{HCHO}$$

$$\underset{\text{グリセルアルデヒド}}{CH_2(OH)-CH(OH)-CHO} \xrightleftharpoons[]{\text{異性化}} \underset{\text{ジヒドロキシアセトン}}{CH_2(OH)-CO-CH_2(OH)}$$

$$\xrightarrow[\text{アルドール縮合}]{\text{グリコールアルデヒド}} CH_2(OH)-CH(OH)-CH(OH)-CH(OH)-CHO$$

1-2 生体分子の生合成経路

生体で重要な働きをもつ有機化合物は糖質，アミノ酸，タンパク質，脂質，核酸に大きく分類することができる。このほかに，これらの分類に含まれない重要な化合物としてポルフィリン，ビタミンなどがある。これらの有機化合物は，自然界に存在する無機化合物を原材料として，生体内で複雑な生化学的過程を経て合成される。

1-2-1 糖質の生合成

糖質の大部分は，緑色植物がクロロフィルに吸収した太陽光のエネルギーを利用して，大気中の二酸化炭素と水から光合成により合成される。光合成は，光エネルギーを直接化学エネルギー［還元型ニコチンアミドアデニンジヌクレオチドリン酸（NADPH）+ H^+およびアデノシン三リ

*この代謝経路は研究者の名にちなんでカルビン回路とよばれる。

ン酸 (ATP)] に変換し,この化学エネルギーを用いてCO_2を還元して炭化水素を合成する代謝過程である*。光エネルギーの化学エネルギーへの変換は,まず光によってクロロフィルが励起状態になることから始まると考えられている。光合成により1モルのグルコースが合成されるとき,6モルの水を消費し6モルのCO_2が固定される。この際6モルの遊離酸素が発生するが,この酸素はCO_2ではなく水に由来する。光合成による炭酸固定サイクルは複雑な過程であるが,これをまとめると結局次のような簡単な式で表される。

$$6\ CO_2 + 6\ H_2O \xrightarrow{光} C_6H_{12}O_6 + 6\ O_2$$

グリコーゲン,デンプン,セルロースなどの多糖類は,多数のグルコースが酵素のはたらきによって重合化したものである。動物は食物としてのデンプンをグルコースに分解し,酸素で燃焼(酸化)することによってエネルギーを得るとともに,グルコースを原料として種々の糖質を生合成し,生命を維持している。また,タンパク質,脂質,核酸のような生命にとって不可欠な生体物質も,糖を原料として複雑な連鎖に組みこまれて生成する。したがって,すべての地球上の生命は,究極的には葉緑体をもつ植物に依存している。

1-2-2 アミノ酸の生合成

地球上の生物のタンパク質は20種類のアミノ酸からなるが,アミノ酸を合成する能力は個々の生物によってかなり異なり,たとえばヒトには,必須アミノ酸とよばれる8種類のアミノ酸を合成する能力がない。高等植物などはアンモニアを窒素源としてすべてのアミノ酸を合成することができる。アミノ酸の生合成の主要な経路のひとつは,クエン酸(TCA)回路中の2-オキソ酸とアンモニアの反応である。その代表的な例は,2-オキソグルタル酸からグルタミン酸が生成する反応である。この反応はNADPHを必要とする還元的アミノ化で,この反応により遊離のNH_3が直接α-アミノ酸としてとり込まれる。

$$\begin{array}{c}\text{COOH}\\|\\\text{C=O}\\|\\\text{CH}_2\\|\\\text{CH}_2\\|\\\text{COOH}\end{array} + NH_3 + NADPH + H^+ \longrightarrow \begin{array}{c}\text{COOH}\\|\\H_2N-\text{C}-H\\|\\\text{CH}_2\\|\\\text{CH}_2\\|\\\text{COOH}\end{array} + NADP^+ + H_2O$$

α-ケトグルタル酸　　　　　　　　グルタミン酸

このグルタミン酸を共通のアミノ基供与体とするアミノ転移反応により他の多くのアミノ酸が生合成される。

$$\begin{array}{c}\text{COOH}\\|\\\text{H}_2\text{N—C—H}\\|\\\text{CH}_2\\|\\\text{CH}_2\\|\\\text{COOH}\end{array} + \begin{array}{c}\text{COOH}\\|\\\text{C=O}\\|\\\text{CH}_3\end{array} \xrightarrow{\text{アミノトランスフェラーゼ}} \begin{array}{c}\text{COOH}\\|\\\text{C=O}\\|\\\text{CH}_2\\|\\\text{CH}_2\\|\\\text{COOH}\end{array} + \begin{array}{c}\text{COOH}\\|\\\text{H}_2\text{N—C—H}\\|\\\text{CH}_3\end{array}$$

ピルビン酸　　　　　　　　　　　　　　　　アラニン

$$\begin{array}{c}\text{COOH}\\|\\\text{H}_2\text{N—C—H}\\|\\\text{CH}_2\\|\\\text{CH}_2\\|\\\text{COOH}\end{array} + \begin{array}{c}\text{COOH}\\|\\\text{C=O}\\|\\\text{CH}_2\\|\\\text{COOH}\end{array} \xrightarrow{\text{アミノトランスフェラーゼ}} \begin{array}{c}\text{COOH}\\|\\\text{C=O}\\|\\\text{CH}_2\\|\\\text{CH}_2\\|\\\text{COOH}\end{array} + \begin{array}{c}\text{COOH}\\|\\\text{H}_2\text{N—C—H}\\|\\\text{CH}_2\\|\\\text{COOH}\end{array}$$

オキザロ酢酸　　　　　　　　　　　　　　　アスパラギン酸

1-2-3　脂肪酸の生合成

動植物の油脂に含まれる脂肪酸は，糖質から次の段階を経て合成される。すなわち，糖質は単糖類まで加水分解されたのち，解糖とよばれる代謝経路を通してピルビン酸になり，さらに酸化的に脱炭酸されてアセチルCoAに変化し，これにCO_2が付加して脂肪酸の合成原料であるマロニルCoAが生成する。ついで，ACP（acyl carrier protein：アシル運搬タンパク質）からなる複合酵素の触媒により，アセチル基（C_2）とマロニル基（C_3）のあいだで脱炭酸とともに縮合が起こってアセト

$$\text{CH}_3\text{CO—SCoA} \xrightarrow[\text{ATP} \quad \text{ADP+Pi}]{CO_2} \text{HOOCCH}_2\text{CO—SCoA}$$
アセチルCoA　　　　　　　　　　　マロニルCoA

H—SACP ↓ → H—SCoA　　　　　H—SACP ↓ → H—SCoA

$\text{CH}_3\text{CO—SACP}$　　　　　　　$\text{HOOCCH}_2\text{CO—SACP}$
アセチルACP　　　　　　　　　　マロニルACP

└ $\text{CH}_3\text{CO—SCE}$ ┘
↓ $CO_2 +$ H—SACP

$\text{CH}_3\text{COCH}_2\text{CO—SACP}$　アセトアセチルACP

⇓

$\text{CH}_3\text{CH=CHCO—SACP}$　クロトニルACP

NADPH + H$^+$ ↓ → NADP$^+$

$\text{CH}_3\text{CH}_2\text{CH}_2\text{CO—SACP}$　　　マロニルACP
ブチリルACP

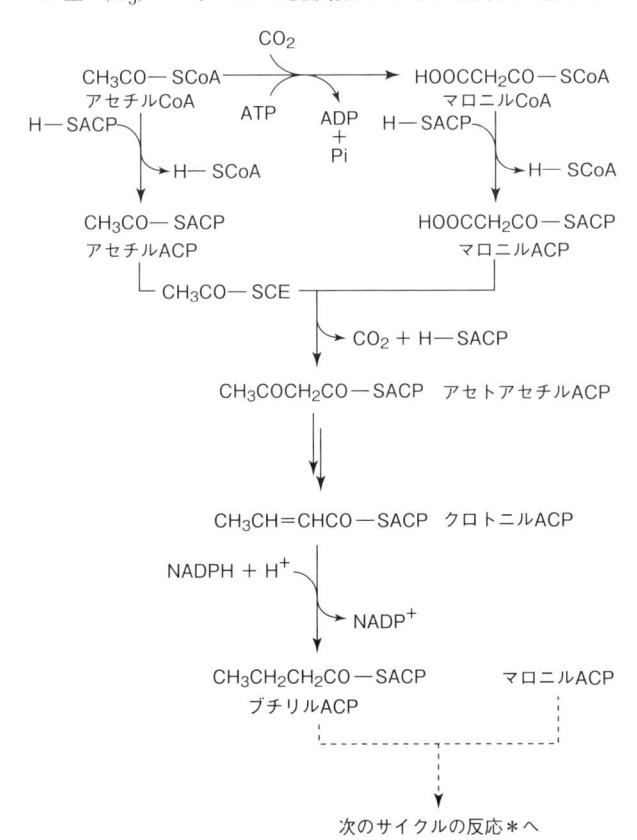

次のサイクルの反応＊へ

アセチル-ACP（C_4）が形成され，脱水による不飽和結合の生成を含む多段階反応を経て還元され，ブチリル-ACPが生成して1サイクルが終了する。ブチリルACPは再びマロニルACPと縮合し，順次サイクルがくり返されそのつどC_2ずつ炭素鎖が伸長して高級脂肪酸が合成される。天然に存在する脂肪酸に偶数の炭素数のものが多くみられるのは，このような生合成機構による。

1-2-4 プリンヌクレオチドの生合成

生体内におけるプリンヌクレオチド，すなわち5′-アデニル酸（AMP）および5′-グアニル酸（GMP）の合成の共通の前駆体になるのは5′-イノシン酸である。5′-イノシン酸は5-ホスホ-α-D-リボシル1-ピロリン酸（PRPP）から生合成される。まずPRPPとグルタミンが反応してβ配位の5-ホスホリボシル-1-アミンがつくられ，これが順次グリシン

によるアミド化，10-ホルミルテトラヒドロ葉酸によるN-ホルミル化，グルタミンのアミドNH₂基による縮合を経てアミジンとなり，ATPにより閉環してイミダゾール環が形成される。ついでCO₂が取りこまれ，アスパラギン酸とアミドを形成し，フマル酸が脱離後，N-ホルミル化を受け，最期に脱水閉環によりプリン骨格が形成され5′-イノシン酸となる。

この5′-イノシン酸はアスパラギン酸からアミノ基を受けてAMPとなり，一方酸化後グルタミンのアミド窒素を受けてGMPとなる。

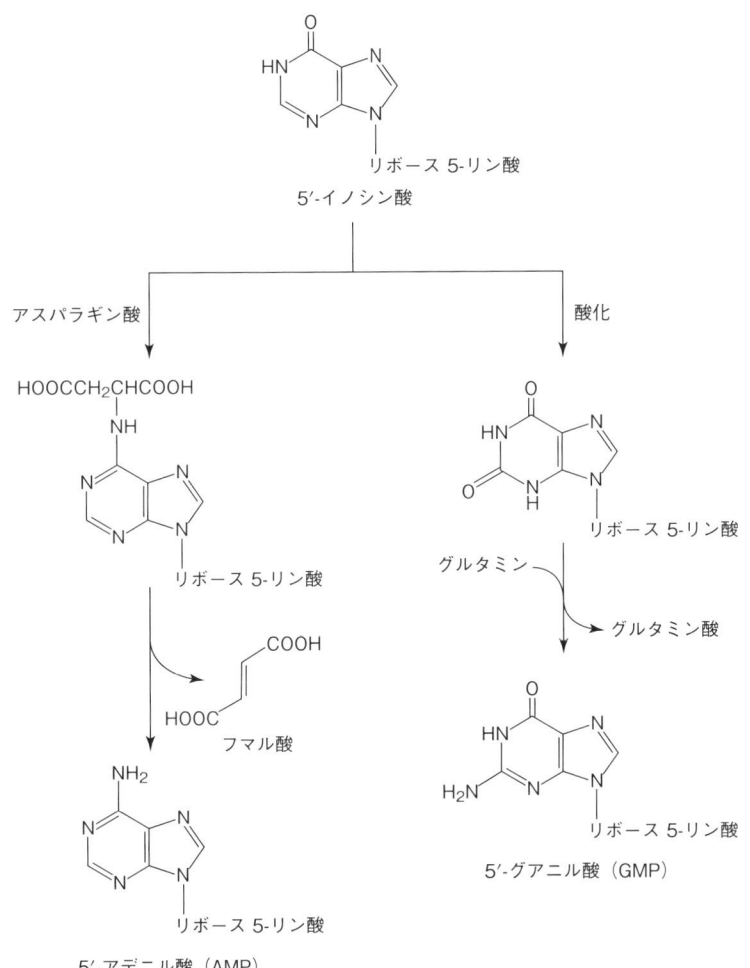

1-2-5 ピリミジンヌクレオチドの生合成

シチジル酸，ウリジル酸，チミジル酸などのピリミジンヌクレオチドの生合成は次のように行われる。まず，NH₃，CO₂およびATPから生成した高エネルギーのカルバモイルリン酸とアスパラギン酸との反応によりジヒドロオロチン酸がつくられる。ついで脱水素によりピリミジン骨格をもつオロチン酸となり，さらにPRPPが縮合してリボヌクレオシド5′-リン酸エステルの構造をもつ5′-オロチジル酸となる。5′-オロチジル酸は脱炭酸により5′-ウリジル酸（UMP）になる。また，他のピリミジ

ンヌクレオチドも 5′-オロチジル酸を共通の前駆体として生合成される。

1-2-6 自然界における生体物質の循環

以上述べたことから，すべての生体物質は究極的には糖質に由来することがわかる。また，アルカロイドやテルペンを初めとする多くの天然有機化合物も，糖質に由来するこれらの生体物質を前駆体として生合成される。糖質は大気中の二酸化炭素が光合成により固定化されてできたものであり，それ自身が太陽エネルギーの貯蔵庫としての役割を果たしている。生体活動は化学物質の絶え間ない合成と分解の繰り返しの過程の上に成り立っているが，このような自然界の物質循環はつきつめれば太陽エネルギーに基づいて行われており，したがって生命の根元は太陽に帰することができる。

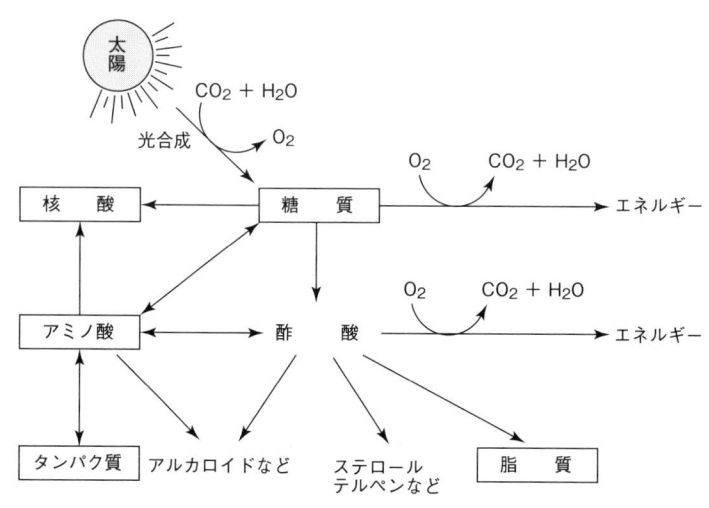

Note 1　不斉発生の謎

　地球上の多くの天然有機化合物，特に生物を構成する主要な生体成分はキラルであり，一方の鏡像異性体のみが存在している。たとえば，遺伝情報を担う核酸分子の糖部分はD型のみが存在し，またこの核酸の情報を受けて合成されるペプチド類もL型のみで存在している。生体のエネルギー源となる糖類やデンプンもすべてD型である。地球上のすべての生物は，生体の構成と生命活動を共通のキラリティーをもったこれらの生体物質に依存している。このような生物の不斉世界は，一体どのようにしてできたのだろうか。この疑問に対しては，生命発生以前の原始地球環境で，最初の不斉有機化合物の起源を化学進化の立場から考える必要がある。不斉の起源については偶然説と必然説に大別される。

　偶然説は，1) 円偏光による立体選択的な光分解または光合成，2) 非対称結晶による不斉吸着，3) 過飽和溶液からの光学活性体の選択的結晶化，などにより地球のある地域に相当量の光学活性体が集積し，これらの光学活性物質がもとになりさらに多くの光学活性物質が生成してゆく過程を考える説である。

　偶然説は化学において一般に受け入れられているように，D体とL体はエネルギー的に等しく，旋光方向を除くほかの物理的，化学的性質はまったく同一であるという考えに基づいている。そのため，どちらかの鏡像異性体が過剰になるための条件やプロセスが必要となる。そこで考えられるのは，偏光面が円運動をしながら進む偏光，すなわち円偏光を不斉な物理力とする有機化合物の不斉の発現である。地球上にふり注ぐ太陽光は，大気による散乱で部分的平面偏光となる。この平面偏光が左まわりまたは右まわりのいずれか一方の円偏光に変換され，不斉な物理力として存在すれば，D体またはL体に対する吸光度が異なり，不斉分解または不斉合成が進行することが原理的に可能である。このような，光学活性物質の補助を必要としない円偏光による絶対不斉合成の例として，右円偏光をラセミ体のロイシンに照射すると不斉分解が起こり，残ったロイシンの鏡像体過剰率（enantiomeric excess, e.e.）が2% e.e.（L : D = 51 : 49）とわずかに過剰になることが知られている。

　地球上に大量に存在する水晶には，Si-O-Si-O結合が右巻きらせん構造をもつ右水晶と，左巻きらせん構造をもつ左水晶のふた通りの結晶形があり互いに鏡像関係にある。水晶がこまかく砕かれたものを海砂といい，地球上にはこのような海砂が何百kmと続く場所が存在している。もしこれらの海砂が右あるいは左に偏っていれば，不斉吸着によるラセミ体の部分分割や結晶表面上での不斉反応が起こることが原理的に可能である。現在のところこれに対する明確な結論は出ていないが，一方の水晶の偏在が光学活性の起源になる可能性は考えられることである。

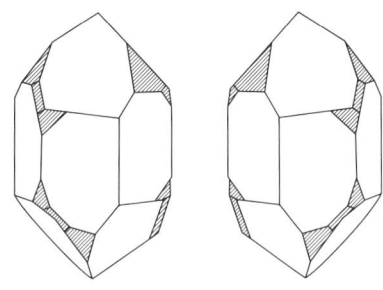

左水晶（左）と右水晶（右）

　ラセミ体の有機化合物が結晶化する際，D体とL体が対になって結晶化する場合と，D体とL体が別々の結晶として成長する場合とがある。前者をラセミ化合物，後者をラセミ混合物という。ラセミ化合物を形成する条件下では，光学活性体を接種することによってそれと同種の光学活性体を比較的容易に結晶化させることができる。このような系では，結晶の種を入れなくても自然に結晶化し，D体またはL体を多く含む結晶を得ることができる。これは自発的な選択結晶化といえる。たとえばDL-グルタミン酸やDL-アスパラギン酸はギ酸アンモニウム塩水溶液から接種により容易に光学分割できるが，水溶液からはこのような人工的な接種を行わなくても光学活性体を含む結晶が得られる。このような選択的結晶化は，比較的光学純度の高い光学活性体を与えることが特徴である。特に，水溶液でほかの化合物を含んでいる場合には選択的結晶化が起こりやすいようである。その理由は (1) 過飽和水溶液を安定化し，(2) いっ

たん結晶化がはじまってもその結晶化の速度はゆるやかであり，また，(3) D体とL体の相互作用が弱められるからである，と考えられる。

以上のような考えからすると，原始地球上にL-アミノ酸とD-ヌクレオチドからなる生物が出現したのは単に偶然のことであることになる。これに対して，原始地球上にL-アミノ酸生物が発生することはすでに決定されていたという考えがある。自然界は左右対称でありパリティー（偶奇性：量子状態において位相が反転する性質）は保存されていると信じられていたが，実は素粒子間の弱い相互作用においてはパリティーが保存されないことが理論的に予測され，のちに実験により証明された。自然界は本質的に非対称であることがわかったのである。弱い相互作用が不斉の起源となることを調べるために，加速器によるβ壊変によってつくられた右または左に偏向した電子線を用いたDL-イソロイシンの不斉分解の実験が行われたが，選択的分解は検出されなかった。このような反応においては，もし不斉分解が起こったとしても，生成物の光学純度はきわめて微小で実験装置の検出精度を越えているために検出は困難であると考えられる。

また，このような対称性の破れた弱い相互作用は電磁相互作用に影響を及ぼし，D体とL体とでは非常にわずかではあるがエネルギー的に差が生じるので，多くの反応を繰り返すことにより光学活性体を生成するとする考えがある。この考えは従来D体とL体は旋光方向を除き物理的，化学的にまったく等しいとする化学の常識を越えるものである。しかし，このようなDL間の差は，電磁相互作用が余りにも微小なために確認されておらず，実際上はD体とL体は旋光方向を除き物理的，化学的に等しいものとして扱って問題はない。

以上，不斉の起源についていくつかの可能性を述べたが，では原始地球において実際にどのようにして不斉が発生したかという問に対しては現在のところ決定的な解答は得られていない。また，偶然説または必然説のいずれをとるにしても，一方の鏡像異性体の選択的生成量はごくわずかであるか，観測できないくらい微小である。生物体にみられるほぼ完全なキラリティーを獲得するためには，こうして生成したわずかな不斉を何らかの方法で他の分子に伝えることにより，一方の鏡像異性体のみを大幅に増加させるプロセスすなわち不斉増殖が必要になる。極微小の不斉からこのような不斉の増殖をほぼ完璧に行うことのできる「不斉自己触媒反応」が最近，硤合（そあい）らによって見いだされている。

硤合らは，ピリミジルアルデヒドへのジイソプロピル亜鉛試薬による付加反応において，わずかな不斉をもつピリミジルアルカノールを加えると，生成するピリミジルアルカノールの鏡像体過剰率が向上するという興味深い反応を見いだした。この反応は，触媒と生成物の構造が立体構造を含めて同一な「不斉自己触媒反応」であり，連続的な不斉自己増殖を行うことで高い鏡像体過剰率をもつ生成物が得られる。彼らはわずか0.6％e.e.という極微小な不斉をもつアルカノールを最初の不斉自己触媒として，4回の反応後99.5％e.e.以上というほぼ完璧に近い鏡像体過剰率をもつアルカノールを合成した。さらに，10回の反応後には，最初の触媒として用いた(S)-アルカノールの量を選択的に約6,000万倍に増殖することに成功している。さらに，円偏光や右または左水晶により誘起された極微小の不斉環境に不斉自己増殖反応が加わることで，非常に高い胸像体過剰率をもつアルカノールが生成することも見いだされた。

これまで，不斉増殖プロセスのはっきりした根拠となる実験事実に乏しかったが，これらの研究結果は，現在の生物の不斉世界の成立にこうした不斉自己増殖反応がかかわっていたことを強く示唆しているといえよう。

2 糖質の化学

　糖質は，糖のほか，セルロース，デンプンなどの形で天然に最も多量に存在する有機化合物の一群であり，多くの重要な役割と機能を果たしている。すなわち，糖質は甘味料としてだけではなく，主要な食料として人類の生存に不可欠であり，さらに発酵食品や医薬品の原料として用いられている。糖やデンプンは，生体に対する化学的なエネルギーの貯蔵システムとして働いており，食物として摂取され代謝されると，水，二酸化炭素の生成とともに生体が必要とするエネルギーを供給する。また糖類は，遺伝情報の保持，伝達をつかさどる核酸の構成成分として極めて重要である（第5章を参照）。

　さらに，いくつかの単糖が鎖状に連なった糖鎖はタンパク質や脂質に結合し，細胞間の情報伝達や免疫応答に関して重要な機能を担っている。

　糖質は炭水化物（carbohydrate）ともよばれるが，この名称は，これらの化合物の多くが一般式$C_m(H_2O)_n$をもち，あたかも炭素の水和物のように表されることに由来している。しかし，C，H，Oからなるものでもこの組成式にあてはまらないものや，NやSなどのヘテロ原子を含むものもあるので，近年，脂質，タンパク質と同様に糖質という用語が使われている。

　糖質は，一般的にはポリヒドロキシアルデヒドやポリヒドロキシケトンなどの糖類あるいはこれらの誘導体であると定義される。それ以上小さな化合物に加水分解することができない最も簡単な糖類を単糖類（monosaccharide）とよぶ。少数の単糖が脱水縮合して生じた糖をオリゴ糖（少糖）類（oligosaccharide）といい，その重合度により，二糖類，三糖類，四糖類などに分類される。その上限は一定していないが，通常は十糖類以上は多糖類（polysaccharide）とよばれる。単糖とオリゴ糖は，一般に水に溶けやすく甘味をもつ。

2-1 単糖類の分類と構造

単糖類は，分子中に含まれている炭素原子の数に従ってトリオース（三炭糖，triose），テトロース（四炭糖，tetrose），ペントース（五炭糖，pentose），ヘキソース（六炭糖，hexose）などに分類される。また，これらにアルデヒド基が存在する場合はアルドース（aldose），ケトン基が存在する場合はケトース（ketose）とよばれる。これら2通りの分類法を組み合わせることより，たとえば4個の炭素原子を含むアルドースはアルドテトロース（aldotetrose），5個の炭素原子を含むケトースはケトペントース（ketopentose）とよばれる。天然に存在する単糖類は，大部分がアルドースであり，アルドヘキソースとアルドペントースが最も広く分布している。

```
CHO              CH2OH
CHOH             C=O
CHOH             CHOH
CH2OH            CHOH
                 CH2OH
アルドテトロース    ケトペントース
```

最も簡単な単糖はアルドトリオースのグリセルアルデヒド（glyceraldehyde）とケトトリオースのジヒドロキシアセトン（dihydroxyacetone）である。これらのうち，グリセルアルデヒドは不斉炭素（asymmetric carbon）を1個もつので2個の鏡像異性体が存在する。

```
    CHO              CH2OH
  *CHOH              C=O
   CH2OH             CH2OH
グリセルアルデヒド    ジヒドロキシアセトン
(*不斉炭素原子)
```

鏡像関係にある1対の立体異性体をエナンチオマー（enantiomer）という。図2-1の左側に示すグリセルアルデヒドはRエナンチオマーであり，右側の立体異性体はSエナンチオマーである。糖類の立体配置を紙面に表す方法として1891年にFischerによって考案された投影式（Fischer projection）が一般に用いられる。Fischer投影式では，炭素鎖はカルボニル基が上になるように縦に描き，横線は紙面の手前に向いている結合を，縦線は紙面の裏側に向いている結合を表している。グリセルアルデヒドの立体異性体はFischer投影式によって図2-1のように示され，(R)-(+)-エナンチオマーおよび(S)-(-)-エナンチオマーはそれぞれD-グリセルアルデヒドおよびL-グリセルアルデヒドと表記

不斉炭素原子

sp³型炭素に結合している4個の原子または原子団がすべて異なる炭素をいう。通常C*で表す。1つの不斉炭素原子に対して，互いに鏡像関係にある2つの立体配置がある。

エナンチオマー

鏡像異性体。分子を鏡に映したとき，その鏡像が実像とは異なる1対の分子のことで，これらは重なり合わず，互いに異性体の関係にある。旋光度を除いた物理的性質は同一である。

R, S表示法

Cahn-Ingold-Prelogにより提案された立体配置命名法で，順位則に基づき命名される。すなわち，不斉中心に結合する4個の原子（団）がすべて異なるとき，a＞b＞c＞d（順位則による）とすると，一番低順位（d）の反対側からみてa→b→cの方向が右回りのとき，記号(R)（rectus，右）とし，左回りのとき，記号(S)（sinister，左）で示す。

順位則 (sequence rule)

不斉中心の立体配置を示すR, S表示法，シス-トランス異性体のE, Z命名法，配座異性体を表記する方法では，原子（団）の優先順位を決めておく必要がある。その規則が順位則で，i) 原子番号の大きいほうが高順位。ii) 質量数が大きいほうが高順位。iii) ZはEより高順位を順次適用する。また，iv) 同一原子が結合しているときは次の結合原子（団）について比較する。v) 二重結合，三重結合の場合は2個または3個の単結合に展開してそれぞれの原子が付いていると考える（仮想原子）。vi) 水素以外の原子で結合手が4個ないときや非共有電子対には原子番号0の仮想原子を置く。

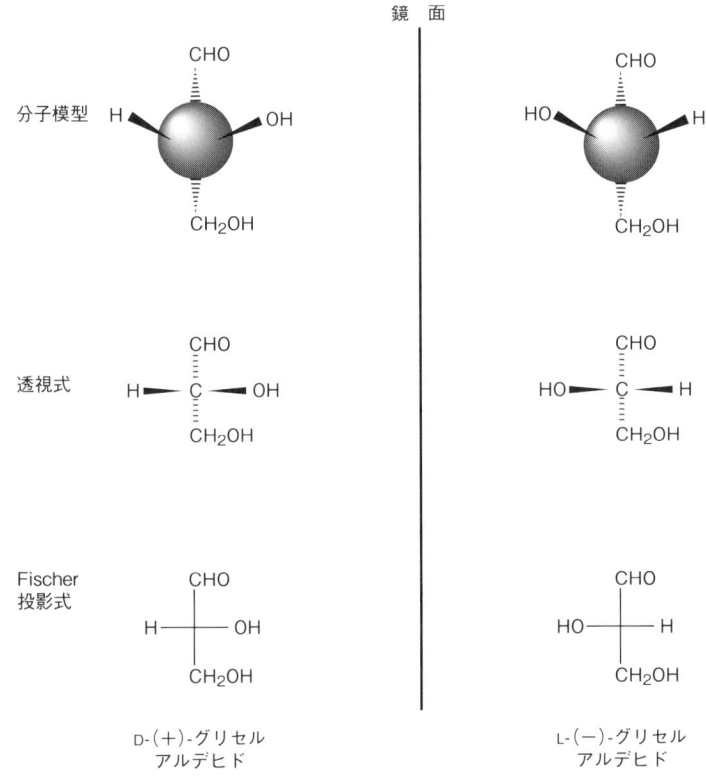

図2-1　グリセルアルデヒドのFischer投影式

される。

立体配置の表示法として R, S 表示法は，立体配置を正確に表すことができるので今日広く採用されているが，糖の立体配置に関しては D, L 表示法が簡便であるので慣用的に使用されている。D, L 表示法*では，Fischer投影式においてカルボニル基から最も離れた不斉中心（基準炭素という）に結合している水酸基の立体配置がD-グリセルアルデヒドと同じ右側にあるものをD-糖，L-グリセルアルデヒドと同じ左側にあるものをL-糖と定義する。たとえば，天然のアルドヘキソースである(+)-グルコースは，C-5位の水酸基が右側にあるのでD-糖である。DとLの記号は実際の旋光性とは無関係であり，D-糖が左旋性を示し，L-糖が右旋性を示すこともあるので注意する必要がある。

* DおよびLの記号はスモールキャピタル（小型頭文字）で表記する。

アルドヘキソースには4個の不斉中心があるので、16個(2^4）の異性体が存在する。同様にアルドペントースには8個(2^3），アルドテトロースには4個(2^2) の異性体がそれぞれ存在する。これらの異性体の半数はD系列に属し、また残りの半分はL系列に属している。図2-2はD-グリセルアルデヒドとD系列のC-4～C-6アルドースの関係をFischer式で示したものである。

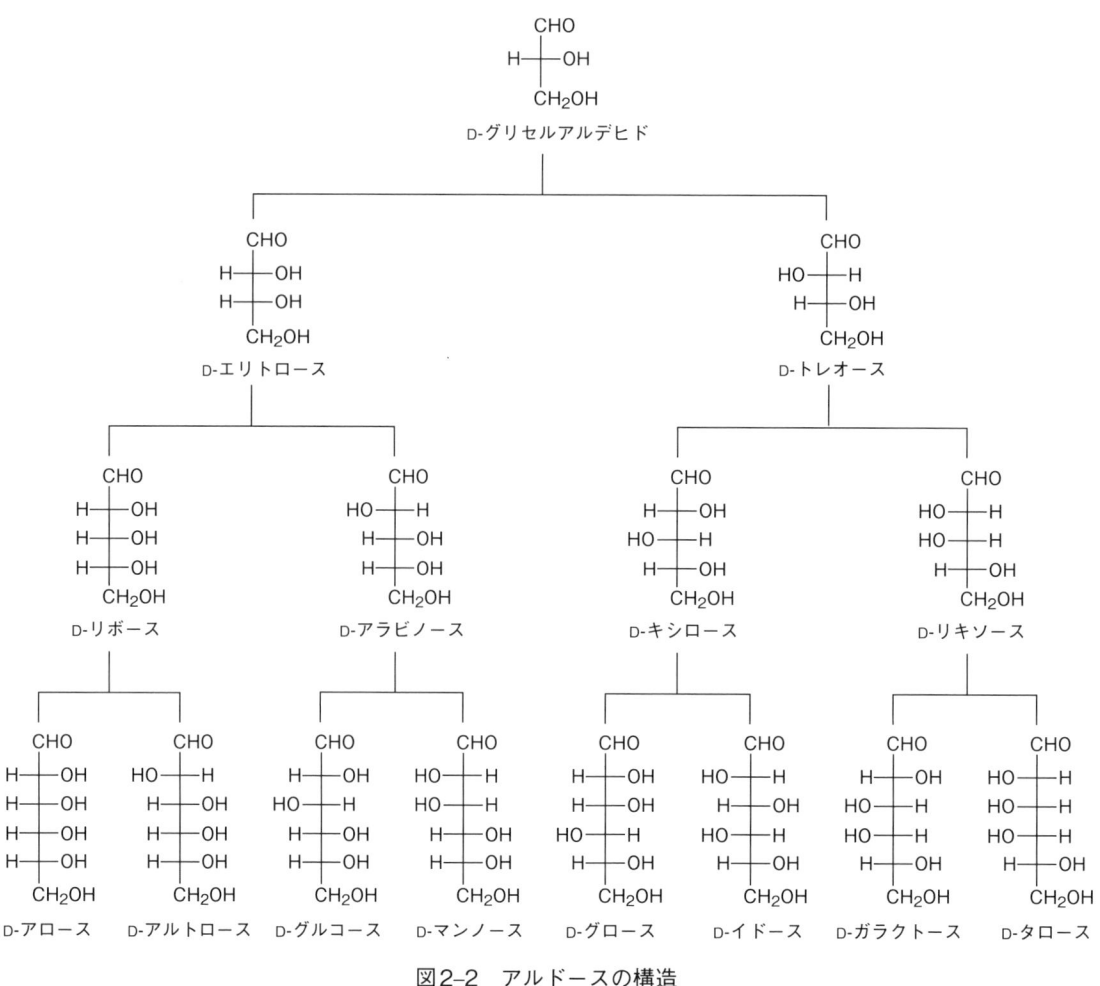

図2-2　アルドースの構造

図2-3にD系列のC-4～C-6ケトースの関係をFischer式で示す。

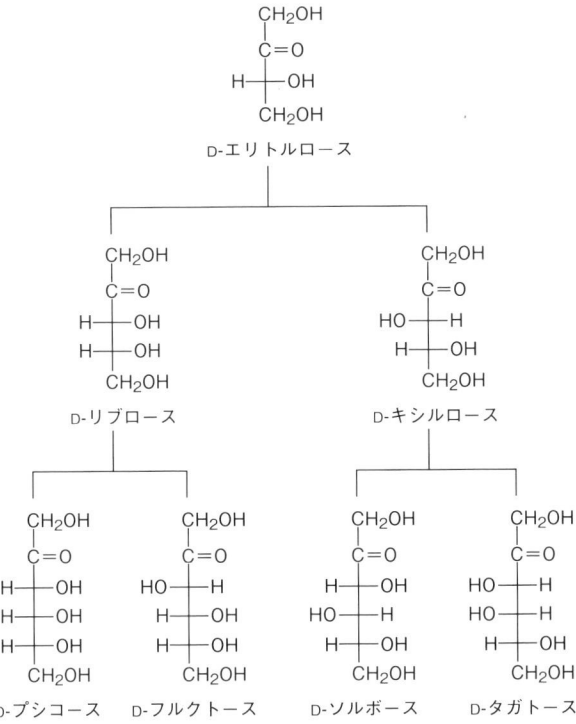

図2-3 ケトースの構造

2-2 環状ヘミアセタール構造

D-(+)-グルコースの性質の多くは，鎖状構造で説明できるが，それだけではグルコースの化学的挙動のすべてを説明することはできない。鎖状構造では説明できない事実としてつぎのものがある。

(1) 通常のアルデヒドは亜硫酸水素ナトリウムと安定な付加物をつくるが，D-(+)-グルコースは付加物をつくらない。

亜硫酸水素ナトリウム付加物

(2) D-(+)-グルコースを無水酢酸でアセチル化すると2種のペンタアセテート異性体が生成する*。

* 鎖状構造であれば，ただ1種のペンタアセテートを与えるはずである。

(3) 通常のアルデヒドに酸性でメタノールを反応させると，2モルのメタノールを消費してアセタールが生成するが，D-(+)-グルコー

ヘミアセタール   アセタール

スは1モルのメタノールと反応して2種類のヘミアセタール異性体を生成する。

(4) D-グルコースを異なる方法で再結晶すると2つの型のグルコースが得られる。すなわち，含水アルコールから再結晶すると α 型が，高温（110℃）で水から再結晶すると β 型が得られる。

(5) α-D-グルコースの水溶液の比旋光度は，初め [α]$_D$ +112 であるが，時間とともに減少して +52.5 の平衡値に達する。一方，β-D-グルコースの水溶液は，初め [α]$_D$ +19 であるが，時間とともに増加して同じ一定値（+52.5）になる。このような現象を変旋光（mutarotation）という。

これらの事実は，D-グルコースが環状構造をとっていると考えることによって矛盾なく説明できる。すなわち，4-ヒドロキシアルデヒドや5-ヒドロキシアルデヒドは主として環状ヘミアセタールの形で存在しているが，D-グルコースも平衡溶液中で優先的に環状形で存在しており，鎖状形はきわめてわずかしか存在しない（水溶液中，pH 7，25℃で0.024％）。

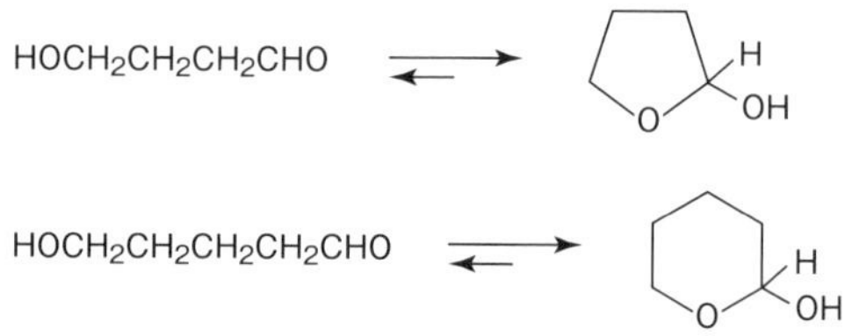

D-グルコースは，5員環ヘミアセタールあるいは6員環ヘミアセタール構造のどちらも可能であるが，平衡溶液中では大部分が6員環ヘミアセタールとして存在することが知られている。D-グルコース以外の他のアルドヘキソースもほとんどの場合6員環状で存在することが知られており，これらはピラン（pyran）にちなんで一般にピラノース（pyranose）とよばれる。また5員環状ヘミアセタールとして存在する糖類はフラン（furan）にちなんでフラノース（furanose）とよばれる。

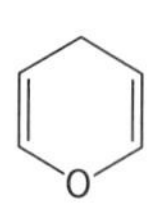

γ-ピラン 　　　　　　　　　　　フラン

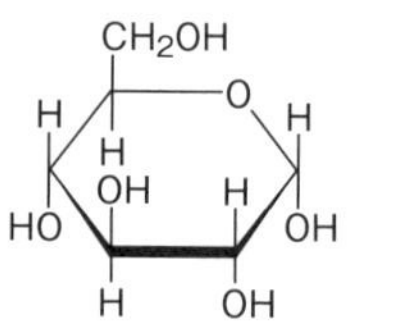

α-D-グルコピラノース　　　　　β-D-グルコフラノース

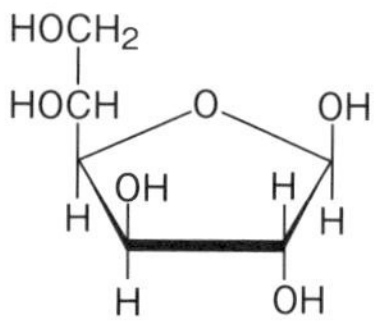

たとえば，フルクトースは溶液中では大部分フラノースとして存在する。D-グルコースのピラノース構造およびフラノース構造は，ピラノースやフラノースの構造についてくわしい研究を行ったHaworthの提案に従い透視式（perspective formula）を用いて前ページのように示される。

D-グルコースが鎖状構造のC-1位のアルデヒドとC-5位の水酸基の間でヘミアセタール環を形成すると，C-1位の炭素が不斉炭素となり，2つの環状異性体が生じる。これらの異性体はC-1位の立体配置のみが異なるジアステレオマー（diastereomer）であるが，このようなジアステレオマーを一般にアノマー（anomer）という。C-1位の水酸基がC-5位のヒドロキシメチル基に対してトランスとなるアノマーは α-アノマーとよばれ，C-1位の水酸基がC-5位のヒドロキシメチル基に対してシスとなるアノマーは β-アノマーとよばれる。上述の変旋光は，α-アノマーと β-アノマーが鎖状のアルデヒド構造を介して互いに異性化し，両異性体からなる平衡混合物に変化することによって起こる。水溶液中での α-グルコースと β-グルコースのアノマー平衡混合物の割合は36：64で，β-アノマーのほうが多いがこの理由については後述する。

> **ジアステレオマー**
> 2個以上の不斉中心を有する立体異性体のうち，互いに鏡像異性体でないものをいう。これらは施光度だけでなく，他の物理的および化学的性質を異にする。

このような環状ヘミアセタール構造はグルコースばかりでなく，テトロース以上のすべてのアルドースに存在する。またペントース以上のケトースも同様に安定な環状ヘミアセタールを形成する。D-アルドペントースとD-アルドヘキソースのそれぞれについて，ピラノース構造（図2-4）とフラノース構造（図2-5）を示すと次のようになる。

D-グルコースのアノマー性水酸基は，HClの存在下でメタノールと反応させると容易にメチル化を受け，メチルD-グルコシド（methyl D-glucoside）が α-および β-異性体として生成する。これらの化合物は

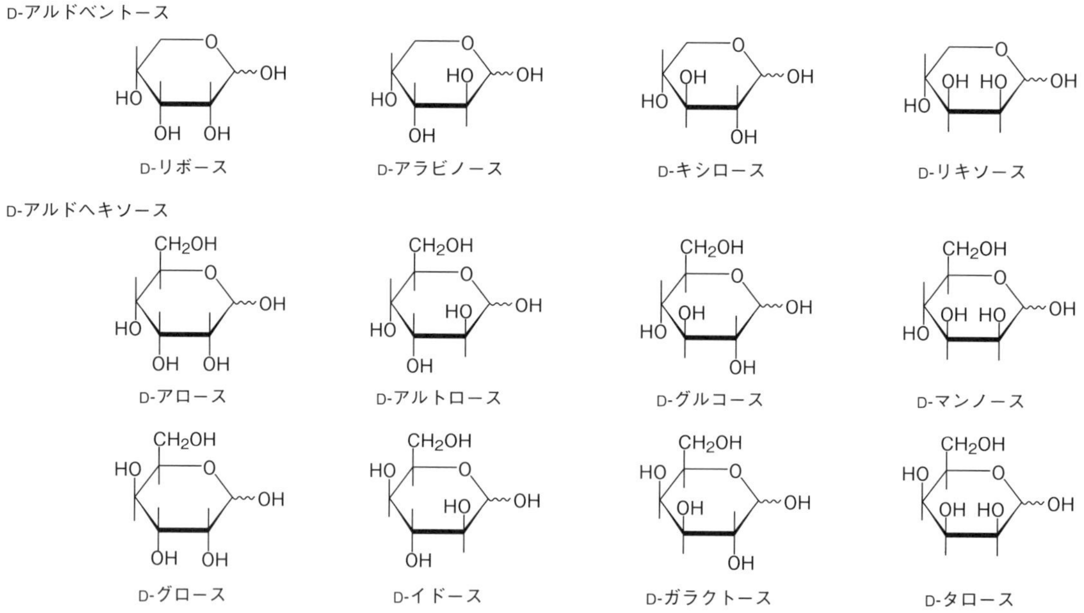

D-アルドペントース

D-リボース   D-アラビノース   D-キシロース   D-リキソース

D-アルドヘキソース

D-アロース   D-アルトロース   D-グルコース   D-マンノース

D-グロース   D-イドース   D-ガラクトース   D-タロース

図2-4　D-アルドピラノースの構造

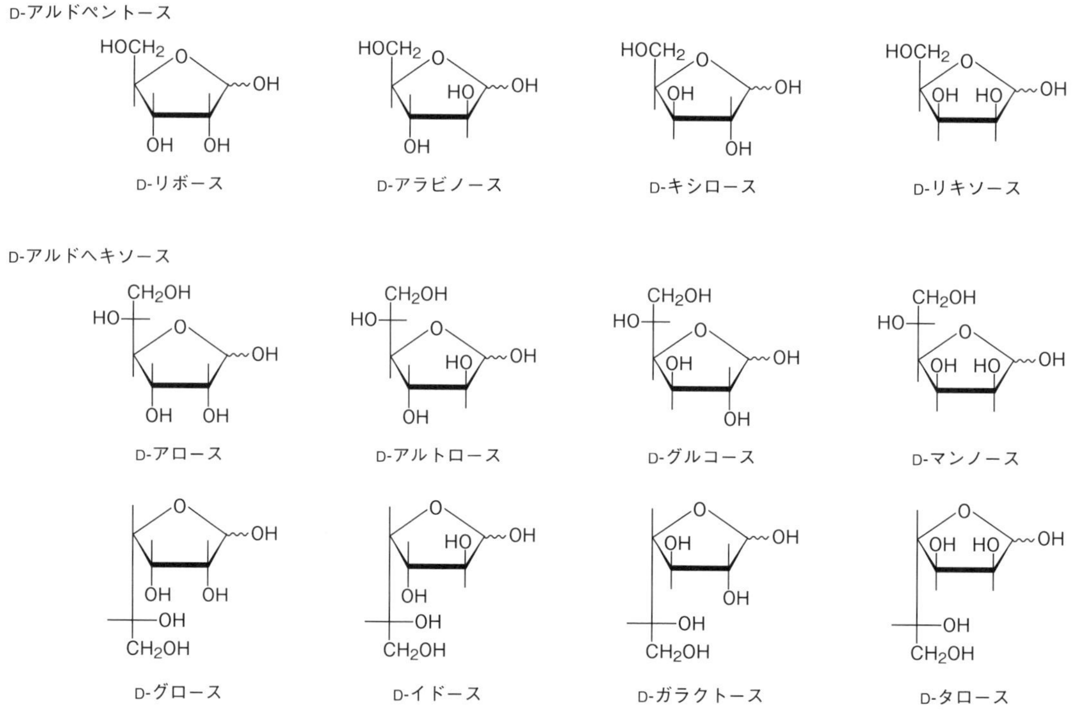

D-アルドペントース

D-リボース   D-アラビノース   D-キシロース   D-リキソース

D-アルドヘキソース

D-アロース   D-アルトロース   D-グルコース   D-マンノース

D-グロース   D-イドース   D-ガラクトース   D-タロース

図2-5　D-アルドフラノースの構造

アセタールなので水溶液中ではかなり安定であり変旋光しない。

α-およびβ-異性体はD-グルコースをアセチル化して得られるペンタアセテートにも存在し，これらはメチルグルコシドと同様に変旋光しない。

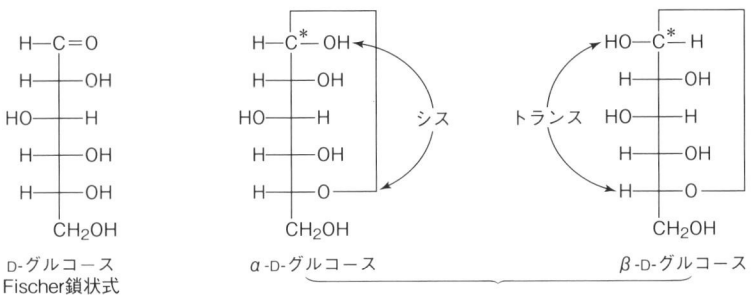

2-3 ピラノースの立体化学

直鎖状の糖は,一般にFischer投影式で表されるが,環状のヘミアセタールの構造を表すには,Fischer式または上述のようなHaworth式のいずれかが用いられる。環構造をFischer式で表現する場合には,まず鎖状式を書いてから環状に変える。アルドヘキソースの場合,α-アノマーはアノメリックOH基とC-5位の置換基がシスであり,β-アノマーはトランスである。

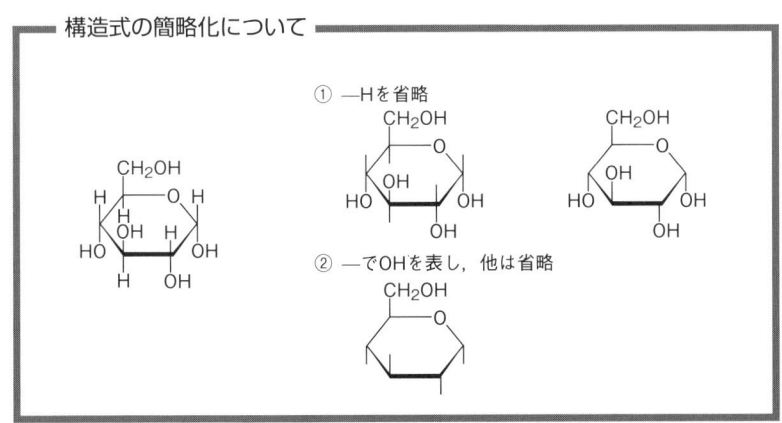

Fischer環状式をHaworth式に変換するにはつぎの方法を用いるとよい。α-D-グルコースのFischer環状式でC-5位の環状エーテル基とCH₂OH基を入れ替える。これによって導かれた環状式はもとのグルコースのC-5エピマーを表しているので，再びC-5位の水素とCH₂OH基を入れ替えてもとのα-D-グルコースと同じ立体配置をもつ環状式に書き変える。こうしてすべての環原子が垂直線上に並ぶように修正されたFischer投影式の左側は，Haworth式の上面に対応し，右側は下面に対応する。

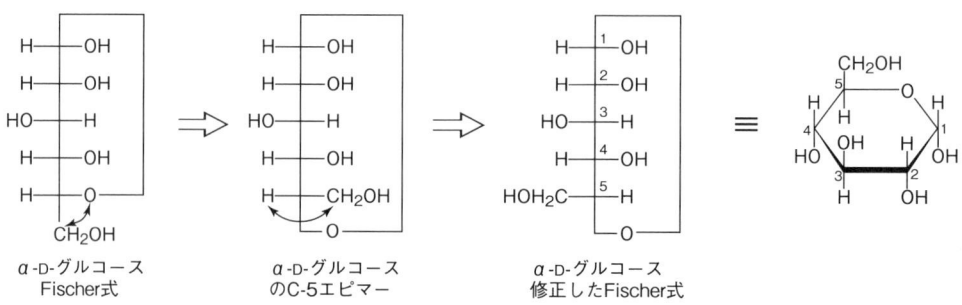

α-D-グルコース　　　α-D-グルコース　　　α-D-グルコース
Fischer式　　　　　のC-5エピマー　　　修正したFischer式

C-O-C結合角（110°）は四面体角（109.5°）にほとんど等しく，C-O結合の距離はC-C結合距離よりわずかに短い程度であるから，フラノース環やピラノース環の立体配座（conformation）はシクロペンタンやシクロヘキサンのそれとほぼ同じである。シクロヘキサン環が舟形よりも安定ないす形立体配座で存在しているように，ピラノース環もいす形立体配座をとって存在している。

シクロヘキサンのいす形立体配座　　　　シクロヘキサンの舟形立体配座

α-D-グルコピラノースとβ-D-グルコピラノースのいす形立体配座を比較すると，β形ではピラノース環の5個の置換基がエクアトリアルであるのに対して，α形ではアノマー位の水酸基はアキシアルになり不安定である。このため，水溶液中でのα形とβ形のアノマー平衡混合物

α-D-グルコピラノース（36%）　　　　　　　　　　　β-D-グルコピラノース（64%）

の割合は36：64で，β-アノマーのほうが多くなる。すべての置換基がエクアトリアル位にあるβ-D-グルコピラノースは，8つのアルドヘキソースのうちで最も安定である。

ピラノース環には環反転によりさらに2つのいす形立体配座が可能である。たとえば，β-D-グルコースにはピラノース環平面に対しC-4位が上方に，C-1位が下方に出た配座（C1配座）とそれが反転した配座（1C配座）が考えられる。C1配座ではC-1〜C-5位についている大きな置換基（OH基，CH_2OH基）がすべてエクアトリアルになっているのに対して，1C配座ではこれらの置換基がすべてアキシアルとなりこみ合っている。このためC1配座の方が1C配座よりも安定である。両立体配座のエネルギー差は6 kcal/molであると見積もられている。

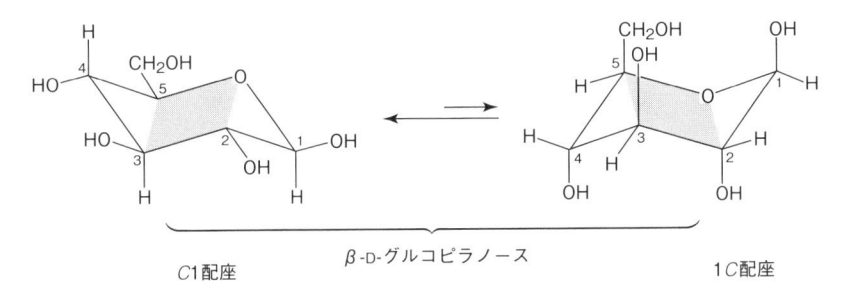

β-D-グルコピラノース
C1配座 ⇌ 1C配座

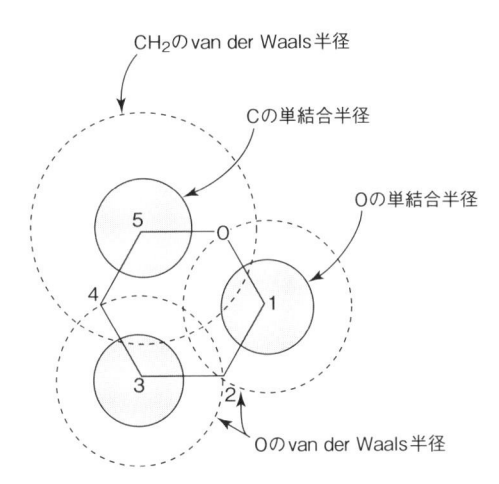

1C配座を上方から見た図
（各置換基のこみ合いを示したもの）

ほとんどのアルドヘキソースでは，C-5位のかさ高いCH_2OH基がエクアトリアルの位置にあるC1配座が安定である。しかしどちらの配座を優先的にとるかは，個々の単糖の立体配置に基づく熱力学的な安定度によって決まるため，2，3の例外もある。たとえば，α-D-イドース（α-D-idose）ではCH_2OH基がエクアトリアルであるC1配座よりも，4個のOH基がすべてエクアトリアルである1C配座の方が安定である。

D-ピラノースのアノマー炭素原子上の極性置換基（X = OH，OR，

*C*1配座　　　　　　　α-D-イドース　　　　　　1*C*配座

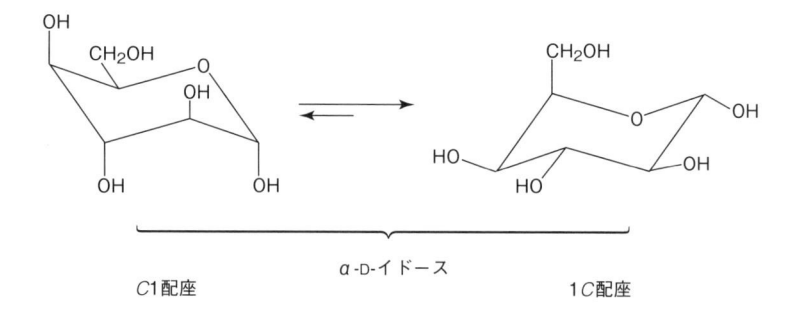

OCOR, NH₂, ハロゲン基など）は，1*C*配座においてエクアトリアル位よりもアキシアル位をとる傾向がある。この現象はアノマー効果（anomeric effect）と名づけられている。アノマー効果はC–1–X結合の双極子と環酸素の非共有電子対の双極子間の静電的反発に起因し，双極子モーメントの方向が逆方向に向かっている α 形の方が安定となる。

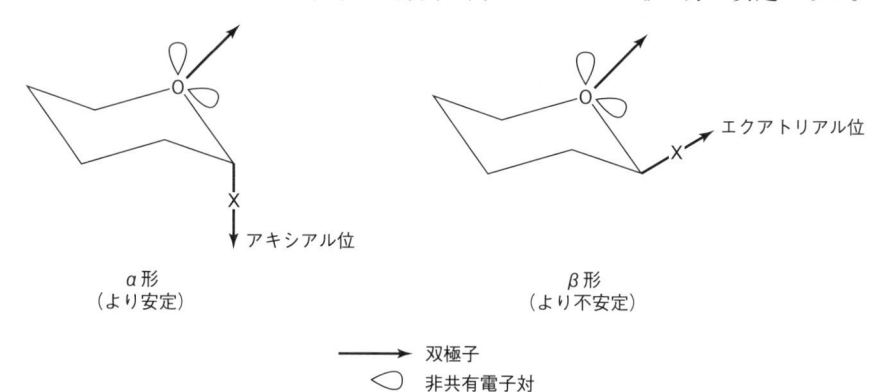

α形　　　　　　　　　　　　β形
（より安定）　　　　　　　　（より不安定）

→ 双極子
◯ 非共有電子対

アノマー効果はC-1位に結合する原子あるいは原子団により，ハロゲン＞OCOR＞OCH₃＞OH＞NH₂の順に減少する。また水のような極性の大きい溶媒中では，溶媒和によって双極子が減少しアノマー効果は低下する。上述のように，D-グルコピラノースの β 形ではアノマー水酸基がエクアトリアル位にあるのに，平衡状態において相当量（36％）の α 形が存在するのはアノマー効果によると考えられる。

2-4 天然由来の単糖誘導体

天然には，これまで述べてきたヘキソースやペントース以外にも多くの単糖類が広く存在している。これらの単糖類の多くは，配糖体あるいはオリゴ糖，多糖の成分として存在している。

2-4-1 デオキシ糖

糖のアルコール性水酸基が水素で置換されたものをデオキシ糖（deoxy sugar）という。最も一般的なデオキシ糖は2-デオキシ-D-リボースであり，DNA（デオキシリボ核酸）の構成糖として，プリンま

たはピリミジン塩基と N-グリコシド結合して広く動植物細胞核中に存在する（第4章）。

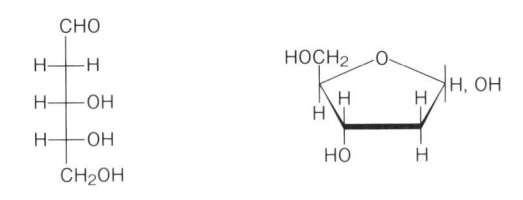

2-デオキシ-D-リボース

ヘキソースの6-デオキシ糖はメチルペントースまたはメチロース（methylose）ともいい，多糖の構成成分として，また乳汁オリゴ糖，血液型物質，糖タンパク質などの成分として広く分布している。また配糖体の糖成分として主に植物界に広くみられる。

2-4-2 アミノ糖

糖のアルコール性水酸基が，アミノ基で置換されたものをアミノ糖（amino sugar），別名グリコサミン（glycosamine）という。天然で最も分布が広いのは D-グルコサミン（D-glucosamine）と D-ガラクトサミン（D-galactosamine）であり，これらは天然多糖，ムコ多糖，糖タンパク質の構成成分である。

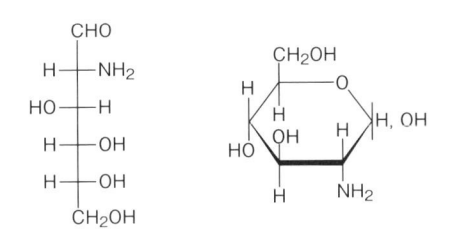

D-グルコサミン

D-ガラクトサミン

また，臨床上重要なストレプトマイシンやカナマイシンなどのアミノグリコシド系抗生物質には多様なアミノ糖が構成成分として含まれている。

2-4-3 グリコシルアミン

還元糖にアンモニアを反応させると，ヘミアセタール水酸基がアミノ基で置換されてグリコシルアミン（glycosylamine）を生じる。グリコ

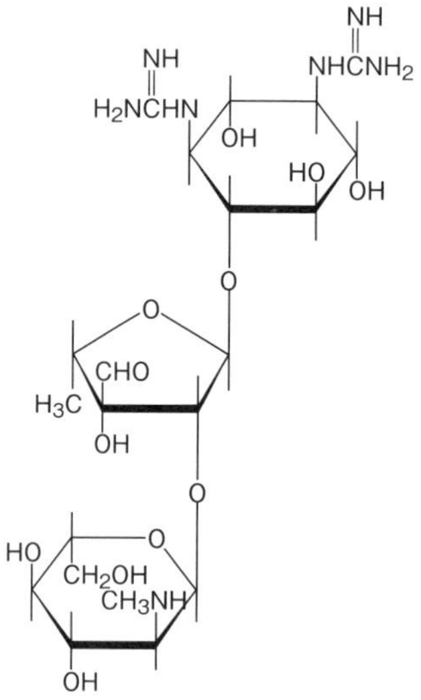

ストレプトマイシン

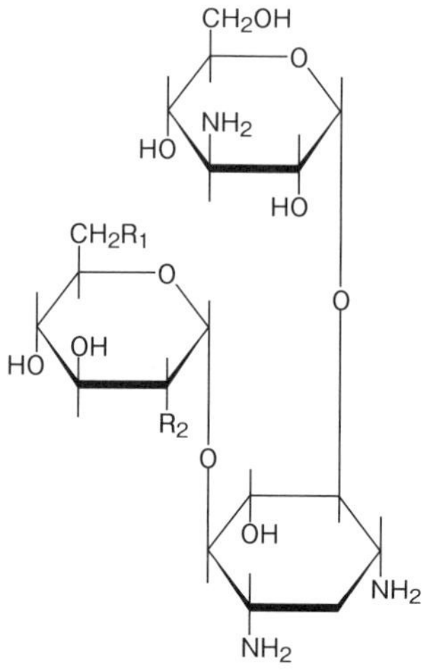

カナマイシンA：R₁=NH₂；R₂=OH
カナマイシンB：R₁=NH₂；R₂=NH₂
カナマイシンC：R₁=OH；R₂=NH₂

シルアミンは水溶液中で環状形とシッフ塩基型の鎖状形とが平衡状態で存在するために変旋光を示す。

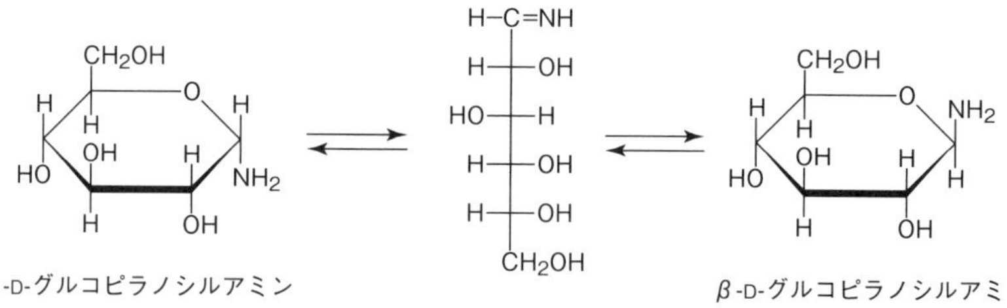

α-D-グルコピラノシルアミン　　　　　　　　　β-D-グルコピラノシルアミン

　天然のグリコシルアミンとしては，ピリミジンまたはプリン塩基がD-リボースまたは2-デオキシ-D-リボースと β-N-グリコシド結合したヌクレオシドがあり，これらは核酸の構成成分として広く分布している（第4章）。また多くの糖タンパク質では，N-グリコシド結合によって糖鎖とタンパク質とが結合している。

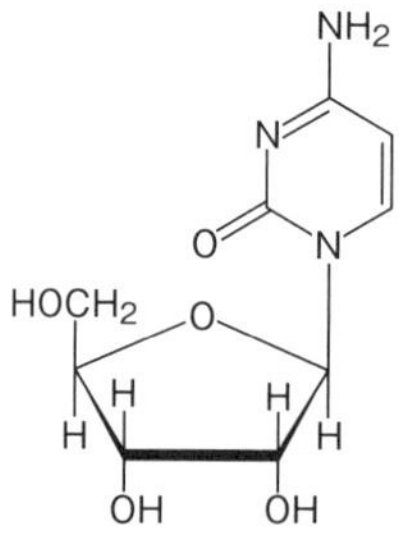

シチジン 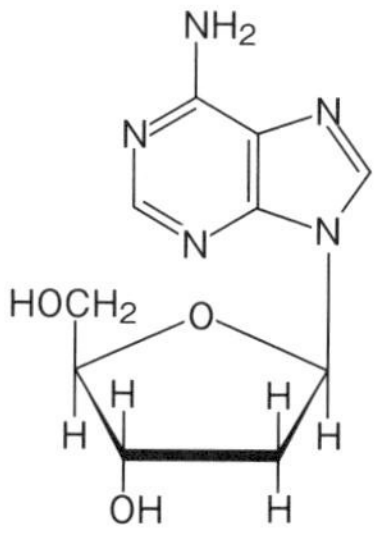　　　　　　　　　2'-デオキシアデノシン

2-4-4 配糖体

すでに述べたように，単糖は主として環状ヘミアセタールとして存在しているのでアルコールと反応して O-グリコシド（O-glycoside）を与える（p. 21）。天然には多くの O-グリコシド（配糖体）が存在するが特に植物界に広く分布し，そのほとんどは β-グリコシル結合型である。配糖体の非糖部分はアグリコン（aglycon）とよばれ，フラボノイド配糖体など植物に含まれる色素配糖体の多くはアグリコンがフェノール性物質である。また，ジギタリスに含まれる強心配糖体は，デオキシ糖で構成される三糖にステロイドアルコールがアグリコンとして結合した複雑な構造をもつ。

ケルシトリン（フラボノイド配糖体）　　　ジギトキシン（強心配糖体）

臨床上，有用な制がん剤である抗生物質アドリアマイシン（adriamycin）は，デオキシアミノ糖であるダウノサミンとアグリコンであるアントラキノン部分が β-グリコシル結合によって結合した配糖体である。

アドリアマイシン

2-4-5 L-アスコルビン酸

L-アスコルビン酸（L-ascorbic acid）は抗壊血病因子であるビタミンCと同一物である。L-ソルボースをジイソプロピリデン化後酸化することにより工業的に大量につくられている。

L-ソルボース → ジイソプロピリデン-L-ソルボース (CH₃COCH₃) → (KMnO₄) → ジイソプロピリデン 2-ケト-L-グロン酸 → (H₂O, H⁺) → 2-ケト-L-グロン酸 → (ラクトン化) → L-アスコルビン酸

2-4-6 シアル酸

シアル酸（sialic acid）はノイラミン酸（neuramic acid）のアシル誘導体の総称である。ムコ多糖，糖タンパク質，糖脂質，人乳のオリゴ糖などの構成成分として広く生物界に存在している。もっとも一般的なシアル酸はO-シアル酸とよばれるN-アセチルノイラミン酸である。

ノイラミン酸
(2-ケト-3-デオキシ-5-アミノノナン酸)

O-シアル酸
（N-アセチルノイラミン酸）

2-5 単糖類の反応

2-5-1 酸 化

(A) 還元糖試験

糖類は鎖状構造および環状構造の平衡混合物として存在するので，糖の反応には鎖状体の反応と環状体の反応という2つの形式がある。アルドースの鎖状体は酸化されうるホルミル基をもっているので，一般的なアルデヒド類と同様にFehling試薬（酒石酸ナトリウムとCu^{2+}の深青色水溶液）により酸化されてアルドン酸（aldonic acid）になり，Cu_2O（赤れんが色）の沈殿を生じる。アルドースにBenedict試薬（クエン酸ナトリウムとCu^{2+}の深青色水溶液）を作用させた場合も同様の結果を与える。また，アルドースはTollens試薬（アンモニア性硝酸銀溶液）によっても酸化され，アルドン酸を生成すると共にフラスコや試験管の壁に銀鏡を生じる（銀鏡反応）。これらの反応は，ホルミル基またはこれを生成するヘミアセタール性水酸基をもつ糖類に特有な反応であり，これらの糖類はCu^{2+}やAg^+に対して還元剤として働くことから還元糖とよばれる。

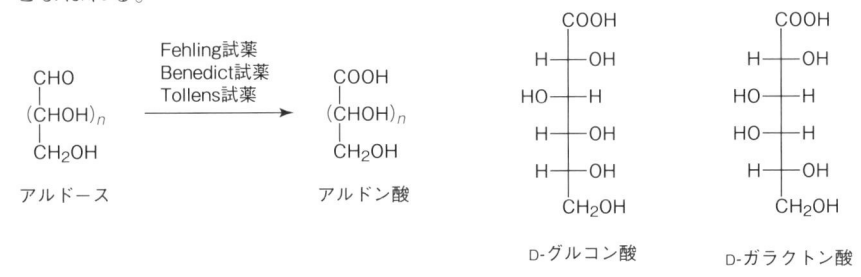

酸化されやすいホルミル基をもつアルドースばかりでなく，ケトースの中にも還元糖がある。たとえばフルクトースはホルミル基を含まないにもかかわらずTollens試薬を還元する。これはケトースが塩基性溶液中で一連のケト–エノール互変異性によってアルドースに変換されるためである。

(B) アルドン酸の合成

上記のアルドン酸への変換反応は還元糖の有用な試験法であるが，塩

基性条件が糖の分解を起こすためにアルドン酸の収率はよくない。アルドン酸の合成の目的のためには，緩衝水溶液（pH 5～6）中アルドースを臭素水で酸化する方法が用いられる。ケトースは臭素水で酸化されないので，この反応はアルドースとケトースの区別に用いることができる。

$$\begin{array}{c} CHO \\ | \\ (CHOH)_n \\ | \\ CH_2OH \end{array} \xrightarrow{Br_2, H_2O} \begin{array}{c} COOH \\ | \\ (CHOH)_n \\ | \\ CH_2OH \end{array}$$

アルドース　　　　　　アルドン酸

この酸化反応は，実際には上に示した反応経路よりも複雑な経路を経て進行するものと考えられている。アルドースのβ-アノマーは臭素水によって特異的に酸化を受け（α-アノマーはほとんど酸化されない），初めにδ-アルドン酸ラクトンを生じ，ついで加水分解されてアルドン酸になる。続いてアルドン酸の水溶液から溶媒を留去すると分子内脱水反応が進行し5員環ラクトン（γ-ラクトン）を生成する。この反応経路をβ-D-グルコピラノースを例にとって示すとつぎのようになる。

β-D-グルコピラノース　　D-グルコノ-δ-ラクトン　　D-グルコン酸　　D-グルコノ-γ-ラクトン

α-D-グルコピラノースも臭素水によって酸化を受けるが，その速度はきわめて遅い。これに対してβ-D-グルコピラノースは，α-アノマー酸化速度の250倍の速度で酸化される。このようにα-アノマーの酸化速度が非常に遅いのは，α-アノマーがβ-アノマーへ異性化したのち酸化を受けるためである。このような酸化反応は，アノマー性水酸基にBr$^+$が攻撃して生じた中間体から，HBrがとれることによって起こるものとされている。β-アノマーでは，HとOBrがアンチパラレル（antiparallel）な配置をとることができるので，HBrの脱離（トランス脱離）が容易に進行する。

これに対して，α-アノマーではC-3，C-5位のアキシアル水素とBr間の立体障害により，アンチパラレルな配置が妨げられるために酸化を受けにくくなる。

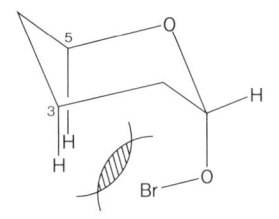

(C) アルダル酸の生成

希硝酸は臭素水よりも強い酸化力をもっており，アルドースはホルミル基とともに末端の第一級水酸基が酸化されてジカルボン酸となる。このようなジカルボン酸はアルダル酸（aldaric acid）または糖酸（saccharic acid）と総称される。

D-グルコースを酸化して得られるアルダル酸は，D-グルカル酸（D-gulucaric acid）とよばれる。

D-ガラクトースの酸化によって得られるガラクタル酸（galactaric acid）は，メソ化合物であるため光学不活性である。

アルドン酸と同様にアルダル酸も容易にラクトン化する。

モノ-γ-ラクトン　　　アルダル酸　　　ジ-γ-ラクトン

(D) ウロン酸の生成

アルドース末端の第一級水酸基が酸化されてカルボキシル基になったものをウロン酸（uronic acid）という。通常，アルダル酸のラクトンをナトリウムアマルガムまたは水素化ホウ素ナトリウム $NaBH_4$ で還元することによって得られる。

アルダル酸　　　　　　　　　　　　　　ウロン酸

ウロン酸はホルミル基をもっているので，アルドースと同様にヘミアセタール環を形成して α-アノマーおよび β-アノマーが存在し，変旋光を示す。

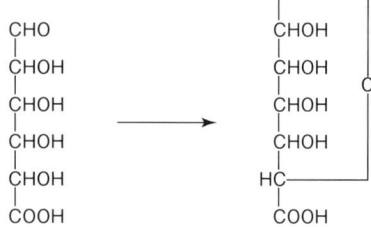

天然のウロン酸としては，D-グルクロン酸（D-glucuronic acid），D-ガラクツロン酸（D-galacturonic acid），D-マンヌロン酸（D-mannuronic acid）などがあり，特にD-グルクロン酸は生化学的に重要である。ウロン酸は動植物界に広く分布するが，遊離状態のものは見出されておらず，多糖（ヘパリン，ペクチン，ヘミセルロースなど）の構成単位として存在する。

D-グルクロン酸　　D-ガラクツロン酸　　D-マンヌロン酸

ウロン酸はフラノース構造でラクトン化しやすく，その立体配置に応じた構造のラクトン環を形成する。

D-グルクロン酸　⇌　　　⇌　D-グルクロノ-6,3-ラクトン

(E) グリコール開裂

隣接する水酸基をもつ炭素鎖は，過ヨウ素酸によって酸化的に切断されカルボニル化合物を生成する。この反応は環状の過ヨウ素酸エステル中間体を経て進行する。

酸化開裂は，水酸基がカルボニル基に隣接している場合にも起こる。

グリセルアルデヒド → ギ酸 + ギ酸 + ホルムアルデヒド

ヒドロキシアセトン → ホルムアルデヒド + 二酸化炭素 + ホルムアルデヒド

過ヨウ素酸酸化を用いることによって，多くのアルドースのピラノシドおよびフラノシド構造が証明された。たとえば，メチルβ-D-グルコピラノシドおよびメチルβ-D-グルコフラノシドはともに過ヨウ素酸2モルを消費するが，ピラノシドからは1モルのギ酸が生じるのに対し，フラノシドからは1モルのホルムアルデヒドが生じるので，これらを定量することによって両者を区別することができる。

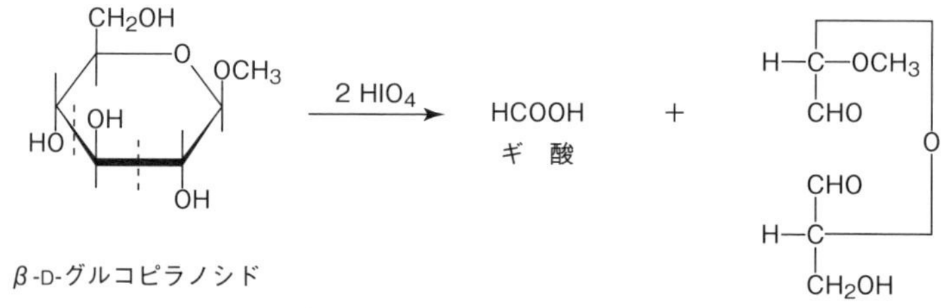

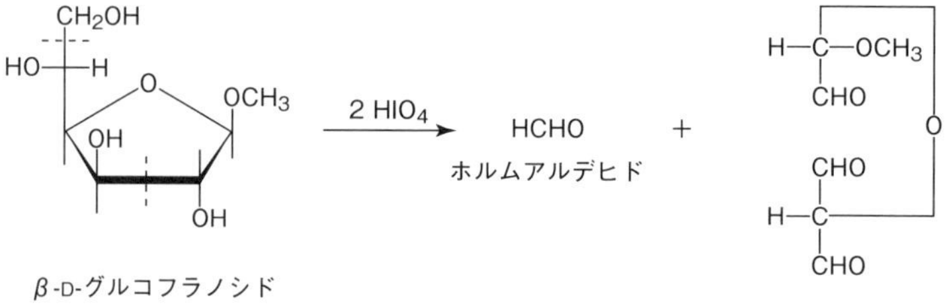

[β-D-グルコピラノシド] + 2 HIO₄ → HCOOH (ギ酸) + [生成物]

[β-D-グルコフラノシド] + 2 HIO₄ → HCHO (ホルムアルデヒド) + [生成物]

このような構造決定法から，すべての α-D-アルドヘキソースのメチルグリコシドは，同じC-1，C-5立体配置をもつことが同時に証明された。

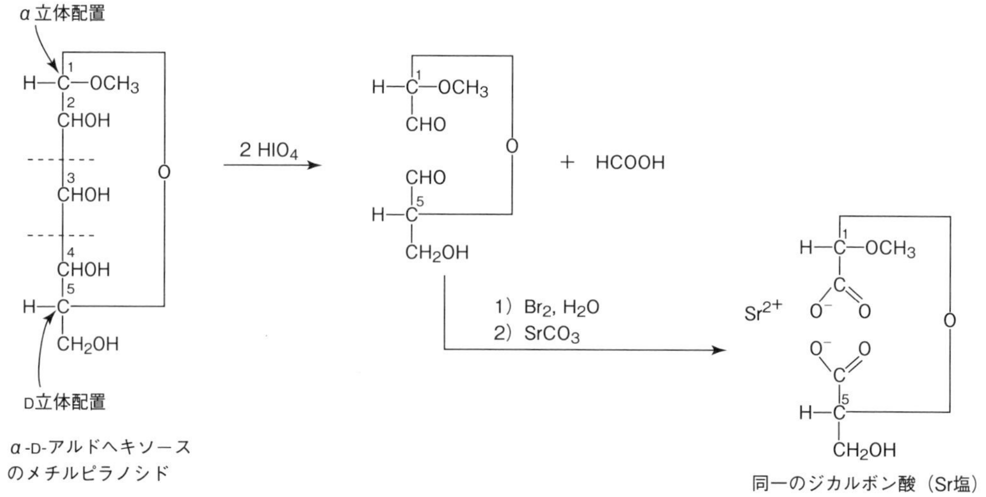

[α-D-アルドヘキソースのメチルピラノシド（α立体配置, D立体配置の表示付き）] + 2 HIO₄ → [ジアルデヒド] + HCOOH

1) Br₂, H₂O
2) SrCO₃
→ Sr²⁺ [同一のジカルボン酸（Sr塩）]

2-5-2 還 元

アルドースおよびケトースは種々の方法で還元されてアルジトール (alditol) とよばれるポリアルコールを生成する。還元には水素化ホウ素ナトリウム $NaBH_4$ が用いられるほか，白金またはラネーニッケルを用いる接触還元も適用される。

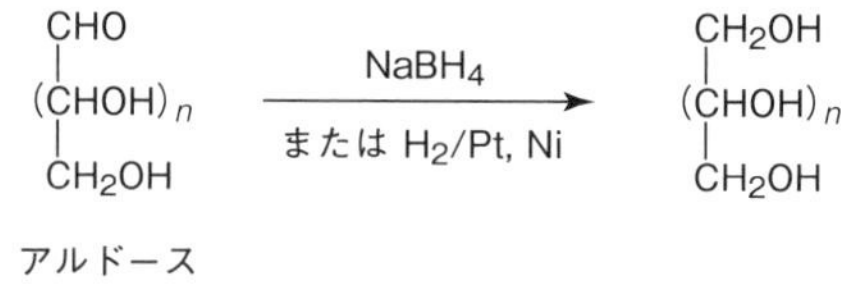

$$\begin{array}{c} CHO \\ (CHOH)_n \\ CH_2OH \end{array} \xrightarrow[\text{または } H_2/Pt, Ni]{NaBH_4} \begin{array}{c} CH_2OH \\ (CHOH)_n \\ CH_2OH \end{array}$$

アルドース

還元は，環状構造とともに平衡状態で少量存在する鎖状構造の糖に起

こり，後者が還元によって消費されるので平衡が連続的にかたより，その結果すべての糖が還元される。たとえば，D-グルコースを還元するとD-グルシトール（D-glucitol）を，D-フルクトースを還元するとD-グルシトールとD-マンニトール（D-mannitol）を生成する。

2-5-3 アミノ化合物との反応

アルドースおよびケトースのカルボニル基は，ヒドロキシルアミン（hydroxylamine），フェニルヒドラジン（phenylhydrazine），セミカルバジド（semicarbazide）などのいわゆるカルボニル試薬と反応して，一般に水に難溶な結晶性の縮合物としてオキシム（oxime），フェニルヒドラゾン（phenylhydrazone），セミカルバゾン（semicarbazone）をそれぞれ生成する。

フェニルヒドラジンとの反応では，フェニルヒドラゾンを生成したのち，さらに2当量のフェニルヒドラジンと反応して，水に難溶な黄色結晶のフェニルオサゾン（phenylosazone）を生成する。この反応機構としては，初めに生成したフェニルヒドラゾンとフェニルヒドラジンとの反応によりアニリンおよびアンモニアとともに2-ケトフェニルヒドラゾンが生成し，さらにフェニルヒドラジンが反応してオサゾンを生成する過程が考えられている。

$$\text{アルドース} \xrightarrow{\text{PhNHNH}_2} \text{フェニルヒドラゾン} \rightleftharpoons \cdots \xrightarrow{-\text{PhNH}_2} \cdots$$

$$\xrightarrow{2\ \text{PhNHNH}_2} \text{フェニルオサゾン} + \text{NH}_3$$

アルドースは，オサゾンの生成によってC-2の不斉を失うが，他の不斉中心はそのまま保たれる。また，ケトースもフェニルヒドラジンと同様に反応するので，D-グルコース，D-マンノース，D-フルクトースは，C-3，C-4，C-5位の立体配置が等しい同一のオサゾンを生成する。

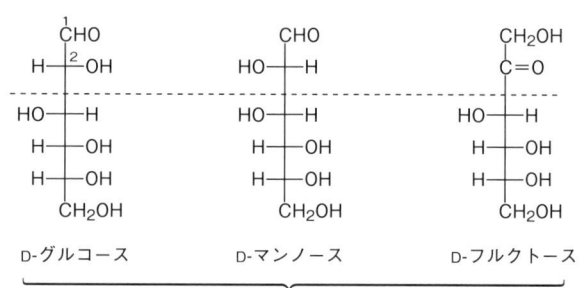

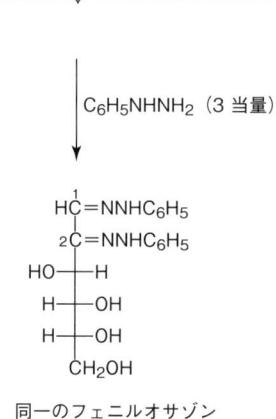

D-グルコース　　D-マンノース　　D-フルクトース

$\xrightarrow{\text{C}_6\text{H}_5\text{NHNH}_2\ (3\text{ 当量})}$

同一のフェニルオサゾン

2-5-4 炭素鎖の伸長（Kiliani-Fischer合成）

アルドースからシアノヒドリン（cyanohydrin），アルドン酸ラクトンを経て炭素鎖の1個多いアルドースを合成する方法をKiliani-Fischer合成といい，この方法は単糖類の合成や立体配置決定の補助手段として広く用いられた。Kiliani-Fischer合成によって，たとえばD-グリセルアルデヒド（アルドトリオース）からD-トレオース（アルドテトロース）およびD-エリトロース（アルドテトロース）を合成することができる。

D-グリセルアルデヒドにHCNを付加させると，新たに不斉中心が導入されるので2種のシアノヒドリンを生じる。2種のシアノヒドリンの

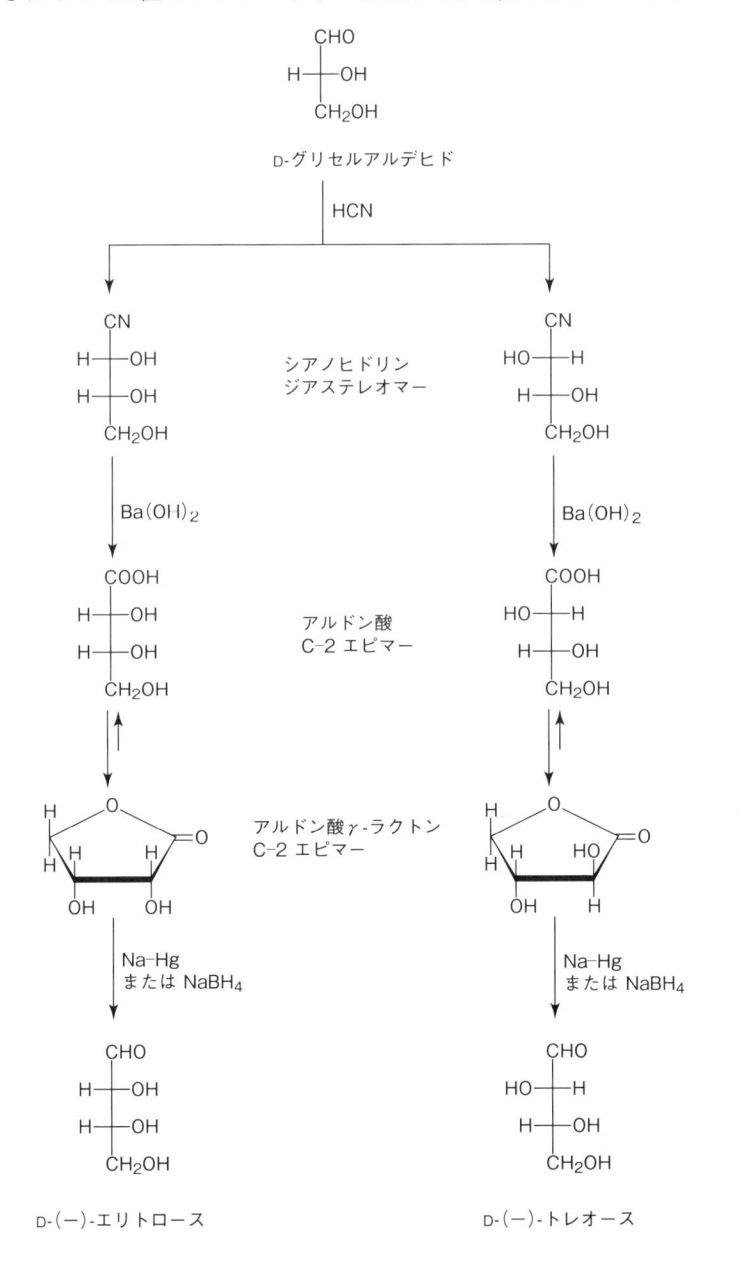

生成量は同じではない。両者はジアステレオマーの関係にあるので分離することができる。分離されたジアステレオマーは，それぞれ加水分解，ラクトン化，還元を経て相当するアルドテトロースであるD-(-)-エリトロースおよびD-(-)-トレオースに変換される。ラクトンの還元剤としては，古くはナトリウムアマルガム（pH 3～3.5で反応させる）が用いられたが，最近は水素化ホウ素ナトリウム（pH 3～4で反応させる）などのヒドリド還元剤が用いられる。

シアノヒドリンを糖に変換する上記Kiliani-Fischer法は，現代では，ニトリルをイミンに還元後，加水分解によってアルデヒドに変換する短工程の改良法が用いられる。

フィッシャーの業績と生涯

フィッシャー（Emil Hermann Fischer）は今日の糖化学の基礎を築き上げた19世紀末の最大の有機化学者である。

フィッシャーは1852年商人の子としてボンの近くのオイスキルヒェンで生まれた。父の希望にしたがって義兄の材木商のもとに奉公したが，性分に合わなかったため，これと縁を切ってボン大学に入学，ケクレ（ベンゼンのケクレ構造の発見者）のもとで化学を学んだ。1874年ストラスブルグのバイヤー（張力説の提唱者）のもとで学位を得，ここで発見したフェニルヒドラジンが彼の生涯を決定することになった。

フェニルヒドラジンが糖類と反応してオサゾンとよばれる明るい黄色の結晶をつくることに彼が気づいたのは，フェニルヒドラジンを発見してから9年目のことであったが，この反応こそが当時ほとんど未知であった糖化学の扉を開く鍵となった。彼はオサゾンの研究に基づいて複雑な体系をもつアルドヘキソースの構造と立体化学を初めて明らかにした。また，アルドヘキソースに可能な16の異性体のうちの12までを，フィッシャーおよび彼の共同研究者が合成した。1902年，フィッシャーは炭水化物とプリンの業績によりノーベル化学賞を受けた。

フィッシャーはその後タンパク質の研究に転じ，アミノ酸とポリペプチドの合成で先駆的業績を上げている。また彼が発見したフェニルヒドラジンの反応の成果として，フィッシャーのインドール合成として知られる反応がある。

フィッシャーの研究は，有機化学の広い範囲にわたり卓越した洞察力と明敏な理論的思考によって進められている。しかし，彼の研究の大きな特徴はむしろ実験有機化学の合成的手法を重んじ，かつそれを駆使した点にある。フィッシャーは彼一流の巧妙な実験によって数々の成果を上げ，彼の論文は合成化学の実験的手引書として定評を得ている。

フィッシャーは有機化学の巨峰とよばれるにふさわしい卓越した業績を残したが，個人的には必ずしも恵まれた人生を送ることができなかった。彼は，若くして妻をなくし，3人の息子のうち長男のヘルマンは著名な有機化学者となったが，他の2人は第一次世界大戦で戦死した。彼は水銀中毒とフェニルヒドラジン中毒に苦しみ，それに加えてがんにも冒された。そして1919年，絶望のうちに自らの命を絶ち，67年の生涯を閉じた。

2-5-5 炭素鎖の短縮

アルドースからC-1位のカルボニル炭素を減じる方法としては次のような方法が知られている。これらの方法によりアルドール鎖が1炭素短縮されたアルドースが得られる。

(A) Ruff分解

アルドースを臭素水により酸化して得られるアルドン酸を，第二鉄塩および過酸化水素によって酸化的脱カルボキシル化を行うと，炭素数の1個少ないアルドースを生成する。

$$\begin{array}{c}\text{CHO}\\|\\\text{CHOH}\\|\\(\text{CHOH})_n\\|\\\text{CH}_2\text{OH}\end{array} \xrightarrow{\text{Br}_2,\text{H}_2\text{O}} \begin{array}{c}\text{COOH}\\|\\\text{CHOH}\\|\\(\text{CHOH})_n\\|\\\text{CH}_2\text{OH}\end{array} \xrightarrow[\text{Fe}_2(\text{SO}_4)_3]{\text{H}_2\text{O}_2} \begin{array}{c}\text{CHO}\\|\\(\text{CHOH})_n\\|\\\text{CH}_2\text{OH}\end{array} + \text{CO}_2$$

この反応によりC-2位の不斉が失われるので，たとえばD-グルコースとD-マンノースのようにアルドースの1対のエピマーは炭素数の1個少ない同一のアルドース（D-アラビノース）を与える。

D-グルコース　→ Ruff分解 →　D-アラビノース　← Ruff分解 ←　D-マンノース

(B) Wohl分解

この方法は，Ruff分解と同じく1位の炭素を除去してアルドースの炭素鎖を短縮する方法である。Wohl分解は本質的にはKiliani-Fischer合成と逆の過程である。アルドースをヒドロキシルアミンと反応させてオキシムとし，無水酢酸と加熱するとオキシム基は脱水されてシアノ基となり，同時にすべての水酸基はアセチル化される。この生成物はシアノヒドリンの酢酸エステルに相当する。そこで，これを塩基性条件下で分解すると，シアノヒドリンの生成，ついでHCNの脱離を経て相当する

$$\begin{array}{c}\text{CHO}\\|\\\text{CHOH}\\|\\(\text{CHOH})_n\\|\\\text{CH}_2\text{OH}\end{array} \xrightarrow{\text{NH}_2\text{OH}} \begin{array}{c}\text{CH=NOH}\\|\\\text{CHOH}\\|\\(\text{CHOH})_n\\|\\\text{CH}_2\text{OH}\end{array} \xrightarrow[\text{NaOAc}]{\text{Ac}_2\text{O}} \begin{array}{c}\text{C≡N}\\|\\\text{CHOAc}\\|\\(\text{CHOAc})_n\\|\\\text{CH}_2\text{OAc}\end{array} \xrightarrow[\text{CHCl}_3]{\text{NaOCH}_3}$$

$$\left[\begin{array}{c}\text{C≡N}\\|\\\text{CHOH}\\|\\(\text{CHOH})_n\\|\\\text{CH}_2\text{OH}\end{array}\right] \xrightarrow{\text{NaOCH}_3} \begin{array}{c}\text{CHO}\\|\\(\text{CHOH})_n\\|\\\text{CH}_2\text{OH}\end{array} + \text{NaCN} + \text{CH}_3\text{OH}$$

アルデヒドになる。

2-5-6 エーテル

糖類のエーテルは，構造証明や合成研究における保護基として重要な用途がある。通常よく用いられるメチルエーテルは，糖の水酸基をアルカリの存在下ヨウ化メチル，ジメチル硫酸などのメチル化剤によってメチル化（Williamson合成法）するか，またはヨウ化メチルと酸化銀によるメチル化によって合成することができる。アルドースの避難のホルミル基は強い塩基のもとで不安定なので，塩基性でメチル化を行う場合は糖をメチルグリコシドに変換し，アノマー性水酸基を保護しておく必要がある。

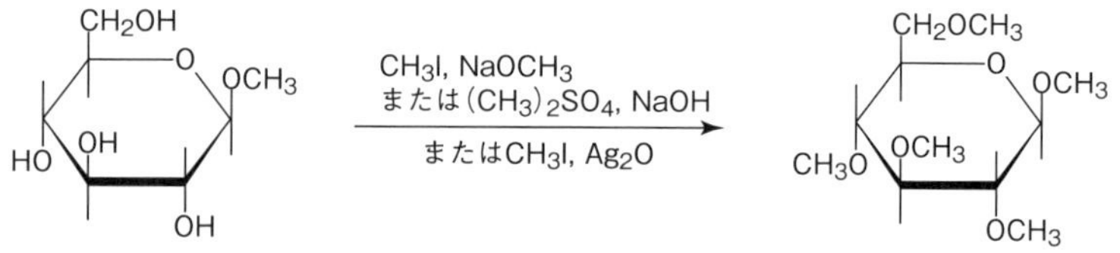

メチル-β-D-グルコピラノシド　　→　メチル2,3,4,6-テトラ-O-メチル-β-D-グルコピラノシド
（CH_3I, $NaOCH_3$ または $(CH_3)_2SO_4$, NaOH または CH_3I, Ag_2O）

グリコシド性OCH_3基は希酸によって容易に加水分解を受けるが，通常のエーテル結合で結合している他のOCH_3基は酸にもアルカリにも安定である。

糖の合成や変換反応を行う際，特定の水酸基を残したまま他の官能基の化学変換を行うことがある。そのような場合，その水酸基をあらかじめ保護した上で目的の反応を行い，反応終了後に保護基を除去する方法がとられる。このように水酸基を保護する目的で用いられるエーテルとしては，メトキシメチルエーテル，テトラヒドロピラニルエーテルなどが繁用され，これらは酸を用いて除去することができる。また，ベンジルエーテルや*tert*-ブチルジメチル（またはジフェニル）シリルエーテルもよく用いられるが，これらはそれぞれ接触水素化およびフッ素イオ

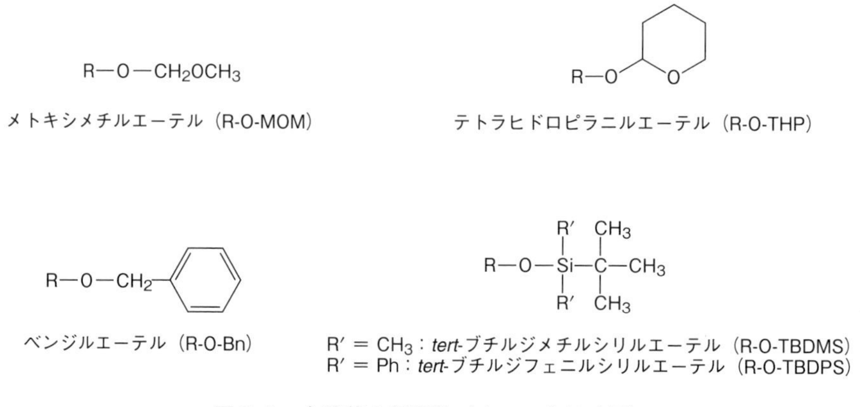

R—O—CH_2OCH_3
メトキシメチルエーテル（R-O-MOM）

R—O—（テトラヒドロピラン環）
テトラヒドロピラニルエーテル（R-O-THP）

R—O—CH_2—（フェニル）
ベンジルエーテル（R-O-Bn）

R—O—Si(R')₂—C(CH₃)₃
R' = CH_3：*tert*-ブチルジメチルシリルエーテル（R-O-TBDMS）
R' = Ph：*tert*-ブチルジフェニルシリルエーテル（R-O-TBDPS）

図2-6　水酸基の保護基（カッコ内は略号）

ンによって除去することができる（図2-6）。

2-5-7 環状アセタールおよび環状ケタール

糖の水酸基は鉱酸（H_2SO_4, HCl），有機酸（p-トルエンスルホン酸），Lewis酸（$ZnCl_2$, $CuSO_4$）などの存在下にアルデヒドやケトンと縮合して環状アセタールまたは環状ケタールを生成する。一般にケトンとの反応では5員環（1,2-ジオキソラン）が，アルデヒドとの反応では6員環（1,3-ジオキサン）が優先的に生成する。

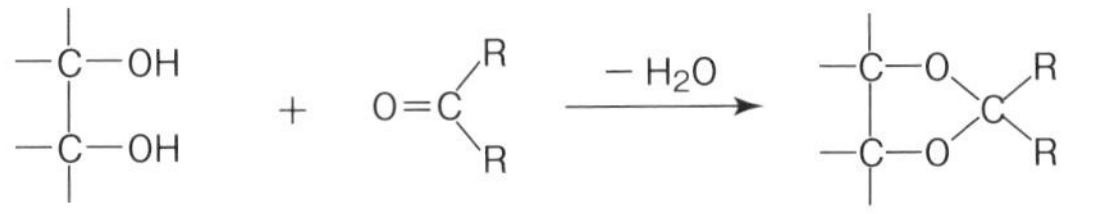

1,2-ジオール + 環状ケタール（1,2-ジオキソラン）

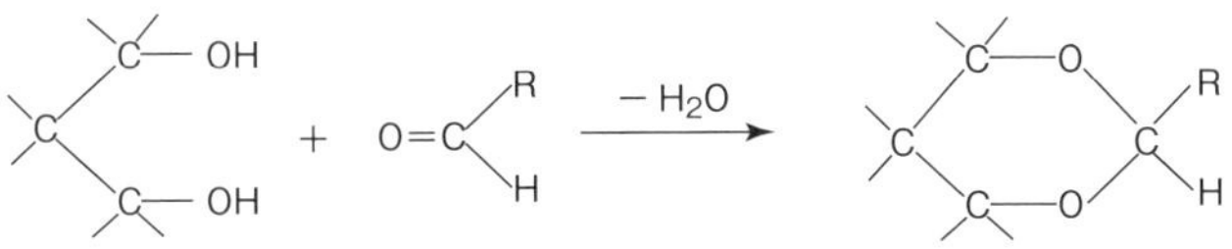

1,3-ジオール + 環状アセタール（1,3-ジオキサン）

1,2-ジオールが環状である場合，ケトンは隣接する2つの水酸基がシスの場合にケタールを生成しやすい。α-D-ガラクトース（α-D-galactose）にはシス配置の隣りあった水酸基が2組存在するため，2モルのアセトンと反応してジケタールが主生成物として得られる。

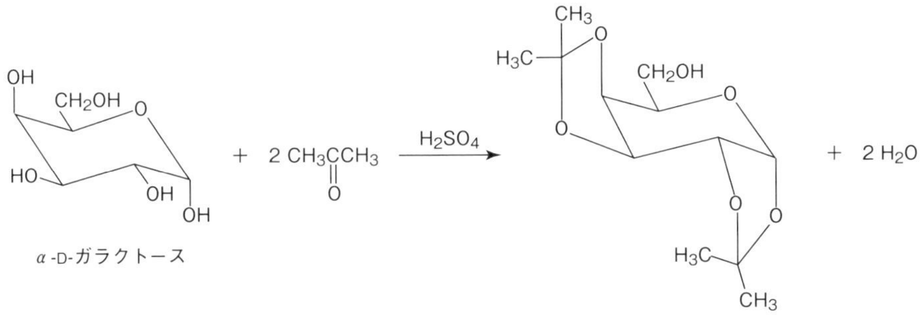

α-D-ガラクトース + 2 CH_3COCH_3 → 1,2:3,4-ジ-O-イソプロピリデン-α-D-ガラクトピラノシド + 2 H_2O

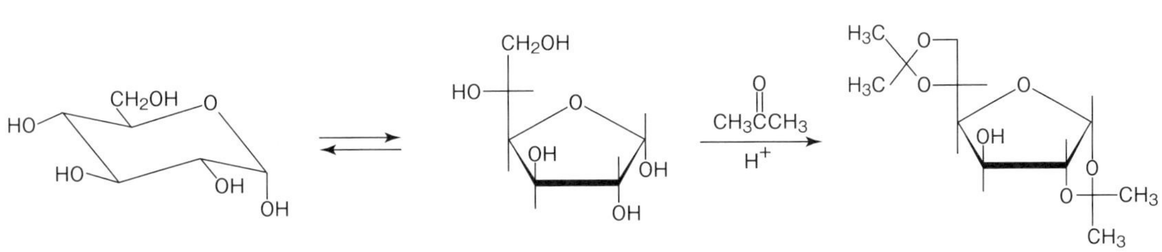

α-D-グロピラノース ⇌ α-D-グルコフラノース → 1,2:5,6-O-イソプロピリデン-α-D-グルコフラノース

一方，α-D-グルコースは3位と4位の水酸基がトランスであるため，この位置ではケタールをつくりにくく，ピラノース構造からフラノース構造へ変化したのちケタールをつくる。

アルデヒドも同様に反応して環状アセタールを生じるが，上述のようにこの場合はおもに6員環を生成する。

メチル α-D-グルコピラノシド + C_6H_5CHO $\xrightarrow{H^+}$ メチル 4,6-O-ベンジリデン-α-D-グルコピラノシド

これらのアルキリデン誘導体はアルカリに安定で，希酸によって加水分解を受け容易にもとのジオールにもどるので，水酸基の保護基として有用である。

2-5-8 エステル

ピリジン中0℃で無水酢酸を用いて還元糖をアセチル化すると，アセチル化はアノマーの相互変換よりも速く進行するので，α-D-グルコースおよびβ-D-グルコースからはそれぞれ相当するペンタアセテートが生成する。しかしこの反応を高温で行うと，C-1位のアセトキシル基が安定なエクアトリアル位に配位したβ-アセテートが主生成物として得られる。

エステルはまた塩化アセチル CH_3COCl，塩化ベンゾイル C_6H_5COCl または他のハロゲン化アシルと適当な塩基の組み合わせによっても合成できる。

α-D-グルコース + (無水酢酸) $\xrightarrow[0℃]{ピリジン}$ ペンタ-O-アセチル-α-D-グルコピラノシド

$\xrightarrow{ピリジン 加熱}$

β-D-グルコース + (無水酢酸) $\xrightarrow[0℃]{ピリジン}$ ペンタ-O-アセチル-β-D-グルコピラノシド

2-6 オリゴ糖類

　オリゴ糖（oligosaccharide）は数個の単糖がグリコシド結合によって脱水縮合したもので，溶解度，甘味，化学的性質などは単糖類に類似する。"オリゴ"は少数を意味するギリシャ語"oligos"からきており，普通2〜10個の糖単位をもつものをオリゴ糖という。オリゴ糖は遊離状態または配糖体として広く天然に存在するが，重要なものは二糖または三糖までである。

　二糖類は構成単糖類の組み合わせにより多数のものが考えられるが，天然産のものはヘキソース分子から水1分子がとれたジヘキソース（dihexose）$C_{12}H_{22}O_{11}$が最も普通である。構成単糖の結合様式によりつぎの2種類に分類される。

(1) 還元性（マルトース型）二糖類　　マルトース，セロビオース，ラクトースなどのように，一方の糖のアルコール性水酸基の間で脱水縮合した構造をもつもの。Fehling液を還元し変旋光を示す。

(2) 非還元性（トレハロース型）二糖類　　トレハロース，スクロースなどのように2つの単糖のヘミアセタール性水酸基の間で脱水縮合した構造をもつもの。還元性を示さず，変旋光も示さない。

　二糖の構造を決めるには，構成単糖の種類と結合様式を知る必要がある。つぎに代表的な二糖類の性質と構造決定法について述べる。

2-6-1 還元性二糖類

(A) (+)-マルトース（麦芽糖）

　マルトースは天然には通常存在せず，デンプンをアミラーゼで加水分解すると得られる。マルトースは2分子のD-グルコースが$α(1→4)$結合した二糖であるが，この構造はつぎにあげるいくつかの根拠に基づいて決定された。

(1) マルトースを希酸またはマルターゼ（maltase）で加水分解すると，2分子のD-グルコースを生じる。

(2) マルトースはFehling試薬およびTollens試薬を還元し，フェニルヒドラジンと反応してモノフェニルオサゾンを生成する。

(3) マルトースには$α$形（$[α]_D = +168$）と$β$形（$[α]_D = +112$）があり，これらは水溶液中で変旋光を受けて$[α]_D = +136$の平衡混合物になる。

　これらの事実からマルトースにはD-グルコース単位が2個あり，一方のグルコース残基はヘミアセタール形で存在し，他方のグルコース残基はグリコシドとして存在していることがわかる。グリコシド結合の立体配置については，マルトースが$β$-グルコシダーゼ（エムルシン）に

よる作用を受けず，α-グルコシダーゼ（マルターゼ）によって特異的に加水分解されることからα-結合であることがわかる。

(4) マルトースを臭素水で酸化すると，モノカルボン酸であるマルトビオン酸（maltobionic acid）が生じる。このことからもヘミアセタール基はただ1個存在するだけであることがわかる。

(5) マルトビオン酸をメチル化後加水分解すると，2,3,4,6-テトラ-O-メチル-D-グルコースと2,3,5,6-テトラ-O-メチル-D-グルコン酸を生成する。前者はC-5位に遊離水酸基をもっているので非還元部分はフラノシドではなくピラノシドであることがわかる。後者の化合物はC-4位に遊離水酸基をもっているので，還元性グルコース残基はC-4位で非還元性グルコース残基とグリコシド結合していたことが示される。

残る問題は還元性グルコース部分がフラノースがピラノースかを決めることである。

(6) マルトースを完全メチル化後加水分解すると，2,3,4,6-テトラ-O-メチル-D-グルコースと2,3,6-トリ-O-メチル-D-グルコースが得られる。後者の化合物はC-5位に遊離水酸基をもつことから，還元性グルコース部分はピラノース環構造をもつことが明らかとなった。

（B）（+）-セロビオース

セロビオース（cellobiose）は2分子のD-グルコースがβ(1→4)結合した二糖である。天然には存在せず，セルロース（脱脂綿または沪紙）を酵素で分解するか，無水酢酸と硫酸でアセトリシス（acetolysis）し

て得られるセロビオースオクタアセテートを脱アセチル化することによって得られる。

セロビオースはマルトースと同じく還元糖であり，加水分解によってD-グルコース2分子を生じる。また変旋光を示しフェニルオサゾンをつくる。メチル化後加水分解するとマルトースの場合と全く同じ生成物が得られるので，マルトースと同じ（1→4）グリコシド結合をもつことがわかる。しかし，セロビオースはマルターゼ（α-D-グルコシダーゼを含む）ではなく，エムルシン（β-D-グルコシダーゼを含む）によって加水分解されるので β-D-グリコシド結合であることが示された。

（C）（+）-ラクトース（乳糖）

ラクトース（lactose）はD-グルコースのC-4位にD-ガラクトースが β-グリコシド結合した還元性の二糖である。哺乳動物の乳汁中に約5％含まれており，ナツメヤシなど2, 3の植物中にも存在する。

ラクトースを臭素水で酸化してラクトビオン酸にしたのち加水分解すると，D-ガラクトースとD-グルコン酸が得られる。このことから，D-ガラクトース残基は非還元部分に含まれることがわかる。ラクトースまたはラクトビオン酸についてメチル化，加水分解を行うと，マルトース，セロビオースの場合と同様な結果が得られる。またラクトースはエムル

シンで加水分解を受ける。これらのことから，D-ガラクトース残基はD-グルコースのC-4位の水酸基でβ-グリコシド結合をしており，両単糖はピラノース形であることが示される。

2-6-2 非還元性二糖類

(A) スクロース（ショ糖）

スクロース (sucrose) は光合成を行うすべての植物中に含まれており，遊離状態の糖としては天然で最も豊富に存在する。工業的には砂糖としてサトウキビやテンサイから得られ，甘味料として多量に用いられる。スクロースはD-グルコースとD-フルクトースがヘミアセタール性水酸基間で互いにグリコシド結合した二糖であるため，上述の二糖類と異なり還元性を示さず，変旋光も示さない。

スクロースは右旋性でその旋光度は $[\alpha]_D = +66$ であるが，希酸またはインベルターゼ (invertase) で加水分解して等量のD-グルコースとD-フルクトースにすると，混合物の旋光度は左旋性（$[\alpha]_D = -20$）を示す。これは，右旋性を示すD-グルコースの旋光度（$[\alpha]_D = +52.5$）よりも左旋性を示すD-フルクトースの旋光度（$[\alpha]_D = -92$）が大きいためである。このような旋光度の反転を転化 (inversion)，生成した混合糖を転化糖 (invert sugar) という。

スクロースを構成する2種類の単糖のグリコシド結合の立体化学は，X線解析および全合成によって，グルコースがα-グリコシド結合，フルクトースがβ-フルクトシド結合であることが明らかにされた。このようなグリコシド結合様式は酵素による加水分解によっても確認するこ

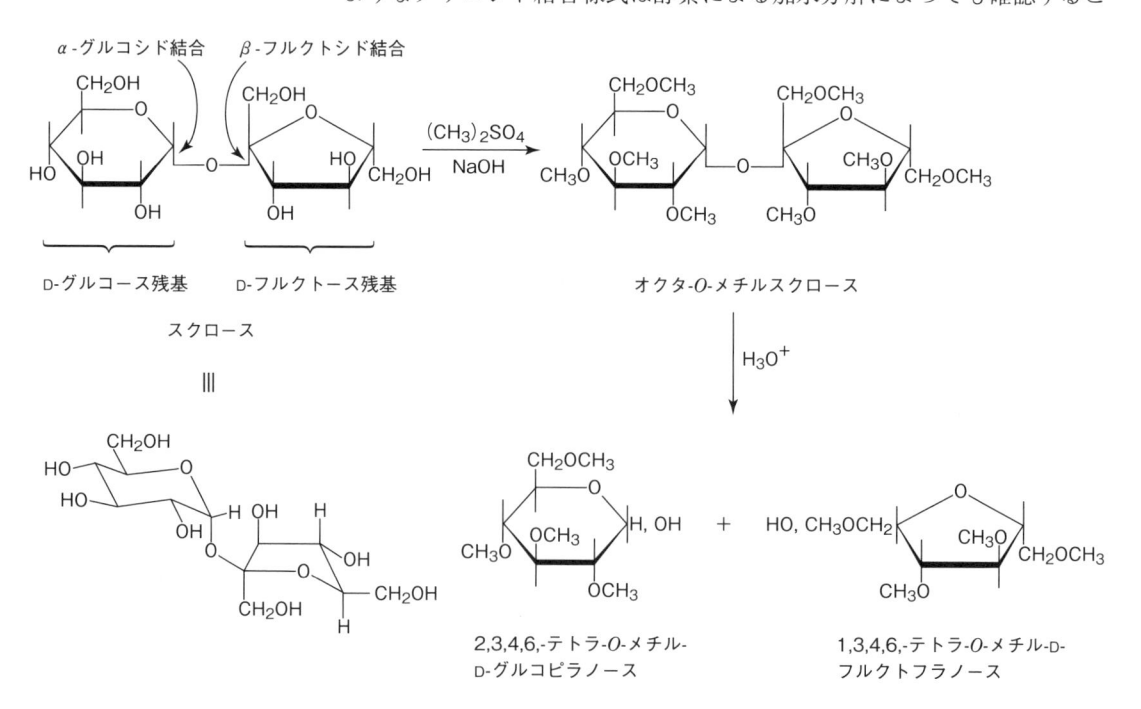

とができる。すなわち，スクロースは α-D-グルコシダーゼで加水分解されるが，β-D-グルコシダーゼ（エマルシン）で加水分解されないのでα-グルコシド結合をしていることがわかる。同様にスクロースはβ-フルクトシドに作用する酵素であるインベルターゼで加水分解されるので，D-フルクトースがβ-フルクトシド結合していることがわかる。

単糖の環の大きさは，遊離の水酸基をメチル化して得られたオクタメチルスクロースを加水分解することによって決定することができる。生成物からグルコース成分は6員環，フルクトース成分は5員環であることがわかる。

(B)（＋）-トレハロース

トレハロース（trehalose）は昆虫の体内に蓄積されてエネルギー源となっており，またカビ類やパン酵母などに広く分布している。トレハロースは2分子のD-グルコースがヘミアセタール性水酸基間でグリコシド結合した非還元性二糖である。グリコシドの結合様式については，α,α-，α,β-，β,β-の3通りの可能性があるが，天然にはα,α-体のみが存在する。

2-6-3 三 糖 類

ラフィノース（raffionse）は植物界に広く分布している三糖であり，その存在量はオリゴ糖の中ではスクロースについで多い。D-ガラクトース，D-グルコース，D-フルクトースからなり，非還元性であって変旋光を示さない。

天然で遊離状態で存在する三糖としては他に非還元性のゲンチアノース（gentianose），メレジトース（melezitose）などがある。

ゲンチアノース

メレジトース

2-6-4 シクロデキストリン

デンプンに特殊なアミラーゼを作用させると，D-グルコピラノシドが $\alpha(1\to4)$ 結合によって環状に結合した環状オリゴ糖である一連のシクロデキストリン（cyclodextrin）が得られる。これらのうち，グルコース残基を6個，7個，8個含むものはそれぞれ α-，β-，γ-シクロデ

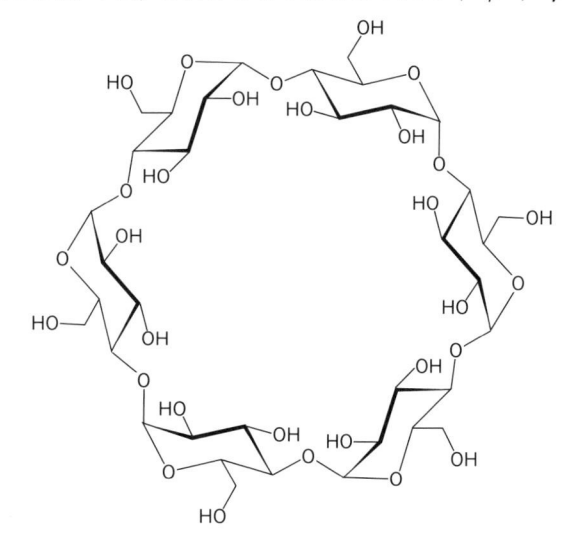

α-シクロデキストリン

キストリンとよばれる。シクロデキストリンはアミロースから生成すると考えられているが、このことはアミロースがひとまわりがグルコース6個のらせん構造（p. 53）をとることと対応している。空洞の内径は α-シクロデキストリンで5.0Å、β-シクロデキストリンで6.7Åと見積もられており、シクロデキストリンはホスト分子として、この空洞の大きさに適合するさまざまな疎水性および親水性ゲスト分子を包接する能力をもつ。このようなシクロデキストリンによる包接化は、医薬品の溶解性改善や安定化、食品の乳化、香料の安定化などに利用されている。

2-7 多糖類

多糖類（polysaccharides）は天然にきわめて広範囲かつ多量に存在するコロイド性の高分子炭水化物であり、多数の単糖がグリコシド結合した縮重合体とみなされる。甘味をもたず、光学的に活性であるが変旋光を示さない。非還元糖であるが、糖鎖の末端にある遊離のヘミアセタール基によってきわめてわずかな還元性を示すこともある。

多糖の命名を系統化するために、構成糖の語尾に -an をつける命名法が行われている。たとえば単純な糖を意味するグリコース（glycose）の語尾に -an をつけて、一般的な多糖はグリカン（glycan）とよぶ。またキシロース重合体はキシラン（xylan）、マンノース重合体はマンナン（mannan）、ガラクトース-マンノース共重合体はガラクトマンナン（galactomannan）などとよばれる。

多糖を構成単糖の組成によって分類すると、つぎのように二大別される。

(1) 単一多糖類（ホモグリカン）

ただ1種の単糖からなる多糖。グリカン、マンナン、ペクチン酸、キチンなど。

(2) 複合多糖類（ヘテログリカン）

2種以上の単糖からなる多糖。アラビアゴム、粘液質、ゴム質、ムコ多糖類、細菌多糖類、糖タンパク質など。

2-7-1 グルカン

グルカン（glucan）は完全に加水分解するとD-グルコースのみを与える。グルカンにはデンプン、セルロース、グリコーゲンなど重要なものが多い。

(A) デンプン

デンプンは植物の種子や根などに含まれる高分子量の多糖である。非結晶性の固体で一部水に溶ける。酵素によって加水分解を受け、順次デ

キストリン，マルトースとなり最後にグルコースになる。通常のデンプンは直鎖状多糖であるアミロース（amylose）と枝分かれ構造をもつアミロペクチン（amylopectin）との混合物であり，前者は通常20～30％含まれる。

アミロースはα-アミラーゼによってマルトースに加水分解されることから，$\alpha(1\rightarrow 4)$グルコピラノシド結合の存在が示される。アミロースを完全メチル化しついで加水分解すると，2,3,6-トリ-O-メチル-D-グルコースとともにごく少量（0.3～0.5％）の2,3,4,6-テトラ-O-メチル-D-グルコースが得られる。このことから，アミロースのD-グルコース単位はC-1位とC-4位で結合しており，メチル化を受ける遊離の水酸基はC-2，C-3，C-6位にあることがわかる。またアミロースの非還元末満のC-4位には遊離水酸基があるので，アミロース1分子から1分子の2,3,4,6-テトラ-O-メチル-D-グルコースが生成することになる。したがって，トリ-O-メチル化合物とテトラ-O-メチル化合物の分子数の比からアミロースの重合度を知ることができる。アミロースの重合度は，実際には他の物理的方法によって求められたが，その結果グルコース単位で1000～4000個と考えられている。

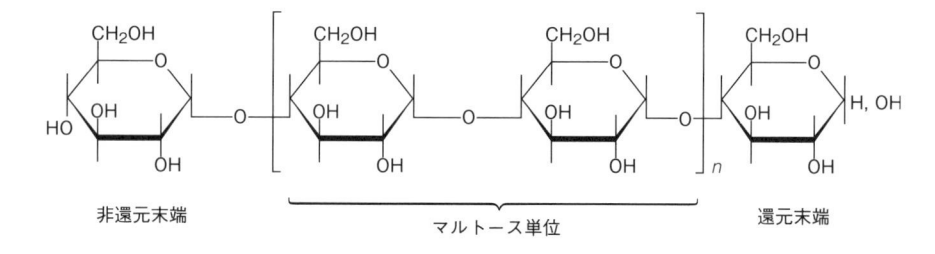

アミロースの構造

デンプンはヨウ素で特徴的な深青色を呈する。この呈色反応はアミロースの構造に起因する。アミロースは水中でひとまわりがグルコース6単位からなる左巻きらせんを形成し，このらせんの中にヨウ素が入り込んで複合体を形成することにより呈色する。

水に不溶性の成分であるアミロペクチンは，数千のD-グルコースが多数の枝分かれをしながら$\alpha(1\rightarrow 4)$結合したものである。枝分かれは20～25個のグルコース残基に1つの割合で存在し，$\alpha(1\rightarrow 6)$結合で他のグルコース鎖につながっている。

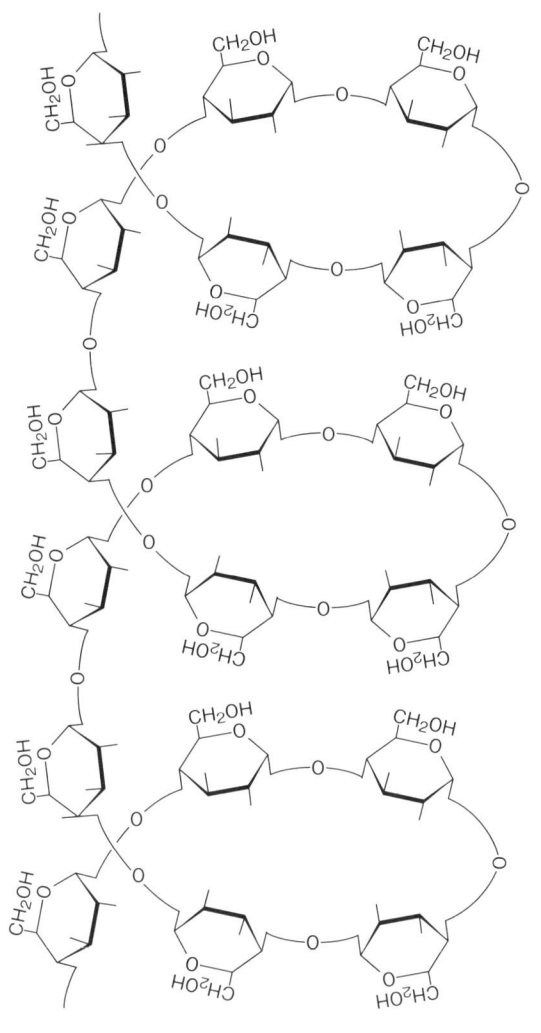

アミロースのらせん構造

(B) グリコーゲン

グリコーゲン（glycogen）は動物体内に貯蔵されて栄養となるデンプンである。構造はアミロペクチンに類似しており，D-グルコースが $\alpha(1\to4)$ 結合し分岐点は $\alpha(1\to6)$ 結合である。しかし枝分かれの程度はアミロペクチンよりも多く，分岐鎖は短い（D-グルコース単位で10～20個）。

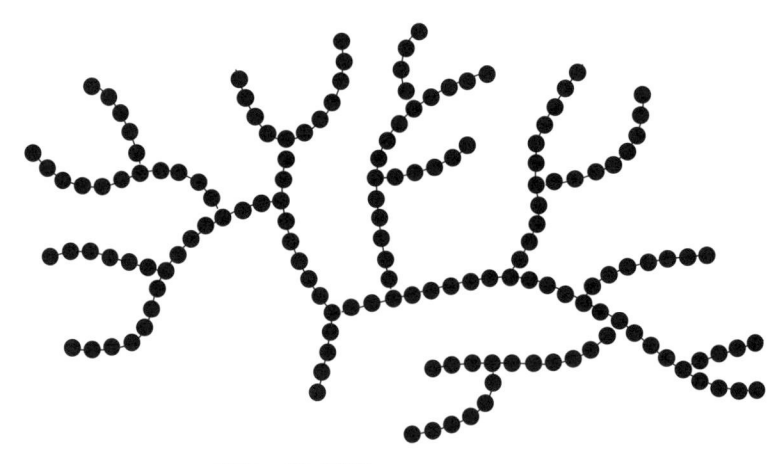

グリコーゲンの構造

アミロペクチンの構造

(C) セルロース

セルロース (cellulose) は木材や植物繊維の主成分であって、地球上で最も多量に存在する有機化合物である。

セルロースは、D-グルコースが1,4-グリコシド結合でつながった直鎖状の多糖であるが、アミロースの場合と異なりすべてのグリコシド結合がβ-結合である。このため、セルロース分子は、すべてのかさ高い置換基がエクアトリアル位を占める、アルドヘキソースとしては最も安定なコンホメーションで存在する。α-グルコシド結合をしているアミ

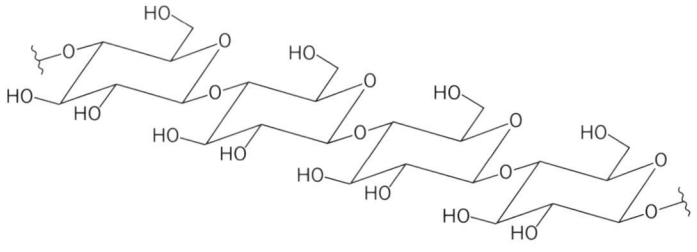

セルロースの部分構造

ロースがらせん構造をもつのに対して，β-グルコシド結合をしているセルロースは堅固な線状構造をとるのが特徴である。

2-7-2 複合多糖（ヘテログリカン）

ヘテログリカンまたはヘテロ多糖ともいう。2種以上の異なる単糖からなる多糖をいい非常に多くの種類がある。植物界ではペクチン，ゴム，粘質物，寒天などの形で存在し，また動物において組織や体液などの成分として広く分布しているほか，細菌の細胞壁を形成している。

(A) ムコ多糖（グリコサミノグリカン）

動物の粘液から得られたアミノ糖（2.7.2）を構成成分とする一群の多糖は，その起源であるラテン語の mucus（粘液）にちなんでムコ多糖（mucopolysaccharide）と名づけられたが，アミノ糖とウロン酸の二糖構造の繰り返しからなる基本構造が明らかになり，今日では化学的系統名としてグリコサミノグリカン（glycosaminoglycan）という名称が繁用されるようになった。軟骨，髄核，角膜などに多く含まれている*。主なものはヒアルロン酸，コンドロイチン（硫酸），デルマタン硫酸，ヘパリン，ヘパラン硫酸，ケラタン硫酸である。

* 生体内ではムコ多糖はタンパク質と共有結合してプロテオグリカン（proteoglycan）として存在している。

[コンドロイチン構造図：グルクロン酸と N-アセチルグルコサミン]

[ヘパリン構造図]

(B) ペプチドグリカン

複合多糖の糖鎖がオリゴペプチド鎖によって架橋された網目構造をもつ袋状高分子をペプチドグリカン（peptidoglycan）とよぶ。ペプチドグリカンは細菌の細胞膜の硬い構造を形成し，乾燥細胞壁の 40～70％ を占めている。ペプチドグリカンの構造は細菌によって異なるが，ほとんどすべての細菌において N-アセチルムラミン酸とアセチル-D-グルコサミンが交互に β(1→4) 結合した二糖の繰り返し構造をもっている。この N-アセチルムラミン酸の乳酸側鎖側のカルボキシル基にテトラペプチドが結合しており，このペプチド鎖中のリジンの ε-アミノ基がペ

プチド鎖間で架橋形成に利用されることで，密な多糖鎖網目構造をつくっている。

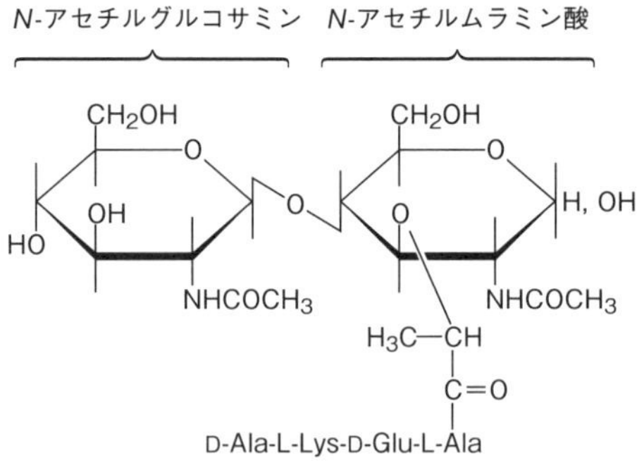

N-アセチルグルコサミン
N-アセチルムラミン酸
CH2OH
O
OH
HO
NHCOCH3
CH2OH
O
O
H, OH
NHCOCH3
H3C—CH
C=O
D-Ala-L-Lys-D-Glu-L-Ala

(C) 糖タンパク質

糖鎖が共有結合によってタンパク質に結合している複合タンパク質を一般に糖タンパク質（glycoprotein）と呼ぶ。広義にはプロテオグリカンを含むが，狭義には糖部分が単糖15～20残基までからなるオリゴ糖のものを指し，ムコ多糖を側鎖にもつプロテオグリカンを含まない。動物組織や体液に広く分布し，多くの酵素，ホルモン，抗体，構造タンパク質，血液型物質などが糖タンパク質であることが知られている。最近，がん細胞などの細胞認識における糖タンパク質糖鎖の役割が注目され，有用な抗がんワクチンの開発など医療への応用が期待されている(Note 2参照)。

(D) 糖　脂　質

糖鎖がグリコシル結合した複合脂質を糖脂質といい，グリセリンを含むグリセロ糖脂質とスフィンゴシンを含むスフィンゴ糖脂質とに大別される。動物にはスフィンゴ糖脂質，植物にはグリセロ糖脂質が量的に多く含まれている。前者はスフィンゴシンに脂肪酸がアミド結合したセラミドとよばれる脂質部分に糖が結合したもので，後者はリン脂質にみられるようにグリセリンに脂肪酸がエステル結合したジアシルグリセリドの水酸基に糖が結合したものである。構成糖としては多くはガラクトースであり，ほかにグリコース，ガラクトサミン，シアル酸などが単糖またはオリゴ糖として結合している。スフィンゴ糖脂質は血液型活性脂質であり，また生体膜の構成成分として細菌毒素やウイルスの受容体機能をもつほか，細胞内のシグナル伝達を制御することによって細胞の増殖や分化に関与すると考えられている。糖脂質に関しては詳しくは第4章(4-3-3) を参照されたい。

Note 2　糖鎖医薬の開発

　2003年4月14日，ヒトゲノム（ヒトの遺伝情報全体）の解読完了が宣言され，人体のタンパク質をつくる設計図が明らかになった。現在，ゲノム解読後の次の課題は，遺伝情報に基づいて体内でつくられるタンパク質の構造と機能を総合的に解明しようとする「プロテオミクス」に移ってきた。プロテオミクスの当面の大きな目標は新薬の開発にあり，そのためのさまざまなプロジェクトが進行中である。また，ゲノム解読によりみつかった新しい受容体の遺伝子の遺伝情報に基づいて医薬品をデザインする「ゲノム創薬」も期待されている。

　タンパク質は生命活動の根源ともいえる重要なものであるが，しかし，生命の機能はタンパク質だけで決まるものではない。かつて，生体における糖の主な役割はグルコースやグリコーゲンのかたちでエネルギー源となり，組織を形成する要素であると考えられていた。しかし今では，糖鎖は細胞表層のタンパク質や脂質に結合し，糖タンパク質や糖脂質（複合糖質）として細胞間の情報伝達に影響を与えたり，免疫応答において重要な機能を果たしていることがわかってきた。このため糖鎖は，核酸とタンパク質に続く第三の生命情報分子として認知されてきている。糖鎖はさまざまな感染症やがんの進行の引き金になることもある。生体では，高度に分化して互いに大きく異なる性質をもつに至った細胞が互いに相手を区別して接着する必要がしばしば生じる。このような細胞間の相互作用において，糖鎖は相手細胞として適切かどうかを識別するうえで重要な役割を演じる。生体のあらゆる細胞を覆うようにしてひろがる糖鎖は，細胞が生体物質と出会うための窓口となっているのである。

　糖鎖の研究は，タンパク質や核酸の研究にくらべこれまであまり進展がみられなかった。その大きな理由は糖鎖の構造があまりに多種多様で複雑であるためである。しかし近年，糖鎖の構造解析や合成に関する技術が飛躍的に進歩し，「グライコミクス」とよばれる糖鎖の構造と機能を解明する研究分野が発展してきた。最近，このようなグライコミクスの成果を新しい医薬の発見に結びつけようという動きが活発になってきた。現在，さまざまな新しいタイプの糖鎖医薬が開発されつつあり，世界ですでに販売されているものもある。

　病気の原因になる微生物すなわち病原体は，糖を手がかりに好みの宿主細胞を認識し，糖を使って細胞と相互作用をする。そこで，この相互作用をブロックする目的で糖あるいは糖類似体をベースにした薬物が感染症治療薬として用いられる。たとえばインフルエンザウイルスが感染する場合，ウイルスは最初に宿主細胞膜上の糖タンパク質に含まれる糖鎖末端のシアル酸に結合する。細胞内に取り込まれたウイルスは細胞内で増殖し，新生したウイルスが細胞の外に飛びだすときに，今度はシアル酸が邪魔になる。そこで，ウイルスはシアル酸を切断して細胞からとり除くためにノイラミニダーゼという酵素を使う。既成のインフルエンザ薬やその候補薬物は，このノイラミニダーゼの活性部位に強く結合することによってノイラミニダーゼによるシアル酸切断を阻害し，ウイルスが感染細胞から遊離するのを阻害するはたらきがある。これによりインフルエンザウイルスの増殖を抑制するのである。

　胃潰瘍や胃炎を引き起こす原因となるピロリ菌も，胃の細胞表層にある糖を認識して結合する。また，赤痢菌も同様に腸管の糖鎖に結合して毒素を排出することがわかっている。したがって，これらふたつの菌に関しては，認識する糖に似せた偽物の糖を細菌に結合させる方法を使えば，細胞と細菌との結合を阻害し感染を阻止できることがわかってきた。

　感染症治療薬のほか，糖類を用いる抗がん薬の探索も行われている。悪性の細胞は，不完全な糖鎖や通常みられない糖鎖を細胞表面につくることが多い。そこで，そのような異常な糖鎖（がんマーカー）をワクチンにすれば，糖鎖に特異的な抗体ができあがり，体内に同じ糖鎖抗原をもつがん細胞が発生したときに，免疫システムによってそのがん細胞を認識し排除することができる。また，がん転移に必要な炭水化物の生産を阻止する糖類似体を用いることによって，がん転移を予防する方法も検討されている。

　また，薬に糖鎖を結合したり，あるいは糖鎖誘導

体でカプセル化することで，特定の臓器や細胞に糖鎖を認識させ薬を集めることができる。このような薬の投与システムを一般にドラッグデリバリーシステム（DDS）とよんでおり，糖鎖を利用するDDSはがんの病巣のピンポイント攻撃や，最近では遺伝子治療にその技術が応用され治療効果を高めるための研究が行われている。

糖鎖のはたらきは多種多様であり，ゲノムの構造が明らかになったとしてもまだ予測できない未知の情報をもっている。グライコミクスの研究の進展および糖鎖工学に基づく創薬技術の進歩により，糖鎖を利用する医療への新しいアプローチが開かれることが期待される。

■演習問題

(1) 変旋光はどのようにして起こるのか。D-グルコースを例にとって述べよ。

(2) α-D-グロピラノースおよびβ-D-ガラクトピラノースのFischer式をHaworth式に書き換えよ。

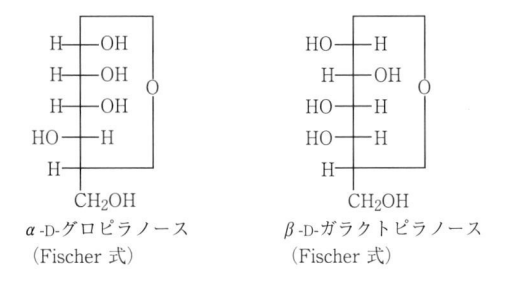

α-D-グロピラノース
（Fischer式）

β-D-ガラクトピラノース
（Fischer式）

(3) β-D-マンノピラノースに可能な2種のいす形立体配座を書き，どちらの立体配座がエネルギー的に有利であるかを示せ。

(4) β-D-グロピラノースは臭素によって酸化を受けアルドン酸になるが，α-D-グロピラノースはほとんど酸化を受けない。この理由を説明せよ。

(5) ペントースであるD-キシロースとD-リキソースは同一のオサゾンを与える。キシロースおよびリキソースを硝酸で酸化すると，それぞれ光学不活性なアルダル酸および光学活性なアルダル酸を与える。これらの事実に基づいてD-キシロースおよびD-リキソースの構造をFischer式で示せ。

(6) フルクトースがフラノースとして存在することを実験的に示す方法を述べよ（ヒント　フルクトースのメチルグリコシドを考慮せよ）。

(7) Ruff分解を2度続けて行うとD-エリトロースを与えるアルドヘキソースをあげよ（ヒント　4種のアルドヘキソースがある）。

(8) D-ソルボースを水素化ホウ素ナトリウムで還元して生成するアルジトールを示せ。

(9) D-アラビノースからD-マンノースおよびD-グルコースを合成せよ（ヒント　Kiliani—Fischer合成を用いる）。

(10) ラクトースのグルコース単位がヘミアセタール結合をもつことを実験的に示せ（ヒント　オサゾン生成を利用すること）。

3 アミノ酸, ペプチド, タンパク質の化学

タンパク質 (protein) はすべての生物細胞の中に含まれており, 生命現象に直接関与する重要な物質である。生物体を構成する材料の主体はタンパク質であり, 生命現象そのものをになう酵素もすべてタンパク質である。酵素のほか多くのホルモンや抗体などもタンパク質でできており, これらの物質が生命を支える重要な役割を果たしている。

タンパク (蛋白) 質の語源はドイツ語のEiweissの訳語で, 卵 (蛋) の白味成分という意味である。しかし国際的にはギリシャ語の"proteis" (最も重要なもの) に由来するproteinという語が用いられている。タンパク質は多くのアミノ酸が脱水縮合してできた鎖状高分子化合物である。通常, タンパク質を構成するアミノ酸は20種類あり, タンパク質はこれらのアミノ酸がペプチド結合により結ばれた共重合体である。

3-1 アミノ酸の構造

天然に遊離の状態やペプチドの形で存在しているアミノ酸の種類はきわめて多く, その総数は200近くにもなる。しかしタンパク質を構成しているアミノ酸の種類はそれよりずっと少なく20種類に限られる。タンパク質を構成するこれらのアミノ酸はすべてα-アミノ酸であり, 天然に存在するアミノ酸も大部分はα-アミノ酸であって, アミノ基とカルボキシル基が同じ炭素原子に結合している

$$H_2N-CH(R)-COOH \quad \alpha\text{-アミノ酸の一般式}$$

生体内にはβ-アミノ酸であるβ-アラニンやγ-アミノ酸のγ-アミノ酪酸（GABA）なども存在し，それぞれ補酵素の構成成分，および神経伝達物質として重要な役割を担っている。

$$CH_3-\underset{NH_2}{\overset{\beta}{C}H}-\overset{\alpha}{C}H_2-COOH \qquad H_2N-\overset{\gamma}{C}H_2-\overset{\beta}{C}H_2-\overset{\alpha}{C}H_2-COOH$$

β-アミノ酪酸　　　　　　　　　　γ-アミノ酪酸（GABA）

最も単純なアミノ酸はRがH（グリシン）であるが，他のアミノ酸ではRが種々の置換基で置換されている。多くのアミノ酸では側鎖Rは非

表3-1　アミノ酸の分類と構造

アミノ酸	R	略号（1文字略号）	アミノ酸	R	略号（1文字略号）
中性アミノ酸			**ヒドロキシアミノ酸**		
グリシン (glycine)	−H	Gly (G)	セリン (serine)	−CH$_2$OH	Ser (S)
アラニン (alanine)	−CH$_3$	Ala (A)	トレオニン* (threonine)	−CHOH−CH$_3$	Thr (T)
バリン* (valine)	−CH(CH$_3$)$_2$	Val (V)	チロシン (tyrosine)	−CH$_2$−C$_6$H$_4$−OH	Tyr (Y)
ロイシン* (leucine)	−CH$_2$CH(CH$_3$)$_2$	Leu (L)	**含硫アミノ酸**		
イソロイシン* (isoleucine)	−CH(CH$_3$)CH$_2$CH$_3$	Ile (I)	システイン (cysteine)	−CH$_2$SH	Cys (C)
			メチオニン* (methionine)	−CH$_2$CH$_2$SCH$_3$	Met (M)
フェニルアラニン* (phenylalanine)	−CH$_2$−C$_6$H$_5$	Phe (F)	**酸性アミノ酸**		
アスパラギン (asparagine)	−CH$_2$CONH$_2$	Asn (N)	アスパラギン酸 (aspartic acid)	−CH$_2$COOH	Asp (D)
グルタミン (glutamin)	−CH$_2$CH$_2$CONH$_2$	Gln (Q)	グルタミン酸 (glutamic acid)	−CH$_2$CH$_2$COOH	Glu (E)
			塩基性アミノ酸		
トリプトファン* (tryptophan)	−CH$_2$−(インドール)	Trp (W)	リシン* (lysine)	−CH$_2$CH$_2$CH$_2$CH$_2$NH$_2$	Lys (K)
			アルギニン (arginine)	−CH$_2$CH$_2$CH$_2$NH−C(=NH)−NH$_2$	Arg (R)
プロリン (proline)	（全構造）**	Pro (P)	ヒスチジン (histidine)	−CH$_2$−(イミダゾール)	His (H)

*必須アミノ酸．**全構造を示す

極性炭化水素であるが，より極性の大きい側鎖をもつものもある。タンパク質を構成する20種類のアミノ酸を側鎖の構造によって分類すると表3-1のようになる。これらのうち，体内で合成できず外部から食物として摂取する必要があるアミノ酸を必須アミノ酸（essential amino acid）といい，ヒトでは8種類ある。

α-アミノ酸は，RがHであるグリシン以外はすべてα位の炭素が不斉炭素となるので光学活性である。炭化水素と同じく，アミノ酸にもDとLの2通りあるが，タンパク質を構成する通常のアミノ酸のα炭素の立体配置はすべて同じであり，L-グリセルアルデヒドと同じL配置であることがわかった。

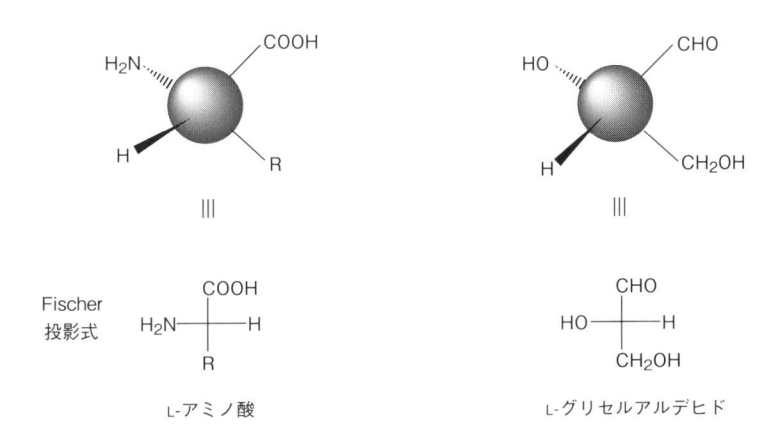

簡単なアミノ酸の立体配置は，絶対配置がすでに知られている化合物と化学的に関連づけることによって決定された。たとえば，L-アラニンとL-セリンは，種々の変換反応を経て絶対構造既知のL-乳酸と関連づけることによりそれぞれの絶対構造が確定された。

このように天然のアミノ酸はすべてL配置であるが，R, S表記法ではシステインを除いてすべて$2S$配置である。

イソロイシン，トレオニンなどはα炭素のほかにもう1つ不斉炭素をもっているので4種の立体異性体が可能になる。2つ目の不斉中心の配置の異なる異性体にはアロ（allo）という接頭語をつけてよぶ。たとえばイソロイシンにはL-，L-アロおよびD-，D-アロの4種の異性体がある。またトレオニンにも同様の4種の異性体がある。

L-イソロイシン　　D-イソロイシン　　アロ-L-イソロイシン　　アロ-D-イソロイシン

L-トレオニン　　D-トレオニン　　アロ-L-トレオニン　　アロ-D-トレオニン

3-2　その他の天然 L-アミノ酸

　動植物の大部分のタンパク質は上記20種類のアミノ酸からつくられているが，天然には他のL-アミノ酸も知られている。例えばオルニチン（ornithine）はアンモニアを尿素に変える代謝経路である尿素回路に不可欠である。グルタミン酸の脱炭酸によって生じるγ-アミノ酪酸（γ-aminobutyric acid）は脳に高濃度で存在する神経伝達物質であり，脳機能促進薬として用いられている。チロシンは体内でドパ（dopa）やチロキシンなどのアミノ酸に変化する。ドパはドパミンやアドレナリンなど重要な生理活性物質の前駆体であり，パーキンソン症候群に対して有効とされている。チロキシン（thyroxine）は甲状腺ホルモンであり，組織の基礎代謝を促進する。

オルニチン　　グルタミン酸　→（脱炭酸酵素）→　γ-アミノ酪酸（GABA）

ドパ（3,4-ジヒドロキシフェニルアラニン）　　チロキシン

3-3 アミノ酸の性質

3-3-1 双性イオン

アミノ酸は塩基性のアミノ酸と酸性のカルボキシル基をもつ両性物質で、一般に結晶しやすく、水に溶け有機溶媒に溶けにくい。アミンやカルボン酸と対照的に非揮発性であり、高温で分解する。このように結晶状態のアミノ酸の諸性質が無機塩に似ていることから、アミノ酸に対して中性で正負の両電荷が共存する双性イオン（zwitterion）構造が提唱された。アミノ酸は溶液中のpHに応じて異なるイオン状態をとって解離し、$H_2NCHRCOOH$のように非解離型で存在するものはほとんどない。

$$R-\underset{NH_2}{\underset{|}{\overset{H}{\overset{|}{C}}}}-COO^- \underset{H^+}{\overset{OH^-}{\rightleftarrows}} R-\underset{NH_3^+}{\underset{|}{\overset{H}{\overset{|}{C}}}}-COO^- \underset{OH^-}{\overset{H^+}{\rightleftarrows}} R-\underset{NH_3^+}{\underset{|}{\overset{H}{\overset{|}{C}}}}-COOH$$

双性イオン

$$R-\underset{NH_2}{\underset{|}{\overset{H}{\overset{|}{C}}}}-COOH$$

グリシン塩酸塩をアルカリで滴定して、アルカリの添加量とpHの関係を求めると図3-1のような滴定曲線が得られる。塩は二塩基酸としての挙動を示す。2つの酸性基（COOH基とNH_3^+基）のうちCOOH基の方が酸性が強いので、第1の解離定数はCOOHの解離に基づく。塩を半分中和すると溶液のpHはpK_1に等しい値になり、陽イオン

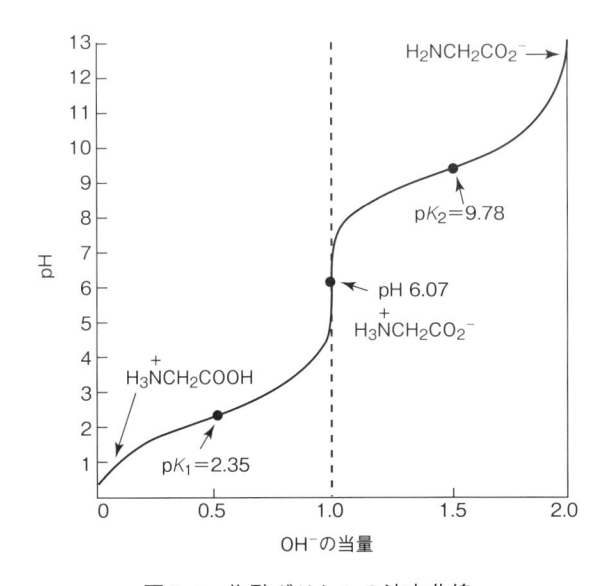

図3-1 塩酸グリシンの滴定曲線

（$H_3N^+CH_2COOH$）と双性イオンの存在比は等しくなる。

$$\overset{+}{H_3N}CH_2COOH \xrightleftharpoons{K_1} H^+ + \overset{+}{H_3N}CH_2COO^-$$

$$\overset{+}{H_3N}CH_2COO^- \xrightleftharpoons{K_2} H^+ + H_2NCH_2COO^-$$

陽イオンは$-NH_3^+$基の誘起効果のため酢酸（$pK_a = 4.76$）よりも酸性が強い。

さらにアルカリを加えると双性イオンの割合が増えて行き，1当量のアルカリを加えたところで溶液中に主として存在するのは双性イオンだけになる。このときpHは等電点pI（isoelectric point）とよばれる。等電点は普通のアミノ酸ではpK_1とpK_2の中間にある。等電点では正味の荷電はゼロであって，pHは純水中のアミノ酸のpHと同じである。またアミノ酸の溶解度は最小となり旋光度は最低値を示す。

さらにアルカリを加えると，第2の変曲点で双性イオンのNH_3^+基が半分中和され陰イオンと双性イオンの存在比が等しくなり，それより高いpHでは陰イオンが多くなる。

酸性アミノ酸に属するアスパラギン酸とグルタミン酸は2個のCOOH基をもっているので，pK値は3つある。

$$\underset{HOOCCH_2CHCOOH}{\overset{\overset{+}{NH_3}|}{}} \xrightleftharpoons{pK_1 = 1.99} \underset{HOOCCH_2CHCOO^-}{\overset{\overset{+}{NH_3}|}{}} \xrightleftharpoons{pK_2 = 3.90} \underset{^-OOCCH_2CHCOO^-}{\overset{\overset{+}{NH_3}|}{}} \xrightleftharpoons{pK_3 = 10.00} \underset{^-OOCCH_2CHCOO^-}{\overset{NH_2|}{}}$$

アスパラギン酸

塩基性アミノ酸であるリシンも2個のNH_2基をもっているので3つのpK値を示す。

$$\underset{\overset{+}{H_3N}CH_2CH_2CH_2CH_2CHCOOH}{\overset{\overset{+}{NH_3}|}{}} \xrightleftharpoons{pK_1 = 2.16} \underset{\overset{+}{H_3N}CH_2CH_2CH_2CH_2CHCOO^-}{\overset{\overset{+}{NH_3}|}{}}$$

$$\xrightleftharpoons{pK_2 = 9.20} \underset{\overset{+}{H_3N}CH_2CH_2CH_2CH_2CHCOO^-}{\overset{NH_2|}{}} \xrightleftharpoons{pK_3 = 10.80} \underset{H_2NCH_2CH_2CH_2CH_2CHCOO^-}{\overset{NH_2|}{}}$$

3-4 アミノ酸の化学的性質

アミノ酸の反応は，すべてのアミノ酸に共通して含まれるアミノ基とカルボキシル基の反応に基づいている。

3-4-1 アミノ基の反応

(A) アシル化

アミノ酸に種々の酸クロリドや酸無水物を作用させると対応するN-アシル誘導体が生成する。これらの生成物は一般に結晶性である。この

ようなアシル基は後述（3-6-3）のように，アミノ酸のアミノ基の保護基としても利用される。

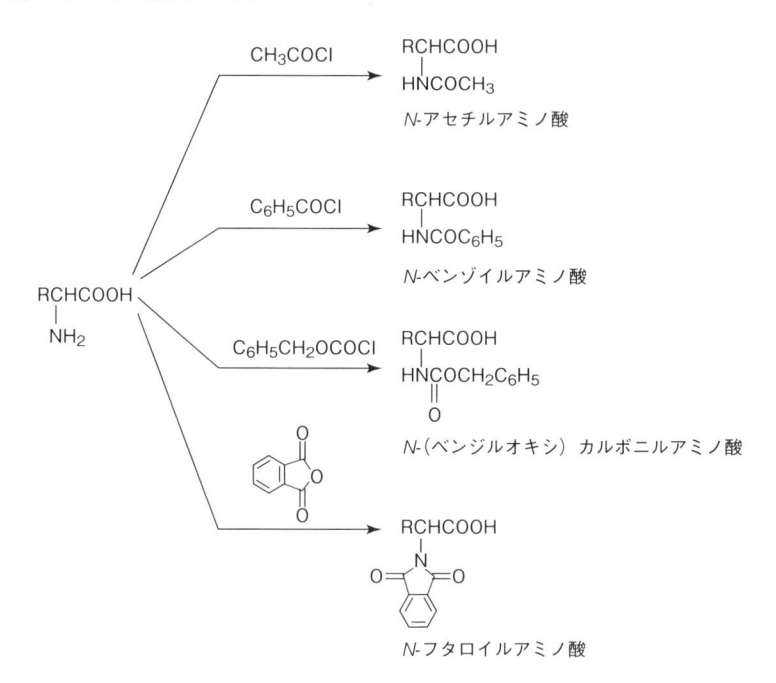

RCHCOOH-NH₂ の反応：
- CH₃COCl → RCHCOOH-HNCOCH₃　N-アセチルアミノ酸
- C₆H₅COCl → RCHCOOH-HNCOC₆H₅　N-ベンゾイルアミノ酸
- C₆H₅CH₂OCOCl → RCHCOOH-HNCOCH₂C₆H₅(O)　N-(ベンジルオキシ)カルボニルアミノ酸
- 無水フタル酸 → RCHCOOH にフタルイミド基が結合した N-フタロイルアミノ酸

（B）亜硝酸との反応

アミノ酸は亜硝酸と反応して窒素ガスとともにオキシカルボン酸を生成する。ここに発生するガス量からアミノ酸を定量することができる（van Slyke法）。

$$RCHCOOH\text{-}NH_2 + HNO_2 \longrightarrow RCHCOOH\text{-}OH + N_2 + H_2O$$

この変換反応では立体配置が保持されるので，L-アミノ酸からL-ヒドロキシ酸が得られる。

L-アミノ酸 →(HNO₂)→ L-ヒドロキシ酸

3-4-2　カルボキシル基の反応

（A）エステルの生成

アミノ酸のエステルは，塩化水素，p-トルエンスルホン酸，スルホン酸型のイオン交換樹脂などを触媒としてアルコールと加熱することにより容易に得られる。

$$RCHCOOH\text{-}NH_2 \xrightarrow{R'OH, H^+} RCHCOOR'\text{-}NH_2$$

(B) アミドの生成

アミノ酸アミドはアミノ酸エステルを無水溶媒中でアンモニア，アミンと処理すれば得られるが，一般的にはアミノ基をベンジルオキシカルボニル基で保護してから，カルボキシル基をアミドに変え保護基を除去して目的物を得る。

$$\text{C}_6\text{H}_5\text{CH}_2\text{OCONHCHCOOH} \xrightarrow[\text{2) R'NH}_2]{\text{1) SOCl}_2} \text{C}_6\text{H}_5\text{CH}_2\text{OCONHCHCONHR'} \xrightarrow[\text{(脱保護)}]{\text{H}_2,\ \text{Pt}} \text{H}_2\text{NCHCONHR'}$$
(R は各式の CH に結合)

3-4-3 α-アミノ酸の反応

(A) ニンヒドリン反応

アミノ酸をニンヒドリン（ninhydrin）と加熱すると，酸化的脱アミノ化が起こり，アルデヒドとともに青～紫色の色素（Ruhemann's purple）を生じる。この反応はきわめて鋭敏で定量的に進行するので，アミノ酸の定性，定量に広く利用されている。また生成する揮発性アルデヒドをガスクロマトグラフィーで分析することにより，混合アミノ酸試料の組成を分析することもできる。

ニンヒドリン ＋ H₂NCHCOOH (R) → ニンヒドリン(NH₂) ＋ RCHO ＋ CO₂

↓

Ruhemann's purple

(B) 錯塩の形成

アミノ酸は Hg^{2+}，Cu^{2+}，Ag^+ などと反応して多くの場合水に不溶の安定な錯塩をつくる。

3-5 α-アミノ酸の合成

α-アミノ酸の合成法としては適用範囲の広い一般的なものから，2, 3 の特定のアミノ酸の合成だけに適用できるものまで数多くの方法が知

3-5-1 α-ハロゲン酸のアミノ化

カルボン酸をハロゲン化すると，カルボキシル基によって活性化されたα位がハロゲン置換されるから，これをアンモニア水で処理してアミノ基に変えアミノ酸とする。方法が簡単なのでグリシン，バリンなどの簡単なアミノ酸の合成に利用することができるが，原料となるカルボン酸の入手が制限されることや低収率などから広くは使われない。

$$RCH_2COOH \xrightarrow{Br_2, P} RCHBrCOOH \xrightarrow[\text{(過剰)}]{NH_3} RCHCOOH \atop NH_2$$

　　　　　　　　　　　　　　α-ハロゲン酸

3-5-2 Strecker 合成

アルデヒドにシアン化水素とアンモニアを付加してアミノニトリルとし，加水分解によってα-アミノ酸とする方法である。この反応はアルドイミン中間体にシアン化水素が付加して進むと考えられる。

$$RCHO \xrightarrow{NH_3} [RCH=NH] \xrightarrow{HCN} RCHCN \atop NH_2 \xrightarrow[\text{加熱}]{H_3O^+} RCHCOOH \atop NH_2$$

　　　　　　　　アルドイミン　　　　　　アミノニトリル

この方法はグリシン，アラニン，バリン，イソロイシンなどの合成に利用できる。

3-5-3 マロン酸エステル合成

この方法は，マロン酸ジエステルにより誘導された C-アルキルマロン酸が，加熱によって脱炭酸を受けモノカルボン酸になることを利用する。初めは3-5-1で述べた方法の原料カルボン酸の合成に用いられていた。

$$\begin{array}{c} COOC_2H_5 \\ | \\ CH_2 \\ | \\ COOC_2H_5 \end{array} \xrightarrow{NaOC_2H_5} \begin{array}{c} COOC_2H_5 \\ | \\ H-C^-Na^+ \\ | \\ COOC_2H_5 \end{array} \xrightarrow{C_6H_5CH_2Cl} \begin{array}{c} COOC_2H_5 \\ | \\ H-C-CH_2C_6H_5 \\ | \\ COOC_2H_5 \end{array} \xrightarrow{OH^-, H_2O}$$

マロン酸ジエチル

$$\begin{array}{c} COOH \\ | \\ H-C-CH_2C_6H_5 \\ | \\ COOH \end{array} \xrightarrow{Br_2} \begin{array}{c} COOH \\ | \\ Br-C-CH_2C_6H_5 \\ | \\ COOH \end{array} \xrightarrow[-CO_2]{\text{加熱}} C_6H_5CH_2CHCOOH \atop Br \xrightarrow[\text{(過剰)}]{NH_3} C_6H_5CH_2CHCOOH \atop NH_2$$

　　　　　　　　　　　　　　　　　　　　　　　　　　　　　　　　　　　　　フェニルアラニン

マロン酸エステル法の改良法として，Gabriel のアミン合成を組み合わせたフタルイミドマロン酸エステル法がある。この方法はアミノ酸の一般的合成法として有用であり，この方法によってフェニルアラニン，アスパラギン酸，プロリン，メチオニンなどが合成されている。

マロン酸エステルの N-フタルイミド誘導体のかわりに，N-アセトア

ミド誘導体を使うさらに改良された方法もある。マロン酸エステルより導かれたニトロソ中間体はオキシムと互変異性の関係にある。マロン酸エステルからアミノ酸への誘導は上記と同様に行うことができる。

3-5-4 α-ケト酸の還元的アミノ化

アンモニアと還元剤を用いる α-ケト酸の還元的アミノ化によって α-アミノ酸が得られる。たとえば α-ケト酸としてピルビン酸を用い，還元的アミノ化を行うとアラニンが生成する。

3-5-5 その他の方法

(A) 転位反応を利用する方法

リシンの興味深い合成法として，シクロヘキサノン誘導体に Schmidt

反応を応用する方法がある。

またオキシムのBeckmann転位を用いてプロリン合成することができる。

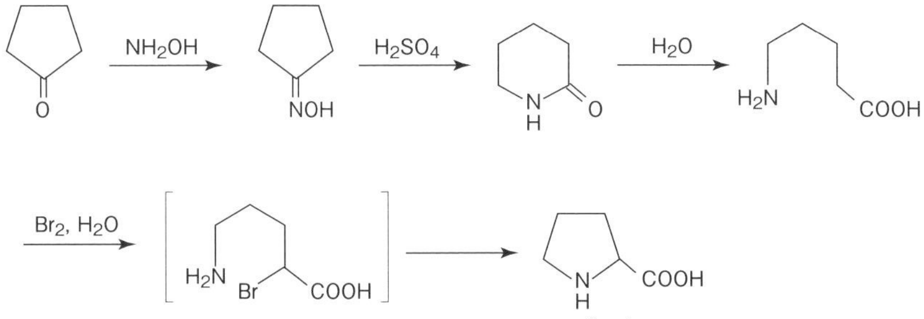
NH2OH
H2SO4
H2O
O
NOH
N
H
O
H2N
COOH
Br2, H2O
H2N
Br
COOH
N
H
COOH
プロリン

(B) 芳香族アルデヒドの縮合反応を利用する方法

芳香族アルデヒドの縮合反応を利用することにより，フェニルアラニンやトリプトファンなどの $ArCH_2CH(NH_2)COOH$ 型の芳香族アミノ酸がいくつかの方法で合成されている。もっともよく知られている例は，馬尿酸と芳香族アルデヒドを，無水酢酸中酢酸ナトリウムの存在下に縮合させてアズラクトン（azlactone）とし，アミノ酸へ導く方法である(Erlenmeyer反応)。

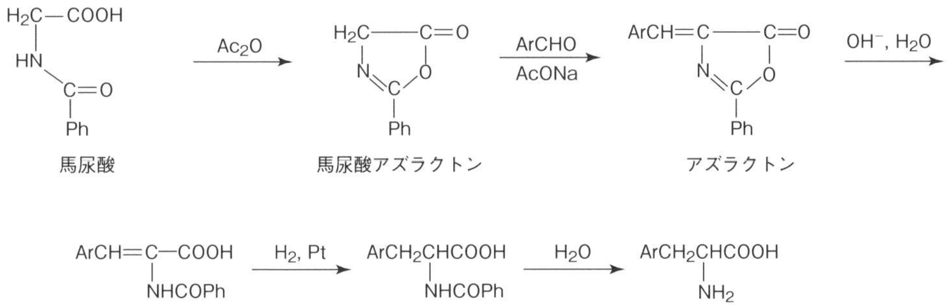
H2C—COOH
HN
C=O
Ph
馬尿酸
Ac2O
H2C—C=O
N
C
O
Ph
馬尿酸アズラクトン
ArCHO
AcONa
ArCH=C—C=O
N
C
O
Ph
アズラクトン
OH−, H2O
ArCH=C—COOH
NHCOPh
H2, Pt
ArCH2CHCOOH
NHCOPh
H2O
ArCH2CHCOOH
NH2

アズラクトンのかわりにヒダントイン（hydantoin）を用いても同様に芳香族アミノ酸が得られる。

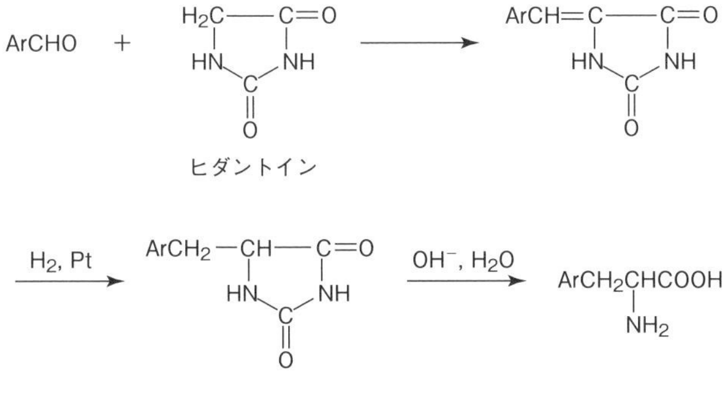
ArCHO
+
H2C—C=O
HN
NH
C
O
ヒダントイン
ArCH=C—C=O
HN
NH
C
O
H2, Pt
ArCH2—CH—C=O
HN
NH
C
O
OH−, H2O
ArCH2CHCOOH
NH2

ジケトピペラジン（グリシン無水物）と2分子の芳香族アルデヒドと縮合し，還元，加水分解を経て芳香族アミノ酸とする方法もある。

$2 \text{ ArCHO} + $ [ジケトピペラジン] $\xrightarrow[\text{AcONa}]{\text{Ac}_2\text{O}}$ ArCH=... =CHAr $\xrightarrow[\text{2) OH}^-, \text{H}_2\text{O}]{\text{1) H}_2, \text{Pt}}$ $2 \text{ ArCH}_2\text{CHCOOH}$ (NH$_2$)

ジケトピペラジン

3-5-6 光学活性アミノ酸の合成

前節（3-5-1～3-5-5）で述べた方法によって得られるアミノ酸はすべてラセミ体であるため，天然のL-アミノ酸を純粋なエナンチオマーとして合成するためにはラセミ体のアミノ酸を分割するか，またはエナンチオ選択的反応によって一方のエナンチオマーだけを合成する方法がとられる。また，D-アミノ酸は天然から得られないのでもっぱら合成法によってつくられる。

(A) ラセミ体の光学分割

ラセミ体のアミノ酸の光学分割は一般的には次のように行う。ラセミアミノ酸をアミドとして保護したのち，たとえばブルシン（ジメトキシストリキニーネ）のような光学活性アミンと塩を形成させ2種類のジアステレオマーとし，分別結晶によって分離する*。

* 光学分割において，ラセミ体をジアステレオマー混合物に導くために用いられる光学活性物質を光学分割剤といい，ブルシン，ストリキニーネ，キニン，シンコニン，酒石酸などの天然物質が広く用いられる。

$(\text{CH}_3)_2\text{CHCHCOOH} + \text{HCOOH} \xrightarrow{\text{(保護)}} (\text{CH}_3)_2\text{CHCHCOOH}$
(NH$_2$) (HNCHO)
(R,S)-バリン (R,S)-N-ホルミルバリン（ラセミ体）

$\xrightarrow[\text{(分別結晶)}]{(-)-\text{ブルシン}}$

→ [COO$^-$ $^+$BH, HC—N—H, CH(CH$_3$)$_2$, O] $\xrightarrow[\text{H}_2\text{O}]{\text{NaOH}}$ [COOH, H$_2$N—H, CH(CH$_3$)$_2$] + B
 (S)-バリン（L-バリン）

→ [HB$^+$ $^-$OOC, H—N—H, (CH$_3$)$_2$HC, CHO] $\xrightarrow[\text{H}_2\text{O}]{\text{NaOH}}$ [HOOC, H—NH$_2$, (CH$_3$)$_2$HC] + B
 (R)-バリン（D-バリン）

B = [ブルシンの構造式]
(−)-ブルシン

また近年，酵素によって分割する方法が発展し実用化されている。たとえばラセミアミノ酸をアミドとし，Sアミドは選択的に加水分解するがRアミドは加水分解しない酵素を作用させ，Sアミノ酸と未反応のRアミドを分離することにより光学分割を行うことができる。

$$\underset{(R,S)\text{-アミノ酸}}{\underset{|}{\overset{NH_2}{\underset{|}{R\text{CH}COOH}}}} \xrightarrow{(CH_3CO)_2O} \underset{|}{\overset{HNCOCH_3}{\underset{|}{R\text{CHCHCOOH}}}} \xrightarrow[\text{カルボキシペプチダーゼ}]{H_2O} \underset{(S)\text{-アミノ酸}}{H_2N\text{—}\overset{COOH}{\underset{R}{|}}\text{—}H} + \underset{N\text{-アセチル-}(R)\text{-アミノ酸}}{H\text{—}\overset{COOH}{\underset{R}{|}}\text{—}NHCOCH_3}$$

(B) 不斉合成

近年開発された (R,R)-デグホス [(R,R)-Degphos] を配位子とするロジウム触媒を用いて，(Z)-2-アセトアミド-3-フェニルプロペン酸の不斉水素化を行うことにより99％以上の立体選択性でエナンチオ選択的にL-フェニルアラニンが得られている。この配位子は両エナンチオマーが入手可能であるので，D-フェニルアラニンをエナンチオ選択的に合成することもできる。

[構造式: (Z)-2-アセトアミド-3-フェニルプロペン酸 → H₂, Rh-(R,R)-デグホス → (S)-N-アセチルフェニルアラニン → NaOH, H₂O → (S)-フェニルアラニン]

[構造式: (R,R)-デグホス (ホスフィン配位子)]

光学活性アミノ酸の不斉合成法としてはこのほか，グリシンの不斉アルキル化反応を経由する方法など多数の方法が開発されている。また，糖や光学活性カルボン酸などの化学変換による合成も行われている。そのほか，サトウキビの糖蜜を原料として，発酵法により工業的に大量にL-グルタミン酸が製造されている。

3-6 ペプチド

2個以上のアミノ酸がカルボキシル基とアミノ基との間で脱水縮合して，酸アミド状に結合した化合物をペプチド（peptide）という。ペプチドは，これを構成するアミノ酸残基の数によってジペプチド，トリペプチド，テトラペプチドなどとよばれる。ペプチドを構成する個々のアミノ酸単位を残基（residue）という。便宜上アミノ酸残基が10個（デカペプチド）以下のペプチドをオリゴペプチド（oligopeptide），それ以上をポリペプチド（polypeptide）とよぶ。ポリペプチドの上限ははっ

きり定められているわけではないが，普通分子量が5000以上のものをポリペプチドといい，分子量が6000から4000万にも及ぶ巨大分子はタンパク質という。

3-6-1 ペプチドの構造

(A) ペプチド結合

ペプチドはアミノ酸がペプチド結合でつながったものであるから，両末端には遊離のアミノ基とカルボキシル基がある。アミノ末端はN末端，カルボキシル末端はC末端といい，ペプチドの構造を示すときは一般にN末端を左側に，C末端を右側に置く。ペプチドはC末端アミノ酸の誘導体として命名される。たとえば，グリシンとアラニンからなるジペプチドには2種類あるが，これらに対してはグリシルアラニン（glycylalanine）およびアラニルグリシン（alanylglycine）と命名される。しかしこのような命名はペプチド鎖が長くなると不便なので，簡略化のため一般に3文字の略号（表3-1）が用いられる。長いペプチド鎖やタンパク質の構造を示す場合は1文字の略号もしばしば用いられる（カッコ内に示す）。

グリシルアラニン（Gly-AlaまたはG-A）　　アラニルグリシン（Ala-GlyまたはA-G）

ペプチド結合は，共鳴により —C—NH— 結合中のC—N結合が二重結合性をもっている。
（$\overset{\|}{O}$）

X線解析の結果から，ペプチド結合中のC—N結合距離（1.33 Å）は普通のC—N単結合の距離（1.47 Å）よりも短いことが示されており，このことからもペプチド結合中の炭素—窒素結合が二重結合性をもつこ

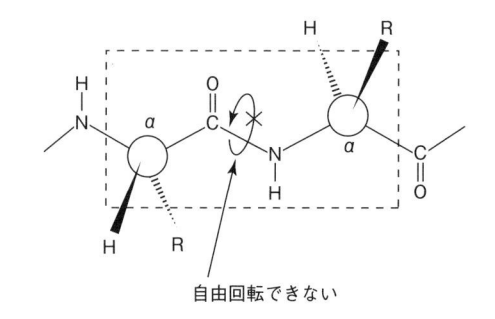

自由回転できない

とがわかる。

　ペプチド結合はこのような構造をもっているので，カルボニル炭素と窒素間の結合は自由に回転できず6個の原子が同一平面上にならぶ（前図の点線で囲んだ部分）。また2個のα位の炭素同士は安定なトランス位をとる。

(B) ジスルフィド結合

　チオールRSHを弱く酸化するとジスルフィド結合を生成する。システイン残基をもった2つの異なるペプチド鎖は，このようなジスルフィド結合によって互いに結合する。また同一のペプチド鎖上に2つのシステイン残基が存在する場合は，分子内ジスルフィド架橋によって環ができる。後者の例は，下垂体に存在する抗利尿ホルモンであるバソプレッシン（vasopressin）にみられる。ジスルフィド結合は温和な還元によって容易に開裂しチオール構造にもどる。

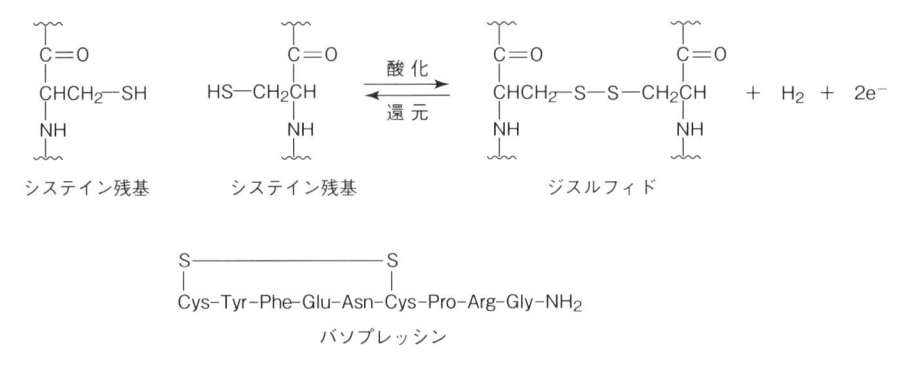

$$\text{システイン残基} + \text{システイン残基} \xrightleftharpoons[\text{還元}]{\text{酸化}} \text{ジスルフィド} + H_2 + 2e^-$$

バソプレッシン: Cys-Tyr-Phe-Glu-Asn-Cys-Pro-Arg-Gly-NH_2（Cys間にS-S結合）

(C) 生理活性ペプチド

　グルタミン酸やグリシンのように，神経伝達物質として働くアミノ酸もあるが，その多くは顕著な生理活性をもっていない。しかし，アミノ酸が結合したペプチドは多種多様な生理活性の発現に関与する。たとえばジペプチドAsp-Phe-OCH_3はショ糖の180倍の甘味を呈することが見いだされ，アスパルテーム（aspartame）という名前で低カロリーの人工甘味料として実用化されている。

アスパルテーム

　生体の正常な維持調整のために重要なホルモンには多数の種類があるが，その多くは上記のバソプレッシンのようにペプチドである。ペプチドホルモンのその他の例として，強い血圧上昇作用をもつアンギオテンシンII（angiotensin II）および成長ホルモンの分泌を抑制するソマト

スタチン（somatostatin）の構造を下に示す。

```
                                        S─────────────────────────────S
Asp-Arg-Val-Tyr-Ile-His-Pro-Phe    Asp-Cys-Csy-Lys-Asn-Phe-Phe-Phe-Trp-Lys-Thr-Phe-Thr-Ser-Cys
        アンギオテンシンⅡ                              ソマトスタチン
```

3-6-2 ポリペプチドの一次構造の決定

(A) アミノ酸分析

ペプチドの構造を決めるには，ペプチドを構成するアミノ酸の組成と配列順序すなわちペプチドの一次構造を知る必要がある。アミノ酸組成を決定する一般的方法は，ペプチドを塩酸で加熱して加水分解し，遊離したアミノ酸をイオン交換クロマトグラフィーで分析する方法である。この操作は自動化されており，いまでは市販のアミノ酸分析器を用いることによりごく短時間にアミノ酸組成を決定することができる。

(B) N末端基分析

ペプチドの一次構造の決定において最も重要な問題は，アミノ酸残基の配列順序を決定することである。ペプチドのN末端は遊離のアミノ基として存在するので，ペプチド鎖中のアシル化されたアミノ基と識別することができる。アミノ酸の配列順序の決定は，一般にこのN末端アミノ酸残基から始めて，順次他のアミノ酸残基を同定する方法がとられる。このような方法で，最もよく使われるものはEdman分解である。この方法は，ペプチドにイソチオシアン酸フェニル（phenyl isothiocyanate）を作用させてフェニルチオカルバミルペプチドとし，これを塩酸で選択的に切断し生じるフェニルチオダントインを同定する。このとき，N末端アミノ酸残基だけが切断を受け，残りのペプチド鎖はまったく分解されない。

このようにしてN末端アミノ酸が脱離し，第2のアミノ酸を新しいN末端基としてもつペプチドが得られるので，同様の分析を繰り返し行う

ことによってアミノ酸の配列順序を決定することができる。現在，これらの一連の操作は自動化されており，市販のアミノ酸配列決定装置（amino acid sequencer）を使って，1〜5ピコモル（1 μg以下）程度の試料があれば，ポリペプチドの最初の数10個のアミノ酸残基の配列順序を短時日で決定することが可能である。

天然のポリペプチドの多くは，Edman分解で決定できる限界の50個のアミノ酸残基よりも長い。そのような場合，タンパク分解酵素によってポリペプチド鎖を特定の位置で加水分解して小さなポリペプチドに切断し，それぞれの断片の配列を決定しその結果を重ね合わせて全体の構造を決定する。たとえば腸液に含まれる消化酵素であるトリプシンは，ポリペプチド中のアルギニンまたはリシン残基だけをC末端側で切断する。また，膵臓から分泌されるキモトリプシンはフェニルアラニン，チロシン，トリプトファンのようなアリール基を含むアミノ酸だけをC末端側で切断する。

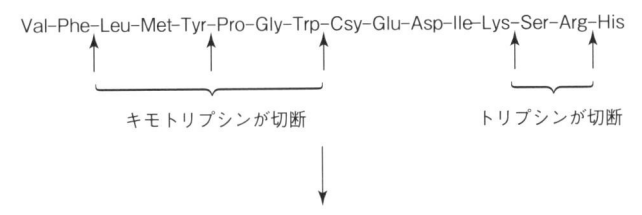

Val-Phe-Leu-Met-Tyr-Pro-Gly-Trp-Csy-Glu-Asp-Ile-Lys-Ser-Arg-His

キモトリプシンが切断　　　トリプシンが切断

Val-Phe + Leu-Met-Tyr + Pro-Gly-Trp + Csy-Glu-Asp-Ile-Lys + Ser-Arg + His

N末端基の同定法としてはほかに2,4-ジニトロフルオロベンゼン（Sangar試薬）を用いる方法がある。この試薬は遊離アミノ基によってたやすく求核置換を受け，2,4-ジニトロフェニル（DNP）ペプチドを与える。DNP基で標識されたペプチドを酸加水分解すると，N末端アミノ酸だけがDNPアミノ酸（黄色）になり，他の非末端アミノ酸は遊離アミノ酸となるから前者を分離して同定する。

DNP法がEdman法と異なる点は，前者は標識ペプチドの加水分解によってペプチド鎖が構成アミノ酸にまで分解されることである。それで

鎖中での配列順序を決定するには，ペプチドを部分的に加水分解していくつかの断片にし，それらの構造を末端分析法で決定する方法がとられる。

N末端基の標識法としてDNP法より優れている方法は，塩化ダンシル（1-<u>d</u>imethyl <u>a</u>mino<u>n</u>aphthalene-5-<u>s</u>ulfo<u>n</u>yl (dansyl) chloride）を試薬として用いる新しい方法である。ダンシル化はすみやかに進行し，ダンシル基によって標識されたアミノ酸は加水分解に対して安定であり，特有の蛍光をもつのできわめて少量で検知できる。

塩化ダンシル　　　　　ダンシルアミノ酸

C末端に遊離しているカルボキシル基を検出する方法としては，ヒドラジン分解法（赤堀法）がある。ペプチドをヒドラジンで分解すると非末端アミノ酸はヒドラジドとなり，C末端カルボン酸だけは遊離のアミノ酸として単離することができる。

ペプチド　　　　　　　　　　アミノ酸ヒドラジド　　　　　　　　C末端アミノ酸

このほか，カルボキシペプチダーゼで処理し，C末端から逐次脱離するアミノ酸を同定する方法もある。

3-6-3　ペプチドの合成

ペプチド結合は2分子のアミノ酸間でつくられたアミド結合であり，一方のアミノ酸のアミノ基と他方のアミノ酸のカルボキシル基の間で脱水縮合することによって形成される。

上記の反応で最も問題となるのは，生成物が実際には1種類ではなく多数生成する可能性があることである。たとえば，アラニン（Ala）とグリシン（Gly）からアラニルグリシン合成する場合，目的物（Ala-Gly）のほかGly-Ala，Ala-Ala，Gly-Gly，Gly-Ala-Glyなど多数の無秩序な組み合わせが可能となる。このような副生物の生成をおさえ，

希望する方向に反応を進行させるには反応に関与しないアラニンのアミノ基やグリシンのカルボキシル基をあらかじめ保護しておく必要がある。これらの保護基は，アミノ酸への結合が容易であり，ペプチド形成条件下で安定であり，ペプチド結合や他の部分に影響を与えることなく除去できるものでなければならない。このような条件を満たす保護基の選定は，ペプチド合成で最初に出会う問題点である。

(A) カルボキシル基の保護

カルボキシル基は普通メチル，エチル，ベンジル各エステルに変換して保護する。これらのエステル基はアミド基よりも加水分解されやすく，アルカリによって容易に脱保護を受けてもとのカルボキシル基になる。

$$\sim\sim CNHCHCOOR' \xrightarrow[H_2O]{OH^-} \sim\sim CNHCHCOOH + R'OH$$

ペプチドエステル　　　　　　　　ペプチド

ベンジルエステルは接触水素添加によっても切断することができる。

$$\sim\sim CNHCHCOOCH_2-C_6H_5 \xrightarrow{H_2, Pd-C} \sim\sim CNHCHCOOH + H_3C-C_6H_5$$

(B) アミノ基の保護

アミノ基の保護基には多くの種類があるが，ペプチド合成においてよく用いられるものはベンジルオキシカルボニル（benzyloxycarbonyl）基である。この保護基はカルボベンゾキシ（carbobenzoxy）基ともいい，Cbz（またはZ）と略される。下記の*tert*-ブトキシカルボニル基とともに代表的なカルバメート（carbamate）型保護基である。アミノ酸の*N*-ベンジルオキシカルボニル化は，塩基の存在下クロロギ酸ベンジルを作用させることによって容易に行われる。

$$H_2NCHCOOH + C_6H_5-CH_2OCCl \xrightarrow{NaOH, H_2O} C_6H_5-CH_2OCNHCHCOOH$$

クロロギ酸ベンジル（CbzCl）　　　ベンジルオキシカルボニルアミノ酸
　　　　　　　　　　　　　　　　[Cbz-NHCH(R)COOH]

Cbz誘導体は接触水素添加または冷時酢酸中臭化水素で加水分解するとベンジル—O結合が容易に切断され，いったん不安定なカルバミン酸を生じたのち，ただちに脱炭酸してもとのアミノ基が遊離する。ペプチド結合はこのような条件下で変化しない。

tert-ブトキシカルボニル基（*tert*-butoxycarbonyl group，Boc基）も一般的なアミノ保護基であり，後述する固相法でよく用いられる。アミ

[Cbz-アミノ酸の脱保護反応式]

Cbz-アミノ酸 → a) HBr, AcOH / b) H$_2$, Pd-C (脱保護) → PhCH$_2$X + [カルバミン酸 HOCNHCHRCOOH] → CO$_2$ + H$_2$NCHRCOOH

a法：X = Br
b法：X = H

ノ酸に塩基の存在下ジ-*tert*-ブチルジカルボナート（無水*tert*-ブトキシカルボン酸）を反応させて導入する。

H$_2$NCHRCOOH + (CH$_3$)$_3$COCOCOC(CH$_3$)$_3$ (ジ-tert ブチルジカルボナート) —(C$_2$H$_5$)$_3$N→ (CH$_3$)$_3$COCNHCHRCOOH (tert-ブトキシカルボニルアミノ酸 [Boc-NHCH(R)COOH])

Boc基は還元に比較的安定であるが，酸できわめて容易に除去することができる。酸としては，ペプチド結合の加水分解を避けるために氷酢酸のような非水溶媒中塩化水素やトリフルオロ酢酸が用いられる。

以上の保護基はアミノ基をカルバメートとして保護するものであるが，そのほかアミノ基をトリフルオロアセチル化し，通常のアミドとして保護する方法もある。トリフルオロアセチル基はペプチド結合に影響を与えることなく希アルカリで開裂できる。

CF$_3$C(O)-O-C(O)CF$_3$ (無水トリフルオロ酢酸) + H$_2$NCHRCOOH → CF$_3$CNHCHRCOOH —希NaOH→ CF$_3$COOH + H$_2$NCHRCOOH

そのほかホルミル基やフタロイル基なども保護基として用いられる。脱保護はそれぞれ酸加水分解およびヒドラジン処理によって行う。

HCOOH + H$_2$NR → HCNHR —希酸→ HCOOH + H$_2$NR

無水フタル酸 + H$_2$NR → フタルイミド-NR —NH$_2$NH$_2$→ フタルヒドラジド + H$_2$NR

(C) ペプチド形成反応

カルボキシル基とアミノ基を直接反応させてアミドをつくるのは容易でないので，ペプチド結合をつくるためには保護基に影響を与えない試薬によってアミノ基またはカルボキシル基を活性化することが必要である。多くの場合，カルボキシル基の水酸基を脱離しやすい置換基に変え

ることにより，カルボキシル基を活性化する方法がとられる。カルボキシル基の活性化法として，古い方法では酸クロリドやアジドが用いられたが，現在では他の方法として，たとえばアミノ保護体にクロロギ酸エチルを反応させて生成する混合酸無水物（mixed anhydride）が用いられる。混合酸無水物によって他のアミノ酸をアシル化するとペプチドが得られる。

$$\underset{N\text{-Cbz アミノ酸}}{\text{Cbz-NHCHCOOH}} + \text{ClCOC}_2\text{H}_5 \xrightarrow{(\text{C}_2\text{H}_5)_3\text{N}} \underset{\text{混合酸無水物}}{\text{Cbz-NHCHC-O-C-OC}_2\text{H}_5}$$

$$\xrightarrow{\text{H}_2\text{NCHCOOH}} \underset{\text{ペプチド}}{\text{Cbz-NHCHCNHCHCOOH}} + \text{CO}_2 + \text{C}_2\text{H}_5\text{OH}$$

アミノ基とカルボキシル基を縮合させる最も有用な方法は，ジシクロヘキシルカルボジイミド（dicyclohexylcarbodiimide, DCC）を縮合剤として用いる反応である。この方法は単一の操作でカルボキシル基の活性化と縮合が行われるので，ペプチド合成が容易になる。

(D) 固相合成法

いくつかのポリペプチドは上述のペプチド合成法によって化学合成されているが，このような方法は各工程ごとに生成物の分離・精製を行わねばならないため，多くの労力と時間を必要とする。このような問題点

を一挙に解決する画期的な方法として固相合成法（solid-phase synthesis）が開発された（1969年，Merrifield）。この方法では，生長してゆくペプチド鎖を，化学的に不活性で多くの溶媒に不溶性の高分子樹脂に結合しておき，各工程が終了すると過剰な試薬や望ましくない副成物は樹脂から洗い流される。樹脂支持体としては，部分的（約100個のベンゼン環のうち1個）にクロロメチル化されたポリスチレン樹脂が用いられる。

部分的にクロロメチル化されたポリスチレン樹脂

固相ペプチド合成法の工程は，この樹脂支持体にN-Boc化したアミノ酸をエステルとして結合させることから始まる。ついでトリフルオロ酢酸により保護基を除き，上述のDCC法によってN-Boc化した第2のアミノ酸を縮合させペプチド結合をつくる。さらに2番目のアミノ酸残基のN-保護基を除いて得られた樹脂—ペプチドを用い同様の操作を繰り返すことにより，ペプチド鎖を次々と伸ばしてゆくことができる。最後に臭化水素またはフッ化水素で処理してBoc基を除き，樹脂に結合しているエステルを切断し生成したペプチドを遊離させる（図3-1）。

固相合成法は現在では自動化されており，自動合成装置はコンピュータ制御によって各工程がこまかく管理され高収率，高純度でポリペプチドが得られるようになった。

3-7　タンパク質の分類

タンパク質はその組成によって大きく2つのタイプに分類される。ペプチド鎖のみからなるものを単純タンパク質（simple protein）といい，例として血清アルブミンやリゾチームなどがあるがその数は少ない。一方，ペプチド以外の構成成分を含むものは複合タンパク質（conjugated protein）と総称され，非タンパク質部分を補欠分子族（prosthetic group）という。補欠分子族の種類により核タンパク質，糖タンパク質，リポタンパク質など多くの種類がある。

また，タンパク質をその形状によって大別すると，繊維状タンパク質（fibrous protein）と球状タンパク質（globular protein）に分類される。

繊維状タンパク質は繊維状の細長い構造をもち，強くて水に難溶性で

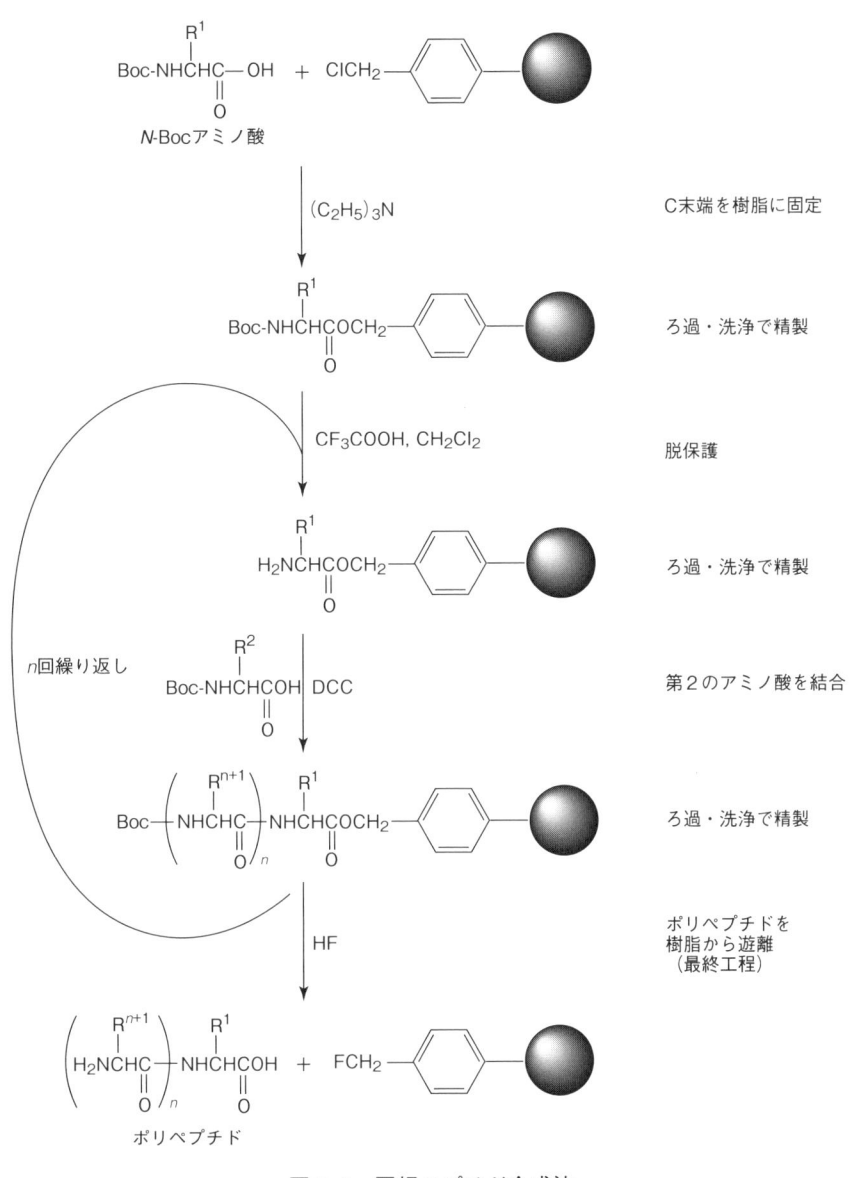

図3–1 固相ペプチド合成法

あるために，動物組織の基本的構造を形成するために使われている。例として毛髪，羊毛，つめ，角，羽毛などにあるケラチン，筋肉にあるミオシン，腱にあるコラーゲン，絹にあるフィブロンなどがある。

　球状タンパク質は普通丸くなって密集し，ほとんど球形になっている。球状構造の表面に極性のアミノ酸側鎖，内部に疎水性のアミノ酸側鎖が集まる傾向があり，水に容易に溶けるため細胞の中を移動することができる。ほとんどのものが複合タンパク質であり，酵素やホルモン，酸素輸送タンパク質など生命過程をつかさどるタンパク質の大部分が含まれる。

3-8 タンパク質の高次構造

タンパク質分子のアミノ酸の配列順序は一次構造（primary structure）といい，それぞれのタンパク質は生体内で，デオキシリボ核酸（DNA）分子の塩基配列によって決定される固有の一次構造をもっている（第5章）。1949年，Sangerによってインシュリンの一次構造が決定されて以来，現在までに数千種類におよぶタンパク質の一次構造が決定されている。

タンパク質分子は，ペプチド結合以外の共有結合が自由回転できるためにほとんど無限に近い空間構造をとりうる。しかし，主にX線回折の結果から，タンパク質分子，とくに繊維状タンパク質分子は水素結合で安定化されたある一定の規則正しい立体構造をもつことが明らかになった。このような構造のことを二次構造（secondary structure）という。二次構造にはαヘリックス構造とβシート構造とがある。

3-8-1 αヘリックス（αらせん）構造

ポリペプチド鎖に可能ないくつかの立体配座のうち，NH基とC=O基の間の分子内水素結合の数が最高になり，側鎖が空間に突き出すような立体配座に限定すると，ポリペプチド鎖はらせん状のαヘリックス

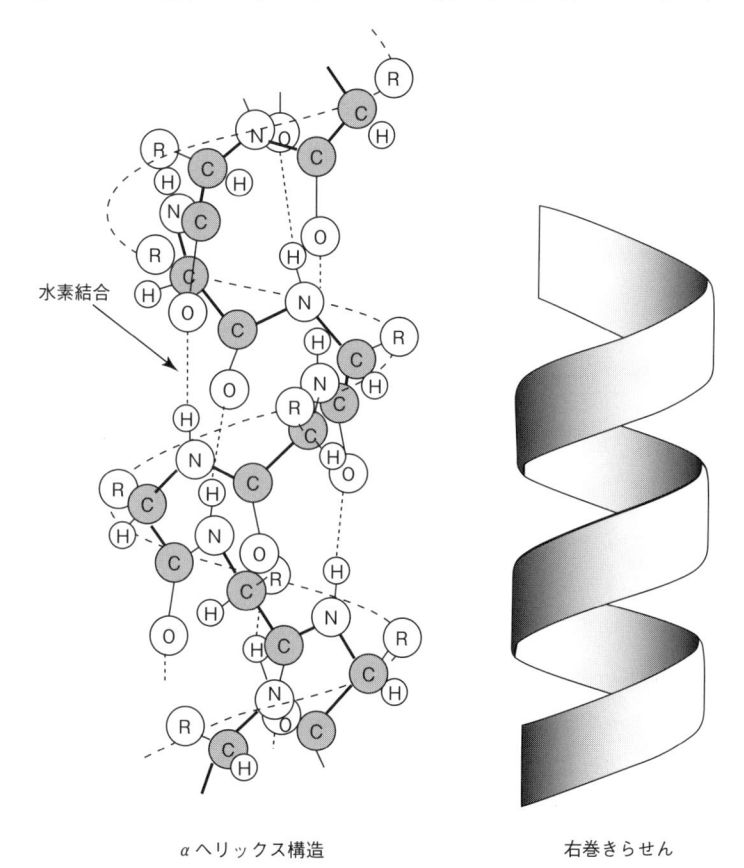

αヘリックス構造　　　　　　　右巻きらせん

（α helix）構造をとることになる．L-アミノ酸からなるポリペプチドでは右巻きらせん（ポリペプチド鎖に沿って時計方向の回転）の方が左巻きらせんよりも安定である．これは，左巻きヘリックスではかさ高い側鎖をNHよりかさ高いC=Oがある方向へ突き出さねばならなくなるためである．らせん1回転当たり3.6個のアミノ酸残基があり，水素結合はらせん軸にほぼ平行である．繊維状タンパク質ではケラチン（keratin），ミオシン（myosin），フィブリノーゲン（fibrinogen）にとくに多くαヘリックスが含まれる．

αヘリックスからできている繊維を水素結合を引き離してしまう位の強い力で引っ張ると，ポリペプチド鎖は伸びた形になる．このような変化はケラチンで観察され，2つの形はα-ケラチン，β-ケラチンとよばれる．αヘリックスや次に述べるβ構造の"α"と"β"はこれらの呼び名に由来する．

3-8-2 βシート構造

ポリペプチド鎖が引き伸ばされた構造をβシート構造（β pleated sheet）といい，主としてグリシンやアラニンのような小さいアミノ酸で構成されているタンパク質がこのような構造をとる．βシート構造ではジグザグ型に伸びるポリペプチド鎖の方向に対してC=OとNHが直角に突き出している．このため，ポリペプチド鎖が2本ならんだとき，ポリペプチド鎖間で水素結合をつくって安定化するのに都合がよい．

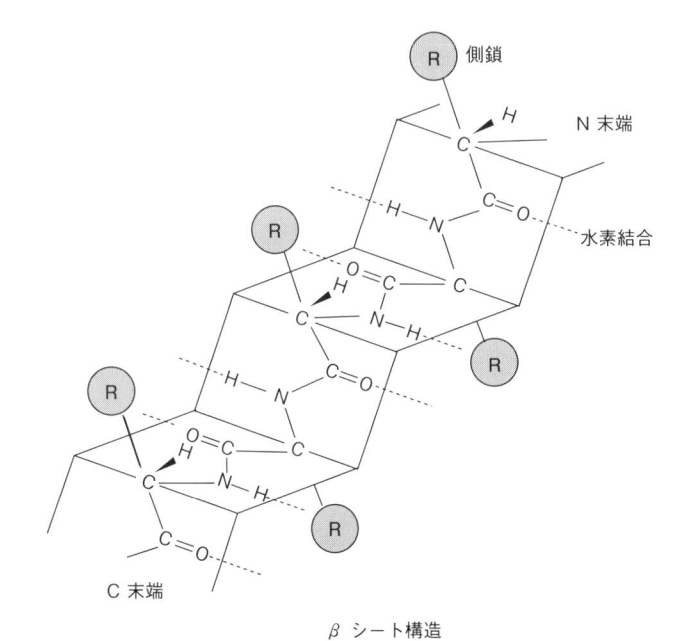

βシート構造

2本のポリペプチド鎖が配列する場合，互いに逆方向に配向する（逆平行β構造）か，同方向に配向する（平行β構造）かの2通りがある．

水素結合の強さは一般に逆平行βシート構造の方が強い。

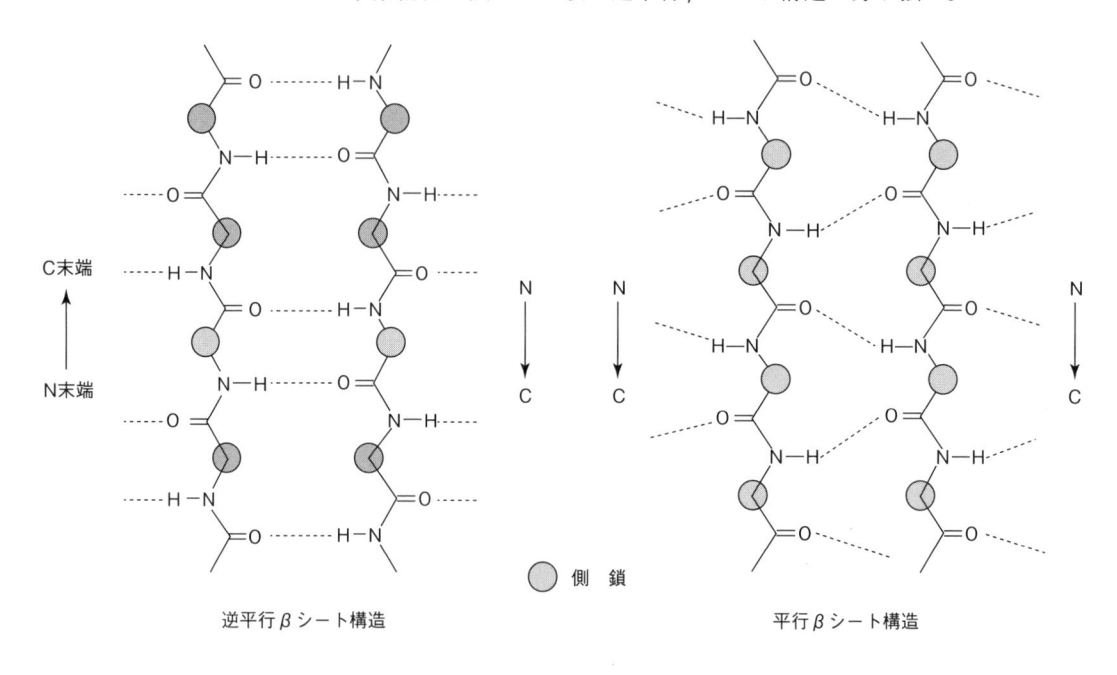

逆平行βシート構造　　　　　　　　　　側鎖　　　　　　　　平行βシート構造

3-8-3 三次構造

ポリペプチド鎖がαヘリックス構造やβシート構造をつくって束にな

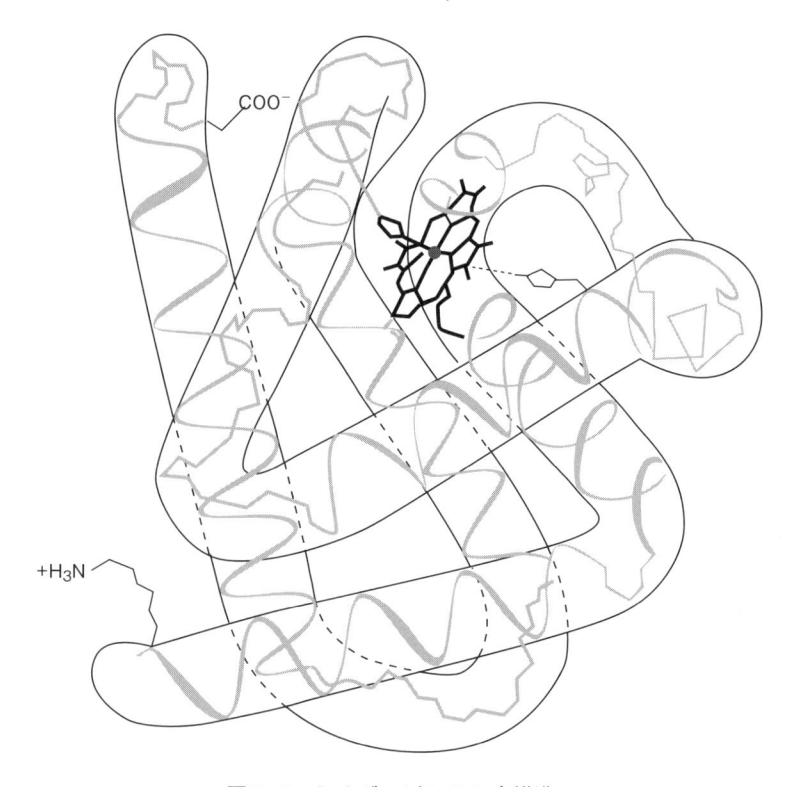

図3-2　ミオグロビンの三次構造
大部分はαヘリックス（8本）からなっている。
ヘム部分（上部中央）の中心の●はFe原子。

ると繊維を形づくるが，一方，ポリペプチド鎖がところどころに α ヘリックス構造や β シート構造などをつくり複雑に折りたたまれる。また，プロリンやヒドロキシプロリンの場合のように環状アミン構造が含まれると，その部分で分子の形が固定されるのでペプチド鎖の湾曲が起こる。これらの構造変化によりタンパク質が全体として球状の立体構造をとることがある（球状タンパク質）。これは三次構造（tertiary structure）とよばれる。ポリペプチド鎖をこのように一定の三次元構造に保つために，側鎖間でいろいろな相互作用がはたらいている。特に重要なものは，非極性側鎖をもつ中性アミノ酸の疎水性相互作用である。このような非極性側鎖は水中で水分子と水素結合を形成することができず，疎水性基をもつアミノ酸残基がタンパク質分子の内部に集合する傾向が強い。一方，水と容易に溶媒和できる極性基をもった酸性または塩基性アミノ酸残基は，タンパク質分子の外側に集合する傾向がある。

システイン残基側鎖のチオール基の酸化によって生じるジスルフィド架橋は強固な共有結合であるので，タンパク質の三次構造の安定化に大きな役割を果たしている。また，極性アミノ酸の側鎖や主鎖のペプチド結合が相互に接近すると水素結合が形成される。この結合は，共有結合に比べ弱いが，タンパク質分子内では非常に多くの水素結合が形成されるため，全体として分子の安定化に大いに寄与している。また，アスパラギン酸やグルタミン酸などの酸性アミノ酸の側鎖のカルボキシル基は負に荷電しており，一方リシンやアルギニンなどの塩基性アミノ酸の側鎖塩基部分は正に荷電している。このため，特に水分子のほとんど存在

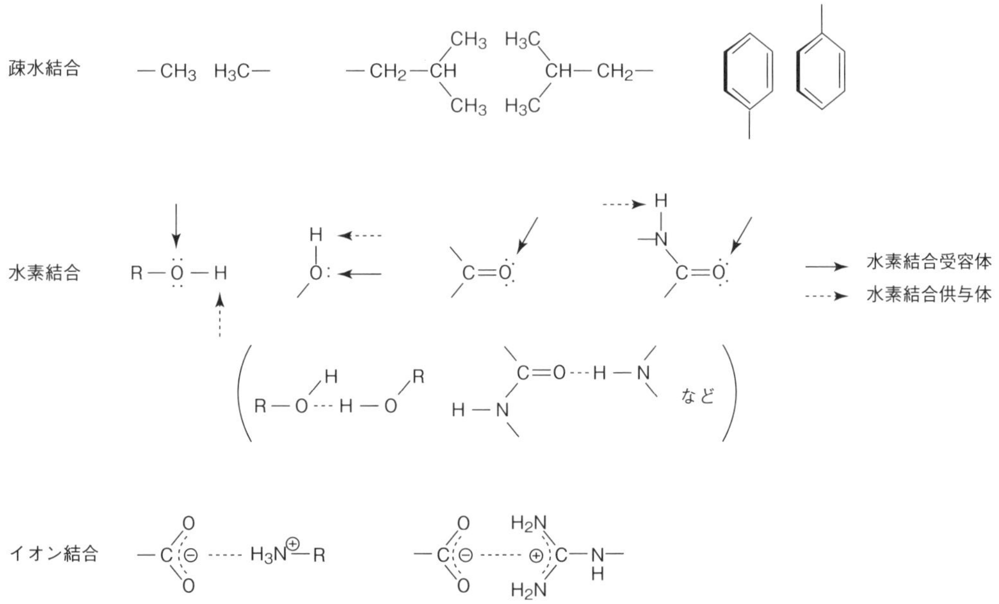

図3-3　結合の種類

しないタンパク質内部の疎水環境下では，正および負に荷電したこれらのアミノ酸残基の間に強いイオン的な吸引力がはたらき安定化に寄与する（図3-2）。

3-8-4 四次構造

三次構造をとるタンパク質分子が複数会合して，生理活性をもつ巨大分子を形成していることがある。各構成タンパク質をサブユニットといい，サブユニットが会合した構造を四次構造（quaternary structure）という。サブユニットは同種のタンパク質の場合も，異種の場合もある。各サブユニットは水素結合，イオン結合，疎水結合などの非共有結合により特定の様式で会合しており，二量体や四量体が多い。二量体としてアルコールデヒドロゲナーゼやホスホリラーゼ，四量体としてヘモグロビンなどがあり，これらは単量体では活性を示さない。

サブユニットの三次構造

酵素（ホスホリラーゼ）の四次構造

3-8-5 タンパク質の変性

球状タンパク質は，上述の側鎖間のいろいろな相互作用によって固有の三次構造を保持している。この構造は熱，紫外線，酸，アルカリ，有機溶媒，界面活性剤などによって破壊され，溶解性などのタンパク質の

物理的性質が著しく変化し，活性も消失する。このような現象を変性（denaturation）という。ちょうど，卵の白身を加熱すると固まったり，牛乳にレモンティーを注ぐと沈殿を起こしたりする現象と同じである。変性によって，タンパク質の高次構造を維持していた共有結合や非共有結合が切断され，タンパク質は一次構造を保持したまま繊維状構造あるいはランダムコイル構造をとるようになる。ほとんどの変性は不可逆的であり，ほとんどの酵素は変性によって失活するが，現在では変性したタンパク質が自然に再生して安定な三次構造となる例が見いだされている。この場合は，生理活性が完全に復活する。

Note 3　実験の失敗から生まれたノーベル化学賞
―タンパク質の質量分析を可能にした田中耕一氏の業績

2002年度のノーベル化学賞を島津製作所の田中耕一氏が受賞した。受賞理由は「生体高分子の同定と構造解析の手法の開発」で，田中氏はマトリックス支援レーザー脱離イオン化質量分析装置とよばれる質量分析装置の最重要部分であるイオン化部において，ソフトレーザーを使ったイオン化法の基本開発を行い，世界に先駆けてタンパク質などの生体高分子のイオン化と生成イオンの検出に成功した。

質量分析装置は，試料をイオン化し電場や磁場を用いて質量と電荷数の比（m/z）に分離し，これを電気的に検出し原子や分子の質量を測定する装置である。この装置でイオン化の過程は不可欠であるが，1980年代の中ごろまでのイオン化法は，その多くが気体状の試料から電子を奪いとる方法であったため，測定の対象は試料が分解することなく気化できる低分子量の化合物に限られていた。そのため質量分析は，有機化合物の構造解析などには威力を発揮していたものの，タンパク質などの高分子化合物の分析には無縁の存在であった。

田中氏の業績は，従来イオン化が不可能と考えられてきたタンパク質のような分子量1万を超える物質のイオン化を成功させたことである。通常，タンパク質分子にレーザー光を直接照射すると，エネルギーが大きすぎてバラバラに分解してしまう。そこでまずレーザー光のエネルギーを吸収し，ただちに高温になるコバルトの超微粉末（UFMP：Ultra Fine Metal Powder）を試料のタンパク質に添加してレーザー光を照射してみたが，何も検出されなかった。ところがある日，田中氏は，それまでUFMP保持剤として使っていたアセトンの代わりに間違ってグリセリンを使ってしまった。UFMPは高価なので捨ててしまうのはもったいないと思い，なんとその失敗サンプルをイオン化室に入れ分析を行ったところ，突然モニター画面の高質量部にイオンが現れだしたのである。1985年2月のできごとであった。この結果，これまで不可能であった質量数1万以上のカルボキシペプチダーゼA（分子量34,472）や質量数10万を超えるリゾチーム七量体などのイオン化が世界で初めて観測された。こうして田中氏は，グリセリンにコバルト微粒子を混ぜたマトリックス（matrix：試料のイオン化を促進するために試料と混合する物質）にタンパク質を溶かし，レーザー光照射によりマトリックスを急速過熱する手法によりタンパク分子をソフトにイオン化することに初めて成功した。この

田中耕一氏

成功は，科学上の大きな発見においてしばしば見られるセレンディピティー（偶然の発見）の一例といえるかもしれない。

タンパク質の質量分析法は，その後世界中でさまざまな改良が加えられ，現在では分子量が100万程度のタンパク質までもが質量分析の対象になっている。しかし，その基本は，田中氏らの開発したソフトレーザー脱離法であることはいうまでもない。現在この質量分析法は，ポストゲノム研究で最も重要視されているプロテオミクス（proteomics：タンパク質の網羅的解析）において欠くことのできない基盤技術として位置づけられている。

Note 4　エンドルフィン―モルヒネ様作用をもつ脳内ペプチド

ケシから採られるあへんアルカロイドの1つであるモルヒネは，脳内の特異的なレセプター（オピオイドレセプター）と結合して強力な鎮痛作用を現わす。このレセプターの本体についてはまだ不明な点も多いが，最近の研究の成果からタンパク巨大分子であることがわかっており，その完全な構造解析も遠からず実現するものと期待されている。

オピオイドレセプターの存在は比較的早く（1970年代初期）から知られていたが，一方脳内にこのようなレセプターが存在することから，脳内にモルヒネと同じ働きを示す化学物質の存在が予想されていた。そしてこの化学物質の本体の追求が始められた結果，エンドルフィン（脳内モルヒネ）と総称される一群のペプチドが相次いで単離され，構造が明らかにされた。

エンドルフィンとして最初に発見された化合物はメチオニンエンケファリンとロイシンエンケファリンである。これらはC末端アミノ酸残基が異なるほか共通のアミノ酸組成からなるペンタペプチドであるが，本質的にはモルヒネと全く同じ作用をもっている。

　　Tyr-Gly-Gly-Phe-Met　　Tyr-Gly-Gly-Phe-Leu
　　メチオニンエンケファリン　　ロイシンエンケファリン

エンドルフィンはこのほかにもいくつか単離・構造決定されているが，上述のエンケファリンも含めてこれらはすべてL-チロシンをN末端基とするペプチドである点が共通している。さらに，L-チロシンとモルヒネは，p-ヒドロキシフェネチルアミン部分に関して互いに重なり合いを生じることから，エンドルフィンとレセプターとの結合で鍵となる要素はL-チロシン残基であると考えられている。

モルヒネ　　　　　　L-チロシン

事実，エンドルフィンのL-チロシン残基のフェノール性水酸基やアミノ基に置換基を導入したり，他の置換基に置き換えられたりすると鎮痛活性がなくなることが確かめられている。同様に，N末端基をL-チロシンからL-フェニルアラニンやD-チロシンにかえても活性が消失する。

これらのエンドルフィンは一般に酵素で分解されやすく，また残念ながらモルヒネ様の耐性や依存性を示すため，いまのところ医療上使用されていない。しかし，エンドルフィンの研究が，有効である反面問題も多いモルヒネに代わる新しい鎮痛薬創製につながる可能性もあり，現在活発な研究が進められている。

Note 5　狂牛病の原因はタンパク質の立体構造の変化

狂牛病は「牛海綿状脳症（BSE：Bovine Spongiform Encephalopathy）」といい，神経細胞が破壊されて脳に空胞ができスポンジ状となる致死性の病気である。動作不安，けいれん性などの症状を経て転倒し，発症後2週間から5，6か月で死に至る。この病気は1986年イギリスで最初に報告され，1992〜1993年に流行はピークに達し年間3万頭以上の狂牛病が発生した。1996年この狂牛病がヒトにも感染することが明らかとなり大きな社会問題となった。この病気は，タンパク質強化飼料，いわゆる肉骨粉を通してヒツジからウシへ，そしてヒトへの感染ルートが定説となっている。

狂牛病はプリオンとよばれる新しいタイプのタンパク質が病原体となって引き起こされる病気である。このタンパク質は米国カルフォルニア大学のS. B. プルシナー（S. B. Prusiner）教授によって発見され，同教授はこの業績により1997年度のノーベル医学生理学賞を受賞している。当初，核酸の関与なしにタンパク質だけで増殖し感染が起こるというプルシナー教授の「プリオン仮説」は受け入れられず，学会の総反撃に会ったということである。しかし，その後プリオン説の正しさが認められ，さらに研究が進むとウシの狂牛病のほかヒツジのスクレイピー病，ヒトのクロイツフェルト・ヤコブ病などもプリオンによって引き起こされることが明らかになった。プリオン（prion）という語は，タンパク質性感染粒子（Proteinaceous infectious pariticle）に由来する［pr + i + on（粒子）］。

プリオンは動物やヒトが普通にもっているタンパク質で，この正常な細胞性プリオン（PrC）が異常型プリオン（PrSC）に変わり，脳に蓄積し発病する。異常プリオンと正常プリオンはアミノ酸の配列（一次構造）は同じであるが立体構造（二次構造）が異なっている。正常型プリオンタンパク質はαヘリックス構造が多い。一方，異常型プリオンタンパク質はαヘリックス構造が減少し，βシート構造が増加している。

構造の変化は，外部から入ってきた異常型プリオンタンパク質がもともと体内にある正常なプリオンタンパク質に作用し，これらを鋳型のようにして，あるいは結晶核となって異常型プリオンタンパク質に変えて行くことに起因すると考えられている。さらに病原性の異常型プリオンは，自己触媒作用によるポリペプチド鎖の成長と分裂をくり返すことによって増殖する。異常型プリオンタンパク質は本来の働きをすることなく重合したポリマーとなり，凝集して毒性，病原性をもつようになり，脳細胞に障害を引きおこす。以上の過程を模式図で示す。このようなタンパク質の立体構造の変化によって引き起こされる神経疾患に対して，最近では「コンホメーションディジーズ（立体構造病）」という語が使われている。

異常型プリオンタンパク質は熱や紫外線や放射線を浴びても病原性は失われず，またタンパク質分解酵素などにも抵抗性があり，このような点からも細胞やウイルスとは全く異なるやっかいな病原体である。したがって，治療法への道はまだ遠い。なお，ごく細菌新型BSE感染牛が日本およびヨーロッパで見つかった。感染源は何か，どの程度の感染力をもつのか，構造はどうであるかなど謎が深まっている。

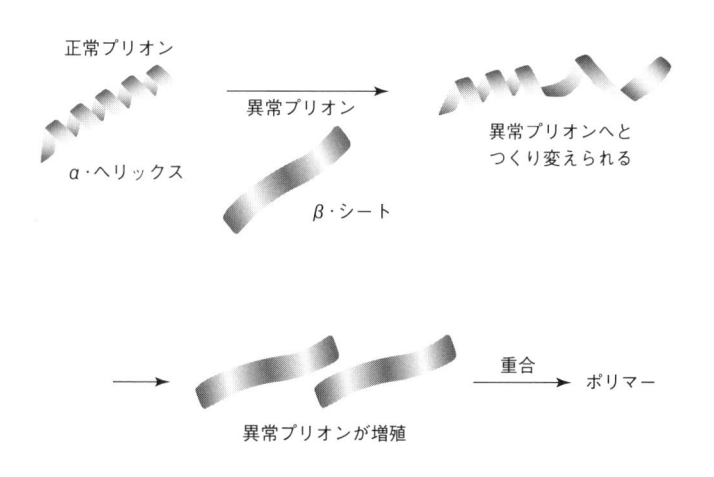

■演習問題

(1) 次のアミノ酸のpH 2, 7, 12におけるそれぞれのイオン状態を示せ。
　　(a) リシン, (b) アスパラギン酸, (c) システイン

(2) $\overset{+}{H_3N}CH_2COOH$ ($pK_{a1} = 2.4$) が RCH_2COOH ($pK_{a1} = 4 \sim 5$) よりも酸性が強いのはなぜか。

(3) 次のアミノ酸の等電点は酸性, 弱酸性, 塩基性のいずれであるかを示せ。
　　(a) アラニン, (b) リシン, (c) アスパラギン酸,
　　(d) シスチン, (e) チロシン

(4) ペンタペプチド Gly-Gly-Ala-Phe-Leu の構造式を示せ。

(5) 2,4-ジニトロフルオロベンゼン (DNFB) を用いて Lys-Gly と Gly-Lys を区別する方法を示せ。

(6) Edman分解を用いて Met-Ile-Arg を順次分解する反応について述べよ。

(7) マロン酸ジエチルから出発して次のアミノ酸を合成する方法を示せ。
　　(a) メチオニン, (b) グルタミン酸, (c) バリン

(8) ラセミアラニンのメチルエステルを加熱すると, ジメチルジケトピペラジンが2種のジアステレオマーの混合物として得られる。2種のジアステレオマーのうちの一方は光学分割することができない。生成物の構造と立体化学を示せ。

(9) 遊離アミノ酸から Gly-Ala-Tyr を合成する方法を示せ。

(10) 表3-1に示したアミノ酸の中で, タンパクの α-ヘリックス構造中の水素結合形成に関与しないアミノ酸はどれか。

4 脂質の化学

　生体成分の中で，エーテル，クロロホルム，ベンゼンなどの無極性有機溶媒に溶けやすく，水に溶けにくい有機化合物を総称して脂質（lipids）という。脂質は，直接あるいは間接的に脂肪酸と関係しており，生体ではおもに脂質という形でエネルギー源となり，また細胞膜や細胞質中のミトコンドリアに存在して細胞構成成分となっているほか，ホルモンとして作用したり，あるいは生体表面の保護被膜となっているものもある。脂質は，(1)けん化性脂質，(2)非けん化性脂質，の2つに大きく分類される。

　けん化性脂質とは，脂質エステルが脂質酸とアルコールとに加水分解されるもので，中性脂肪，ろう，リン脂質，スフィンゴ脂質，および糖脂質などがある。

　前二者は単純脂質，後者の3つは複合脂質とよばれる。一方，非けん化性脂質とは，脂肪酸とアルコールとに加水分解されないもので，ステロイド，テルペノイド，プロスタグランジンなどの生理活性物資が含まれる。

(1) けん化性脂質

$$\begin{cases} 単純脂質 \begin{cases} 中性脂肪 \\ ろう（ワックス） \end{cases} \\ 複合脂質 \begin{cases} リン脂質 \\ スフィンゴ脂質 \\ 糖脂質 \end{cases} \end{cases}$$

(2) 非けん化性脂質

$$\begin{cases} ステロイド \\ テルペノイド \\ プロスタグランジン \end{cases}$$

4-1 脂肪酸

　脂質に直接あるいは間接的に関与している脂肪酸（fatty acids）について，はじめにふれることとする。脂肪酸は天然にはそのままの遊離の形で存在することは少なく，大部分種々のエステル結合や酸アミド結合などによって結合して存在している。天然の脂肪酸は飽和脂肪酸と不飽和脂肪酸，および特殊脂肪酸にわけられる。二重結合のないものを飽和脂肪酸，二重結合が1つのものを一価不飽和脂肪酸，二重結合が2つ以上のものを多価不飽和脂肪酸とよぶ。一価不飽和脂肪酸はω-9系で，多価不飽和脂肪酸はω-6，ω-3系に分けられる。次の表4-1に代表的な脂肪酸と特殊脂肪酸を示した。

　天然飽和脂肪酸のうち炭素数8以下のものは液体で，それ以上のものは固体である。16および18個の炭素原子からなるものが多い。これは脂肪酸の生合成過程で，偶数炭素同士の縮合反応によるためである。

　不飽和脂肪酸は，ほとんどC_9位とC_{10}位の間に二重結合があり，2つ以上の二重結合をもつ多価不飽和脂肪酸の場合は末端メチル基とC_9位との間に二重結合が入る。しかも，二重結合は共役せずに，普通，二重結合と二重結合の間にメチレン基が1つ入る。後述するように，このメチレン基のため，脂肪酸の酸化，および酸敗が起こる。

　　　　　—CH＝CH—CH＝CH—　　　共役二重結合
　　　　　—CH＝CH—CH$_2$—CH＝CH—　　非共役二重結合

　代表的な不飽和脂肪酸の化学式と命名をつぎに示す。

ω-9系

$\overset{18}{C}H_3\underset{1}{C}H_2\underset{2}{C}H_2\underset{3}{C}H_2\underset{4}{C}H_2\underset{5}{C}H_2\underset{6}{C}H_2\underset{7}{C}H_2\underset{8}{C}H_2\overset{10}{C}H\underset{9}{=}\overset{9}{C}H—(CH_2)_7—\overset{1}{C}OOH$

オレイン酸

ω-6系

$\overset{18}{C}H_3\underset{1}{C}H_2\underset{2}{C}H_2\underset{3}{C}H_2\underset{4}{C}H_2\underset{5}{C}H_2\underset{6}{C}H\overset{13}{=}CH—CH_2—\overset{10}{C}H\underset{9}{=}\overset{9}{C}H—(CH_2)_7—\overset{1}{C}OOH$

リノール酸（18：2(9, 12)，または，18-6, 9）

$\overset{20}{C}H_3\underset{1}{C}H_2\underset{2}{C}H_2\underset{3}{C}H_2\underset{4}{C}H_2\underset{5}{C}H_2\underset{6}{C}H=CH—CH_2—CH=CH—CH_2—CH=CH—CH_2—CH=CH—(CH_2)_3\overset{1}{C}OOH$

アラキドン酸

ω-3系

$\overset{18}{C}H_3\underset{1}{C}H_2\underset{2}{C}H\underset{3}{=}CH—CH_2—CH=CH—CH_2—CH=CH—(CH_2)_7—\overset{1}{C}OOH$

α-リノレン酸

　命名法は，例えばリノール酸では炭素数が18で炭素の9位と10位の

間と12位と13位の間が二重結合となっているので，18：2（9，12）と書く。

一方，生合成の過程から二重結合の位置がカルボキシル基よりむしろ末端メチル基（ギリシャ文字のω）に由来しているので，ω末端より二重結合の位置を数える命名法（IUPACの命名法とは逆）もある。この命名法に従えば18-6，9のように書ける。したがってリノール酸ではω6酸，α−リノレン酸ではω3酸，アラキドン酸ではω6酸とよばれる。またはωの代りにn酸ともよばれる。

表4-1から明らかなように，不飽和脂肪酸の二重結合は例外をのぞき

表4-1 脂肪酸の構造

酸	構造	融点(℃)
飽和脂肪酸		
酢酸	CH_3COOH	16
プロピオン酸	CH_3CH_2COOH	−22
酪酸	$CH_3(CH_2)_2COOH$	−7.9
カプロン酸	$CH_3(CH_2)_4COOH$	−3.4
デカン酸	$CH_3(CH_2)_8COOH$	32
ラウリン酸	$CH_3(CH_2)_{10}COOH$	44
ミリスチン酸	$CH_3(CH_2)_{12}COOH$	54
パルミチン酸	$CH_3(CH_2)_{14}COOH$	63
ステアリン酸	$CH_3(CH_2)_{16}COOH$	70
アラキジン酸	$CH_3(CH_2)_{18}COOH$	75
ベヘン酸	$CH_3(CH_2)_{20}COOH$	80
リグノセリン酸	$CH_3(CH_2)_{22}COOH$	84
不飽和脂肪酸		
一価不飽和脂肪酸		
パルミトレイン酸	(構造式)	−0.5〜+0.5
オレイン酸（ω-9）	(構造式)	13
バクセン酸	(構造式)	44
多価不飽和脂肪酸		
リノール酸（ω-6）	(構造式)	−5
α−リノレン酸（ω-3）	(構造式)	−11
γ−リノレン酸（ω-6）	(構造式)	—
アラキドン酸（ω-6）	(構造式)	−50
エイコサペンタエン酸（ω-3）(EPA)	(構造式)	−54
ドコサヘキサエン酸（ω-3）(DHA)	(構造式)	−44
特殊な脂肪酸		
α−エレオステアリン酸	(構造式)	48
タリル酸	$CH_3(CH_2)_{10}C≡C(CH_2)_4COOH$	51
イサン酸	$CH_2=CH(CH_2)_4C≡C-C≡C(CH_2)_7COOH$	39
ラクトバシル酸	$CH_3(CH_2)_5CH\underset{\underset{CH_2}{\diagup\diagdown}}{-}CH(CH_2)_9COOH$	28
ベルノル酸	$CH_3(CH_2)_4CH\underset{\underset{O}{\diagdown\diagup}}{-}CH\ CH_2CH=CH(CH_2)_7COOH$	30

ほとんど不安定なシス型をとっている。このため脂肪酸は，二重結合のところで折れ曲がり，ゆがみを生じてくる。したがって，分子が密に重ならなくなって脂肪酸の物理的な性質に影響を及ぼす。

すなわち，トランス体にくらべて融点は大きく低下し，有機溶媒への溶解度も増してくる。天然の不飽和脂肪酸は室温ですべて液体であるが，不飽和脂肪酸で構成されている膜脂質が，流動性であるのもこのこととおおいに関係している。これについては後述する（108頁参照）。類似の炭素数をもつ飽和および不飽和脂肪酸の分子構造と融点との関係に注目してほしい。

ステアリン酸（mp 69.6 ℃）

トランス型
エライジン酸（mp 44〜45 ℃）

フマール酸（mp 200 ℃）

シス型
オレイン酸（mp 13.4 ℃）

マレイン酸（mp 130.5 ℃）

特殊脂肪酸はおもに微生物，とくに細菌の脂質に含まれており，動植物に含まれる脂質が直鎖状であるのに対して，枝分かれやシクロプロパン酸などを主体とするものが多い。

一般に，グリセリドやグリセロリン脂質のように代謝に関係のある脂

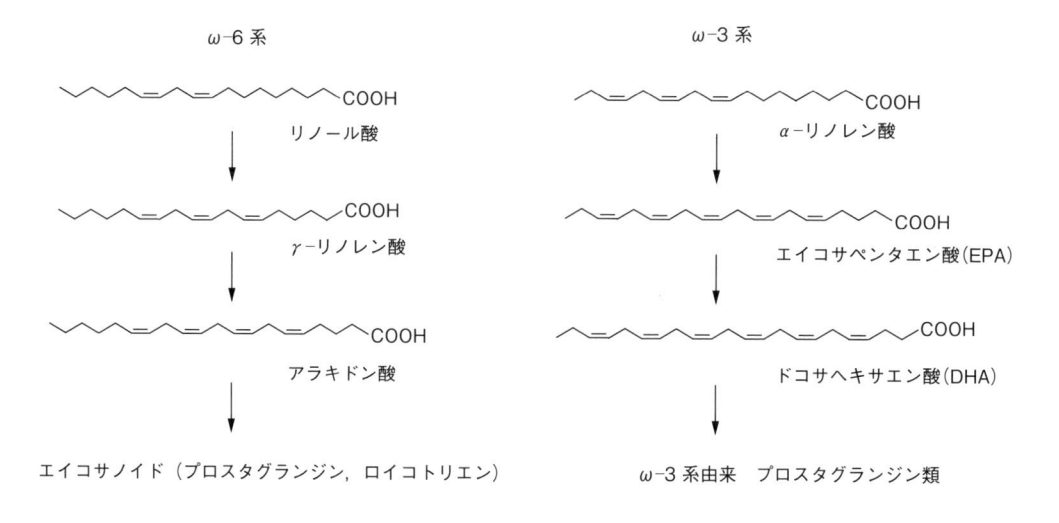

ω-6 系
リノール酸
↓
γ-リノレン酸
↓
アラキドン酸
↓
エイコサノイド（プロスタグランジン，ロイコトリエン）

ω-3 系
α-リノレン酸
↓
エイコサペンタエン酸(EPA)
↓
ドコサヘキサエン酸(DHA)
↓
ω-3 系由来　プロスタグランジン類

質ではC$_{16～18}$を中心とした飽和および不飽和脂肪酸を，固体ろう類ではC$_{20}$以上の高級飽和脂肪酸を主体とするものが多いが，脳のセレブロシドのようにC$_{24}$の脂肪酸，およびそのα-オキシ酸を多く含む特異な脂質もある。

また，人をはじめとする哺乳動物は，リノール酸やα-およびγ-リノレン酸などの不飽和脂肪酸を合成できず，食物より摂取しなければならない。したがって，これらの脂肪酸を必須脂肪酸という。とくにこれらの必須脂肪酸は，生体で局所ホルモンとしての作用のあるω-6系およびω-3系由来のエイコサノイド（プロスタグランジン，ロイコトリエンなど）の前駆体となり，その重要性が特に指摘されるようになっている（4-6参照）。

すなわち，近年日本人の食生活が欧米化するにつれ，生活習慣病，特に動脈硬化，がん（乳がん，大腸がん）などの増加と脂肪の摂取量との関係が指摘されている。脂肪の中のω-6系とω-3系不飽和脂肪酸のバランスが問題である。その比率1～2が望ましいとされているが，そのためには伝統的な和食，特にω-3系のDHAやEPAが多く含まれる魚類を毎日一度は食べ，ω-6系のリノール酸含量の多い植物油，乳製品，肉類を減らすことが必要である。なぜならば生活習慣病と密接に関係し

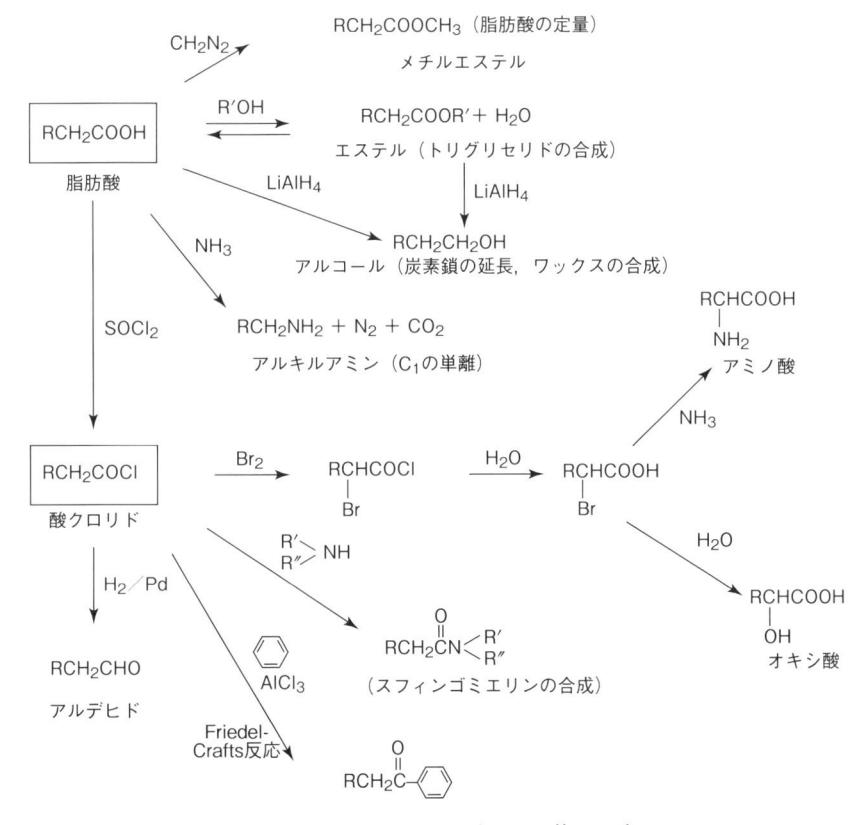

図4-1 脂肪酸のカルボキシル基の反応

ていると考えられているω-6系由来のエイコサノイドの生合成をDHAやEPAが阻害するからである。

脂肪酸の反応

脂肪酸の反応は，カルボキシル基の反応と，不飽和炭化水素との反応に大別される。したがって脂質由来の脂肪酸もこの2つの反応の応用となる。カルボキシル基の反応としては，エステル化・酸塩化物・還元・置換などの反応が代表的なものであり，一方，不飽和炭化水素の反応としては，還元，付加，酸化反応が知られている。ここでは，これらの反応の概略と脂質への応用を図4-1に示した範囲にとどめ，脂質に特有な反応についてだけ述べることとする。

前述のカルボキシル基特有の反応を利用して，トリグリセリド，ワックスおよびスフィンゴミエリンの合成などが行われる。また，脂肪酸とジアゾメタンの反応によるメチルエステル化を利用して，混合脂脂酸のガスクロマトグラフィーによる分離・定量が行われている。

不飽和脂肪酸に特有な反応には，付加・還元・酸化分解がある。

$$R-CH=CH-(CH_2)_8COOH \xrightarrow{H_2/Pd} RCH_2CH_2(CH_2)_8COOH$$

$$\xrightarrow{X_2} RCHXCHX(CH_2)_8COOH$$

$$\xrightarrow{O_3} R-CH\underset{O-O}{\overset{O}{-}}CH-(CH_2)_8COOH \begin{array}{l}\xrightarrow{(H)} RCHO + O=\overset{H}{C}(CH_2)_8COOH \\ \xrightarrow{(O)} RCOOH + \underset{COOH}{\overset{COOH}{(CH_2)_8}}\end{array}$$

$$\xrightarrow{KMnO_4} RCOOH + \underset{COOH}{\overset{COOH}{(CH_2)_8}}$$

不飽和脂肪酸の二重結合の1つは，白金やパラジウムを触媒として，1モルの水素を吸収して飽和脂肪酸となる。また，ハロゲンの二重結合への付加は，ヨウ素価として脂質の不飽和度をあらわすのに利用されている。すなわち，ヨウ素価とは，油脂100 gに付加するヨウ素のグラム数をいい，この価が大きいほど油脂中の脂肪酸に不飽和結合が多いことを示している。また，不飽和脂肪酸の二重結合の数や位置を知るのに，オゾン酸化や過マンガン酸カリウムによる酸化分解反応が利用される。

2個以上の二重結合をもつ脂肪酸を空気中に放置すると，自動酸化（autooxidation）とよばれる反応が起こる。この反応は，まず，二重結合に隣接するメチレン基（活性メチレン基）から光および熱などにより水素原子が除かれ，分子状酸素と反応してペルオキシラジカルが生じ，これが他の活性メチレン基から水素を引き抜いて連鎖反応が起こる。そして最終的にはラジカル同士の重合がおこり，固い樹脂状の物質を生成

酸化ストレス

生体の酸化レベルは活性酸素産出系と消費系のバランスで規定され，通常はほぼ一定に保たれている。しかし薬物，放射線，虚血など，さまざまな生体，環境要因でこのバランスが崩れ，酸化傾向にある状態を酸化ストレス（oxidative stress）とよぶ。例えば活性酸素，活性酸素誘導体，重金属イオン，紫外線などが抗酸化剤を上回っているときは酸化ストレスの状態と考えられる。酸化ストレスの結果，細胞障害（細胞膜の脂質過酸化），DNA塩基の修飾による突然変異，アポトーシス誘導，発がん，タンパク質の修飾による老化などがおこる。

する。ペンキを溶かすのに用いられるアマニ油は，不飽和度の高い脂肪酸を含んでいるので乾くにつれ重合化が進んでいく。

一方，生体内では酸化ストレスによる活性酸素（$O_2^{-·}$, H_2O_2や·OHなど）で，細胞膜の構成成分である脂質に同様な自動酸化が起こり，過酸化脂質の蓄積とそれにともなう反応性の高い種々の分解物により膜やタンパク質や核酸などが障害を受けると，炎症，動脈硬化，がん化などの原因となり，また老化ともおおいに関連しているといわれている（後述，核酸の項）

> **活性酸素**
>
> 生体のエネルギー産出に不可欠な酸素分子の数％は生体内で活性酸素とよばれる反応性の高いフリーラジカルに変化するとされている。一重項酸素（$^1O_2$），スーパーオキシドアニオンラジカル（$O_2^{-·}$），ヒドロキシラジカル（·OH）などを指すが一酸化窒素（NO）由来のペルオキシナイトライト（$ONOO^-$），塩素を含む活性分子（OCl^-），過酸化水素（H_2O_2）なども含めた反応性の高い分子種の総称を活性酸素とよぶ。

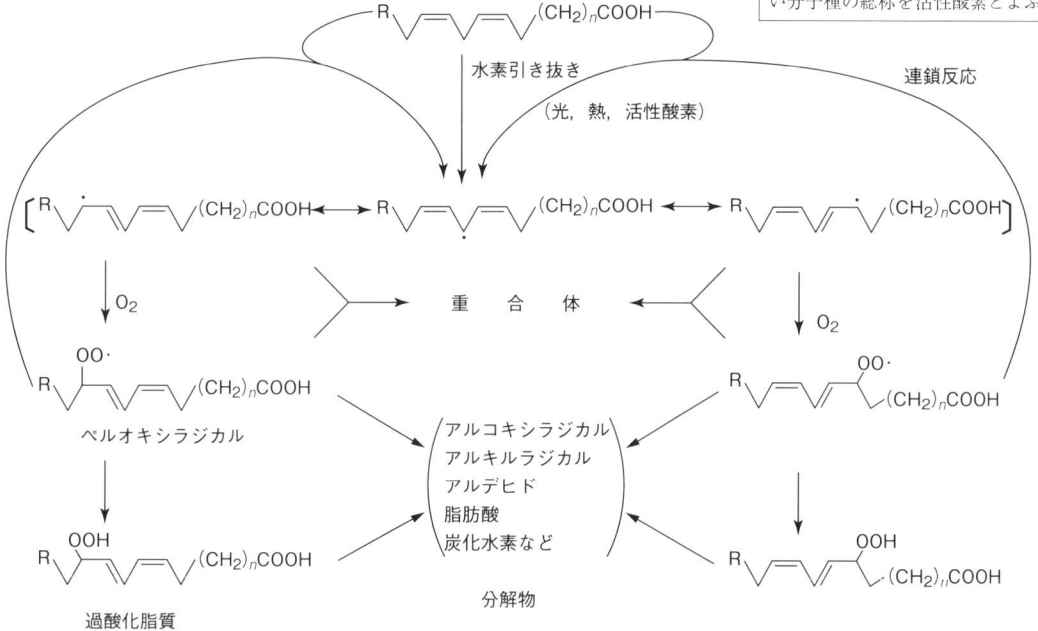

4-2 単純脂質

加水分解すると，グリセリンと高級脂肪酸になる中性脂肪（油脂）や高級アルコールと脂肪酸に分解するろう（ワックス）がある。

4-2-1 中性脂肪（トリグリセリド）

脂肪酸とグリセリンとからできるエステルを一般にグリセリドといい，その中でグリセリンの1個の水酸基がエステルになったものをモノグリセリド，2個の水酸基がエステルになったものをジグリセリド，3個の水酸基が全部エステルになったものをトリグリセリドあるいはトリアシルグリセロールという。

モノグリセリド（モノアシルグリセロール）

炭素の番号
1位またはα位
2位またはβ位
3位またはα位

$$\text{CH}_2\text{OH} \atop \text{HOCH} \atop \text{CH}_2\text{OH} \quad + \quad {\text{R}_1\text{COOH} \atop \text{R}_2\text{COOH}} \quad \xrightarrow{-2\text{H}_2\text{O}} \quad \text{R}_2\text{COCH} \atop \text{CH}_2\text{OH}}$$

ジグリセリド（ジアシルグリセロール）

$$\text{CH}_2\text{OH} \atop \text{HOCH} \atop \text{CH}_2\text{OH} \quad + \quad {\text{R}_1\text{COOH} \atop \text{R}_2\text{COOH} \atop \text{R}_3\text{COOH}} \quad \xrightarrow{-3\text{H}_2\text{O}} \quad \text{R}_2\text{COCH} \atop \text{CH}_2\text{OCR}_3}$$

トリグリセリド（トリアシルグリセロール）

　これらの化合物は，いずれも電化をもたないので中性脂肪とよばれている。モノグリセリドやジグリセリドは，生合成中間体であり，自然界にはあまり存在しないが，トリグリセリドは体内で脂肪組織にたくわえられて細胞のエネルギー源となっているので，生体にとって大変重要な化合物である。典型的なトリグリセリドの1つであるトリパルミチンの構造を示す。トリグリセリドのアシル基は同じであっても異なっていても，また飽和であれ不飽和脂肪酸からのものであってもかまわないが，一般にトリ不飽和脂肪酸からのものが多い。

トリパルミチン

　中性脂肪は，脂肪と脂肪油に分けられる。
　脂肪とは常温で固体のものをいい，動物脂肪ヘッド（牛脂）やラード（豚脂）などがある。
　一方，脂肪油とは常温で液体のものをいい，ダイズ油，ナタネ油，およびオリーブ油などの植物油がある。一般に，トリグリセリドが固体であるか液体であるかは，その成分の脂肪酸の長さと不飽和度におおいに関係している。さきに脂肪酸のところで述べたように，飽和脂肪酸の鎖が長くなると融点は高くなり，一方，不飽和度が高くなると融点が低くなることを思い出して欲しい。動物脂肪は，パルミチン酸，ステアリン酸など分子量の大きい飽和脂肪酸のグリセリドの含量が多く，食物油はオレイン酸などのような分子量の大きい不飽和脂肪酸や，分子量の比較

的小さい脂肪酸のグリセリドの含量が多い。

　魚油など不飽和度の高い脂肪油に，ニッケルを触媒にして高温で水素を接触的に添加すると，水素が二重結合に付加し，固体の飽和脂肪に変わる。この行程を硬化といい，得られた脂肪を硬化油という。人造バター，石けんなどの製造に用いられる。マーガリンはコーン油や綿実油などをバター程度の固さになるまで水素添加したものに，香りや着色剤を加えて練ったものである。

　次の反応は，代表的な硬化油の例である。

$$CH_3(CH_2)_7CH=CH(CH_2)_7COOCH_2 \atop \displaystyle{CH_3(CH_2)_7CH=CH(CH_2)_7COOCH \atop CH_3(CH_2)_7CH=CH(CH_2)_7COOCH_2}} \xrightarrow{3H_2 \atop Ni, 180℃} {CH_3(CH_2)_{16}COOCH_2 \atop \displaystyle{CH_3(CH_2)_{16}COOCH \atop CH_3(CH_2)_{16}COOCH_2}}$$

オレイン酸グリセリド（液体）　　　　　　　　　　　　　ステアリン酸グリセリド（固体）

　脂肪酸を空気中に放置すると，一部変化して黄色となり，また悪臭を放ち食品の変色の原因となる。これは酸敗とよばれ，二重結合を多く含む脂肪酸の自動酸化によるものである。また，この不飽和度の多少により脂肪油は乾性油，半乾性油，および不乾性油に分類される。乾性油は，ヨウ素価130以上のもので，空気名で徐々に樹脂状の固体となる。アマニ油，桐油などがあり，油紙や印刷インキ，ペイントなどに用いられる。半乾性油はヨウ素価130～100のものをいい，乾燥性がどちらからというと弱い。ゴマ油，ナタネ油，綿実油などがあり，天ぷら油や食用油に用いられる。一方，不乾性油は，ヨウ素価100以下のもので，ヒマシ油，ヤシ油，オリーブ油などがある。整髪油や潤滑油として用いられている。

　トリグリセリドを水酸化ナトリウム溶液とともに加熱すると，加水分解されてグリセリンと高級脂肪酸のナトリウム塩になる。

$$\begin{matrix} CH_2OCR_1 \\ R_2COOCH \\ CH_2OCR_3 \end{matrix} + 3\,NaOH \longrightarrow \begin{matrix} R_1COONa \\ R_2COONa \\ R_3COONa \end{matrix} + \begin{matrix} CH_2OH \\ HOCH \\ CH_2OH \end{matrix}$$

トリグリセリド　　　　　　　　　　　　　脂肪酸ナトリウム　　グリセリン
　　　　　　　　　　　　　　　　　　　　（石けん）　　　　（グリセロール）

　このようにして得られる高級脂肪酸のナトリウム塩を石けんという。この反応を，石けんを製造する反応という意味のラテン語からけん化（saponification）とよぶ。生体では，加水分解酵素リパーゼが同様の反応で脂肪を脂肪酸とグリセリンとに分解する。古くから洗濯や浴用に使

われている石けんは, ナトリウム塩に色素や香料などを配合したもので, ソーダ石けんといい, 一方, カリウム塩の場合にはカリ石けんという。

4-2-2 ろ う

グリセリドは高級脂肪酸とグリセロールとのエステルからなっている化合物であるが, ろう (wax) はこのグリセリンのかわりに高級アルコールと脂肪酸とからできたエステルである。

$$CH_3(CH_2)_nCOOH + CH_3(CH_2)_nOH \longrightarrow CH_3(CH_2)_n\overset{O}{\overset{\|}{C}}O(CH_2)_nCH_3$$

脂肪酸　　　　　　高級アルコール　　　　　　　　　　　ろう

普通, 炭素数C_{16}〜C_{30}程度の高級飽和酸, および高級飽和アルコール, またはトリテルペンアルコール, ステアリン酸などから構成されている。水に不溶で化学的に不活性である。自然界に広く分布しており, 動植物体表面では安定な被覆保護物質としての役割を果たしている。植物の葉の表面では水の蒸発を防ぎ, また昆虫, 水鳥, 羊毛などが水をはじくのはろうのためである。蜜蜂が作る蜜ろう, まっこう鯨の頭部からとれる鯨ろうなど軟膏, 化粧品基剤などに用いられる。

蜜ろう　　　　　　　　　　　鯨ろう
$C_{15}H_{31}COOC_{30}H_{61}$　　　　　　$C_{15}H_{31}COOC_{16}H_{33}$
ミリシルパルミテート　　　　セチルパルミテート

4-3 複合脂質

脂肪酸を共通成分として, その他にリン酸, 窒素塩基, グルコースやガラクトースなどの糖類, アミノ酸やタンパク質などが結合したものを一般に複合脂質という。その種類は多く, 生体膜成分として重要である。単純脂質と同じように, 疎水基とリン酸エステルや糖のような親水基をもつ両親媒性を示し, 界面活性剤としての性質がある。リン脂質, スフィンゴ脂質, 糖脂質, およびタンパク脂質などが含まれる。

4-3-1 リン脂質

リン脂質は, ほとんどすべての細胞構造に見いだされる複合脂質で, リン酸を含むことが特徴でホスホリピッドともいわれる。

トリアシルグリセリド　　　ホスホグリセリド　　　　　ジアシルグリセリド
　　　　　　　　　　　　　（ホスファチジン酸）

リン脂質の基本構造は，中性脂肪であるトリアシルグリセリドのC_3位のアシル基が，リン酸におきかわったエステル，あるいはまたジアシルグリセリドのリン酸エステル誘導体でもあり，リン酸ジアシルグリセロール，すなわちホスファチジン酸（ホスホグリセリド）である。

したがって，ホスホグリセリドはカルボン酸エステルでもあり，またリン酸エステルでもある。一般に，リン酸はアルコールとつぎのような3つのエステルを作ることが可能である。

（リン酸　　モノエステル　ジエステル　トリエステル　　リン酸エステル）

リン酸は強い酸性であり，そのエステルであるモノエステルもジエステルも溶液中では陰イオンとして存在する。

たとえば，モノリン酸エステルの場合では

したがって，ホスファチジン酸の場合も水溶液中では上のように2個の負の電荷をもっているものと考えられる。

ホスファチジン酸は，さらに2個のエステル結合のできる水酸基をもっているので，種々の異なったホスホグリセリドが生成される。動植物のリン脂質の半分以上を占める代表的なレシチンは，ホスファチジン酸とコリンとから生成される。

（ホスファチジン酸　　コリン　　レシチン（ホスファチジルコリン））

表4-2にホスファチジン酸誘導体に属するグリセロリン脂質で代表的

表4-2 おもなグリセロリン脂質(ホスファチジン酸誘導体)

一般式

$$\begin{array}{c} \quad\quad\quad O \\ \quad\quad\quad \| \\ \quad\quad CH_2OCR_1 \\ O \\ \| \\ R_2COCH \quad O \\ \quad\quad\quad \| \\ \quad\quad CH_2O-P-OX \\ \quad\quad\quad | \\ \quad\quad\quad O^- \end{array}$$

リン脂質名	構造, -X	おもな所在, その他
ホスファチジン酸	-H	植物葉, グリセロ脂質の生合成中間物
ホスファチジルコリン(レシチン)	$-CH_2CH_2N^+(CH_3)_3$	脳, 卵黄, 種子
ホスファチジル(N,N-ジメチル)エタノールアミン	$-CH_2CH_2N(CH_3)_2$	レシチン生合成中間物
ホスファチジル(N-メチル)エタノールアミン	$-CH_2CH_2NHCH_3$	レシチン生合成中間物
ホスファチジルエタノールアミン	$-CH_2CH_2NH_2$	脳, 卵黄, 種子
ホスファチジルセリン	$-CH_2CH(NH_2)COOH$	脳, 肝臓, 肺, 種子
ホスファチジルグリセロール	$\begin{array}{l} H_2COH \\ HCOH \\ -CH_2 \end{array}$	葉緑体 Bacillus cereus
ホスファチジルグリセリン-O-アミノ酸エステル	$\begin{array}{l} H_2CO-CO-CH-R \\ HCOH \quad\quad NH_2 \\ -CH_2 \end{array}$	細菌 (Staphylococcus aureus, その他)
ジホスファチジルグリセロール(カルジオリピン)	$\begin{array}{l} R\cdot CO\cdot OCH_2 \\ R'\cdot CO\cdot OCH \\ -CH_2\cdot CHOH\cdot CH_2\cdot O\quad OCH_2 \end{array}$	心臓, 種子, 細菌
ホスファチジルイノシトール	(イノシトール環: OH×6)	脳, 肝臓, 種子, 酵母, 結核菌
ホスファチジルイノシトール-4-一リン酸エステル	(イノシトール環に $O\cdot PO_3H_2$)	脳, 神経組織, 肝臓, 副腎, すい臓, その他の内臓
ホスファチジルイノシトール-4,5-二リン酸エステル	(イノシトール環に $H_2PO_3\cdot O$, $O\cdot PO_3H_2$)	

なものを示す。

なお,ホスファチジルセリンのような酸性リン脂質は,生体内ではCa,Mg,K,Naなどの塩として存在している。

グリセロリン脂質の構成脂肪酸はおおむねC_1-位に飽和脂肪酸,または低級不飽和脂肪酸,C_2-位に高度不飽和酸と結合する傾向が強い。この傾向は,トリグリセリドの脂肪酸分布の傾向と似かよっている。

加水分解に対して,一般にリンと酸素の間で開裂する。たとえば,レシチンを例にとると,脂肪酸,ホスファチジン酸,コリンに分解する。

[化学反応式: ホスファチジルコリンの加水分解]

一方，種々のタイプのホスホリパーゼで特異的に加水分解される。

[図: ホスホリパーゼA₁, A₂, C, Dの作用部位]

プラスマローゲンはグリセロリン酸の1-アルケニルエーテル誘導体で，グリセリル基のC_2-位は脂肪酸とエステル結合しており，構造的にはホスファチジル型のリン脂質と大変類似している。動物組織に広く分布し，微生物にも見いだされているが，植物からはまだ発見されていない。脳，筋肉の全リン脂質の10％を占めており，アルツハイマー病や認知症の予防や改善が期待されている物質である。またプラスマローゲンのアルケニル基が飽和のアルキル基になったグリセリル-エーテル脂質も，動物諸組織，赤血球，骨髄，軟体動物などに広く分布する。

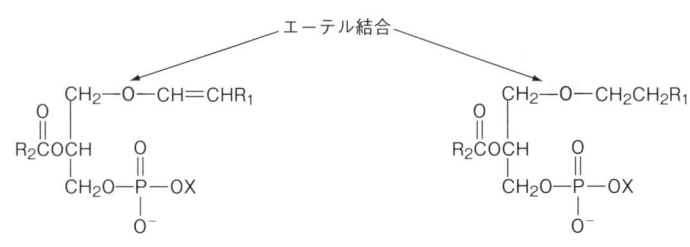

[化学構造式: プラスマローゲンとグリセリル-エーテル脂質]

X＝H　　　　　　　　　プラスマローゲン　　　　　X：エタノールアミン，
　－$CH_2CH_2NH_2$　　 エタノールアミンプラスマローゲン　　コリン，その他
　－$CH_2CH_2\overset{+}{N}(CH_3)_3$　コリンプラスマローゲン
　－CH_2CH－COOH　 セリンプラスマローゲン
　　　　　NH_2

リン脂質は，分子中に非極性炭化水素成分と高度に極性のある親水性基をもつので極性脂質ともいわれる。この特性のため，リン脂質は石け

んと同じように，水中でミセルを形成することができる。生体では膜の構成成分として非常に重要である。

未熟児にリン脂質代謝異常が生じると，充分な量のレシチンが合成されず，したがってレシチンの肺界面活性作用がなくなり，肺胞気空が安定化されず呼吸窮迫症となる。未熟児の死亡の主要原因の1つとなっている。

4-3-2 スフィンゴ脂質

スフィンゴ脂質は，多くの組織の中で動物の膜とか脳や神経系に見いだされ，膜構造の重要な構成成分である。母核がグリセリンのかわりに長鎖の不飽和アミノアルコールであるスフィンゴシンであるので，スフィンゴ脂質といわれる。スフィンゴシンの一級アルコールにリン酸基がエステル結合し，一級アミノ基に脂肪酸が結合してアミド結合となり，多くの誘導体ができる。代表的な誘導体を示す。

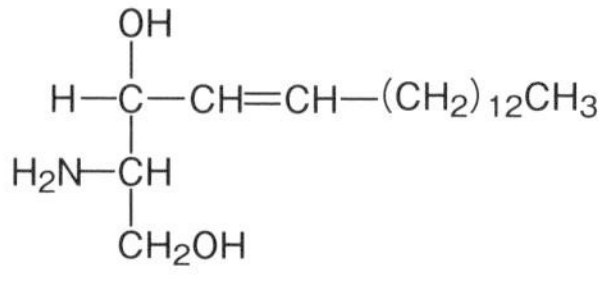

スフィンゴシン

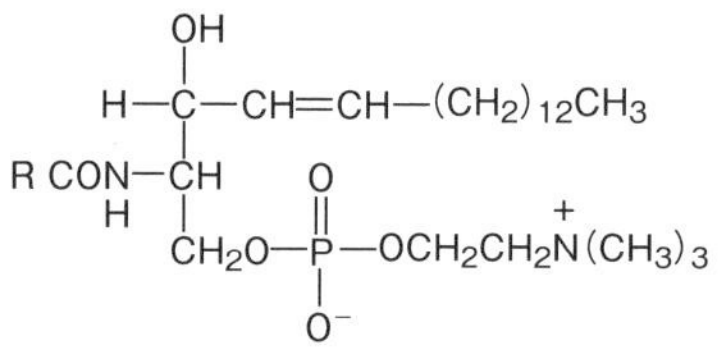

スフィンゴミエリン

4-3-3 糖 脂 質

糖脂質とは，リン酸を含まずにアルコールと脂肪酸と糖から構成されている脂質をいう。アルコールの種類によってグリセロ糖脂質とスフィンゴ糖脂質とに分類される。とくに後者は動物組織の重要な脂質として多くの物質が知られている。

スルホリピドといわれる糖脂質は，糖の一部が硫酸エステルまたはスルホン酸型になったものである。

グリセロ糖脂質の主なものを示す。

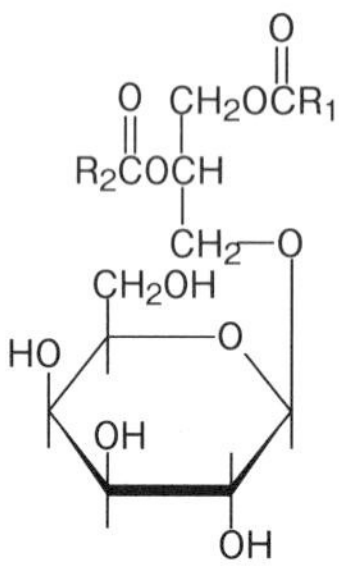

モノガラクトシルジグリセリド 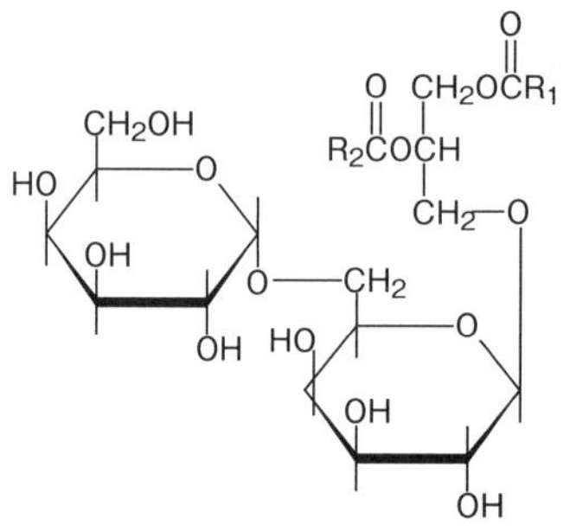　　ジガラクトシルジグリセリド

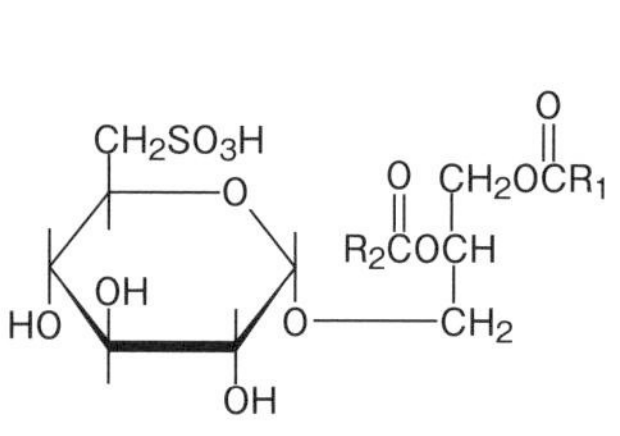

6-スルホ-6-デオキシ-α-D-グルコピラノシル-(1-1′)-2′,3′-ジ-O-アセチル-D-グリセロール（スルホリピド）

植物スルホ脂質はとくに葉緑体の膜に多く，光合成に密接に関係する脂質と考えられる。スフィンゴ糖脂質は母体のアルコールがスフィンゴ

シンからなっている。そのスフィンゴシンに脂肪酸がアミド結合したものをセラミドといい，このセラミドに糖が1つ結合した場合，その化合物をセレブロシドとよび，ガラクトースが結合した場合ガラクトシルセラミドという。セレブロシドにさらに糖が数個結合したものを一般にスフィンゴ糖脂質といい，神経刺激伝達に重要な作用をしたり，血液型などにも関与している。以下にABO式血液型のA型抗原，B型抗原およびO型赤血球の主要抗原であるH抗原の構造を示す。

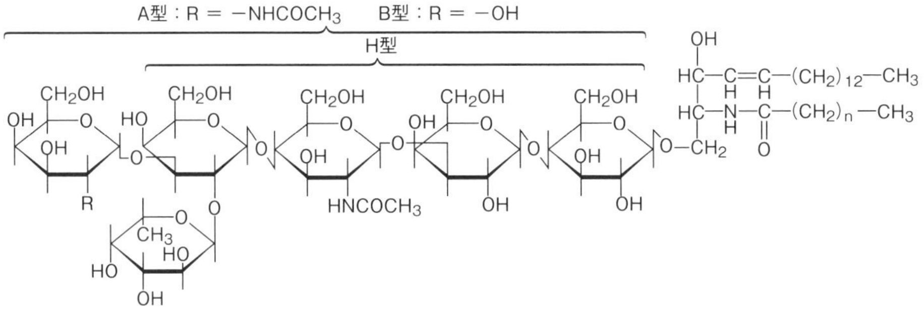

A型：R＝－NHCOCH$_3$　　B型：R＝－OH

ガングリオシドは脳に多く存在する一群のスフィンゴ脂質の総称で，N-アセチルノイラミン酸（シアル酸）を含む特異なオリゴグリコシルセラミドである。この糖脂質ガングリオシドは，細胞表面に存在し，ウイルスや細胞毒素の受容体機能，細胞の認識，接着，分化，増殖，がん化，免疫応答，脳神経機能など，実に多彩な生命現象に深くかかわっていて，最近，大いに注目されている。GM$_1$，GM$_2$，GM$_3$の構造を示す（GMのGはガングリオシドをMはモノシアロの意味）。

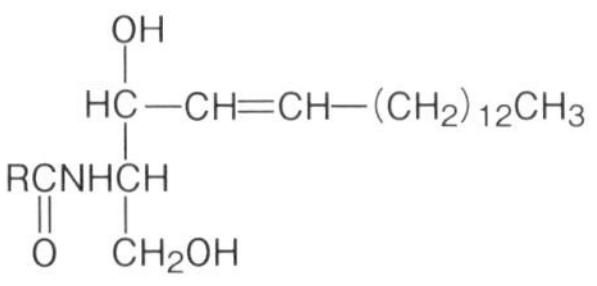

セラミド（母核）

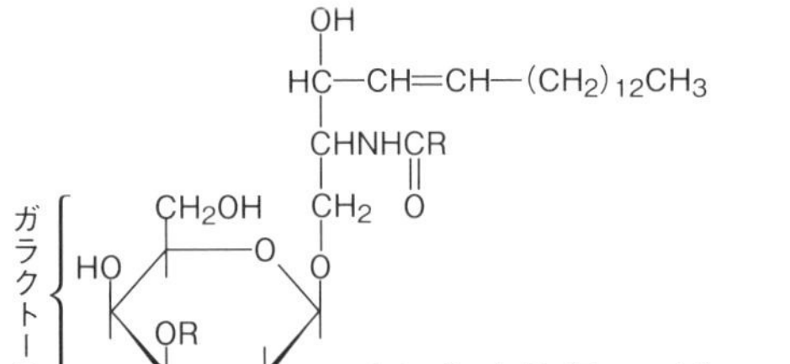

セレブロシド（R＝H）
スルファチド（R＝SO$_4^{2-}$）

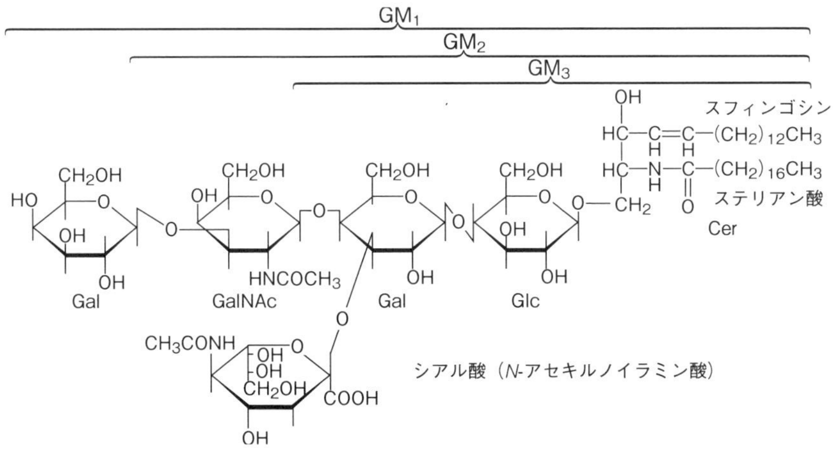

GM$_1$
GM$_2$
GM$_3$

スフィンゴシン
ステアリン酸
Cer

Gal　GalNAc　Gal　Glc

シアル酸（N-アセチルノイラミン酸）

Note 6　石けんの性質とその働き

石けんはなぜ汚れを落とすのだろうか。これを理解するには、まず石けんの性質を知らなければならない。石けんは高級脂肪酸のNa塩、あるいはカリウム塩であり水によく溶ける。構造を見てみると、分子中に水に溶けにくい炭化水素基（疎水性あるいは親油性）と親水性のイオンの部分をもっている。すなわち、両親媒性である。

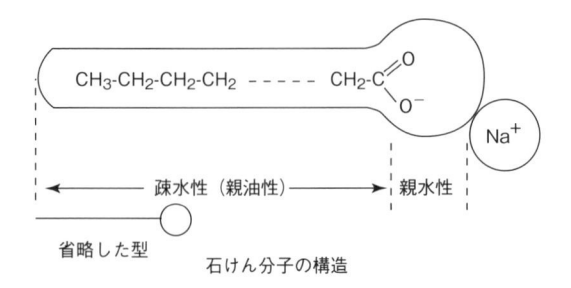

石けん分子の構造

この石けんを水に加えると、どうなるであろうか。

水の表面では、石けん分子は疎水性の基を上に、親水性の基を水につけて一列に並ぶ(1)。

ついで良く振りまぜると、石けん分子は水中で親水性基を外側に、疎水性基を内側にしてミセルを形成する。したがって、石けんでは、ミセル表面は-に、+に帯電したナトリウムイオンはミセルの近くにある(2)。この石けん水に油を混ぜて振りまぜると、油が細かい粒になって石けん水の中に混ざった乳濁液となる。このとき油は乳化されたという。すなわち、疎水性（親油性）の炭化水素の部分が油の中に入り、親油性同士が混じりあう。親水性のイオンは外側に並び、あたかもミセルの中に油（脂肪）がつつまれて安定な状態となっているようになる(3)。

石けんが汚れを落とすのは、石けん水が油脂を乳化する性質があることと、表面張力が小さく細かい布の繊維の中にしみ通っていく性質、つまり界面活性作用があることによる。

布などについた油の汚れは、石けん水中につけると石けん分子の疎水性の部分が油の汚れと親和して油を包みこむようになり(5)、布と油の親和力より強くなって油を布から離し、コロイド粒子の中に取り込み、水中に分散させる(6)。石けんの疎水性の一部は布についているが、水洗いすることにより、汚れはもとより石けん分子も離れていく。このようにして、石けんは洗浄作用をもつのである。

石けんは、弱酸である脂肪酸と、塩基である水酸化ナトリウム、あるいはカリウムからできる塩であ

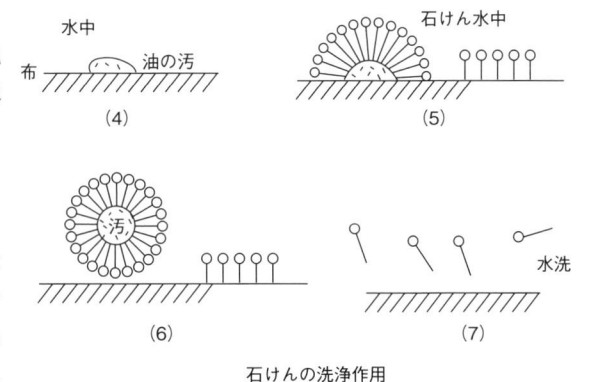

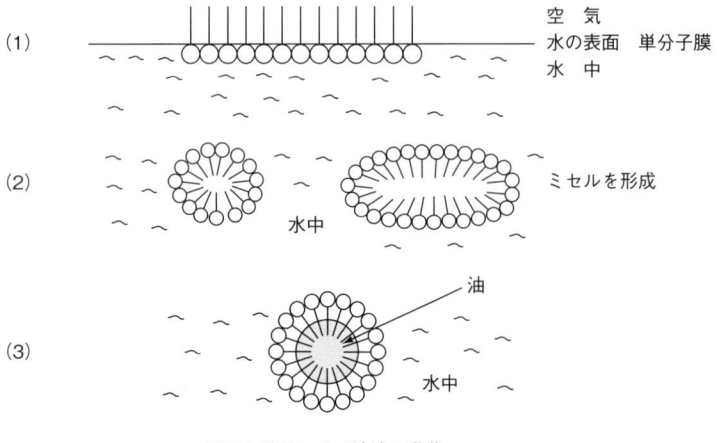

石けんの洗浄作用

石けん分子による油滴の乳化

るので，その水溶液は弱アルカリ性を示す。したがって，アルカリに弱い毛糸や絹などの洗たくには使えない。

$$RCOO^-Na^+ + H_2O \rightleftharpoons RCOOH + Na^+ + OH^-$$

石けん水に酸を加えると，弱酸である高級脂肪酸は追い出されて析出してくる。したがって酸性の強い水中では石けんの洗浄作用は弱くなる。

$$RCOONa + HCl \longrightarrow RCOOH + NaCl$$

また石けんは海水や硬水の中では泡立たず，洗浄効力は失われる。これは，海水や硬水中に含まれている Ca^{2+}，Mg^{2+} が石けんの高級脂肪酸のイオンと反応し，水に難溶性の塩をつくるからである。

$$\underset{\text{水に可溶}}{2\,RCOONa} + Ca^{2+} \longrightarrow \underset{\text{水に不溶}}{(RCOO)_2Ca\downarrow} + 2\,Na^+$$

このような石けんの欠点を補うため，いろいろな合成洗剤が作られている。つまり，石けんと同じように疎水性の長い鎖状炭化水素基と，親水性のイオン性基とからなるものは界面活性作用や乳化作用をもち，したがって洗浄作用があるはずであり，このような考えに基づいて作られたのが合成洗剤である。代表的な合成洗剤として，1-ドデカノール，1-ヘキサデカノールなどの高級アルコールに硫酸を作用させ硫酸エステルとし，それをナトリウム塩としたものがある。

また，高級炭化水素からつくられるアルキルベンゼンスルホン酸ナトリウム（ABS）や直鎖型アルキルベンゼンスルホン酸ナトリウム（LAS）も洗剤に使われる。

最初にABSが作られたが，アルキル基が枝分かれしているため，河川の微生物が分解せず河川を泡でおおってしまうようになった。そこで，バクテリアによく分解される直鎖型のLAS系の合成洗剤が使われるようになり，泡の問題はなくなった。合成洗剤は一般にアルキル硫酸のナトリウム塩であるので，中性であり，したがって中性洗剤ともよばれている。絹や羊毛，化学繊維などを洗うのに適している。また，カルシウムやマグネシウムイオンがあっても，水に不溶の塩をつくらないので，海水や硬水でも使える。石けんや多くの合成洗剤とは違って，イオンの電荷が逆になっている場合もある。つまり，親水性部分が陽イオンとなり，それに塩化物イオンが結合したもので，つぎの例に示すように，Rは炭素鎖8〜18の炭化水素基である。これを逆性石けん，または陽性石けんといい，乳化や泡立ちなどの作用が強く，殺菌作用も強い。

$$\left[C_6H_5CH_2 - \underset{CH_3}{\overset{CH_3}{\underset{|}{\overset{|}{N}}}} - R \right]^+ Cl^-$$

$$C_{12}H_{25}OH + HOSO_2OH \xrightarrow{\text{エステル化}} C_{12}H_{25}OSO_2OH + H_2O$$
1-ドデカノール

$$\downarrow NaOH$$

$$\underset{\text{疎水性基（親油性基）}}{\underbrace{CH_3CH_2CH_2CH_2CH_2CH_2CH_2CH_2CH_2CH_2CH_2CH_2}} - \underset{\text{親水性基}}{\underbrace{OSO_2O^-Na^+}} + H_2O$$

$$\underset{\text{アルキルベンゼンスルホン酸ナトリウム（ABS）}}{CH_3\overset{CH_3}{\underset{|}{CH}}-CH_2-\overset{CH_3}{\underset{|}{CH}}-CH_2-\overset{CH_3}{\underset{|}{CH}}-CH_2-\overset{CH_3}{\underset{|}{CH}}-\underset{}{\bigcirc}-SO_2O^-Na^+}$$

$$\underset{\text{直鎖型アルキルベンゼンスルホン酸ナトリウム（LAS）}}{CH_3-CH_2-CH_2-CH_2-CH_2-CH_2-CH_2-CH_2-CH_2-CH_2-\overset{CH_3}{\underset{|}{CH}}-\underset{}{\bigcirc}-SO_2O^-Na^+}$$

Note 7　細胞膜の構造

　細胞膜は細胞の内と外とをしきる境界膜で，細胞への物質の出入りはこの膜を通して行われる。細胞膜は半透膜であるが，脂質に溶けやすい物質，たとえばアルコールや尿素のような低分子や，ショ糖やタンパク質などの高分子などを選択的に通す性質がある。また呼吸によって生じたエネルギー（ATP）を使って能動輸送するなどの特性を示す。

　このように独特の性質をもつ細胞膜の構造はどうなっているのであろうか。

　細胞膜はリン脂質が脂質二重層に組みこまれ，その中にタンパク質が埋めこまれた状態と考えられている。リン脂質（ホスファチジルコリン，ホスファチジルエタノールアミン，スフィンゴミエリンなど）は石けん分子と同じように分子中に疎水性部分と親水性部分をもっている。つぎのホスファチジルコリンと石けん分子とを比較してほしい。

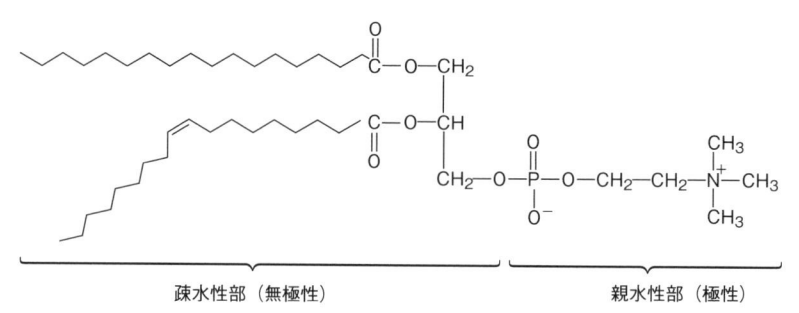

2-O-オレオイル-1-O-ステアロイル-3-O-ホスホリルコリングリセロール

疎水性部（無極性）　　　親水性部（極性）

無極性尾部　極性頭部　　　　石けん分子

ミセル　　脂質二重層　　リポソーム

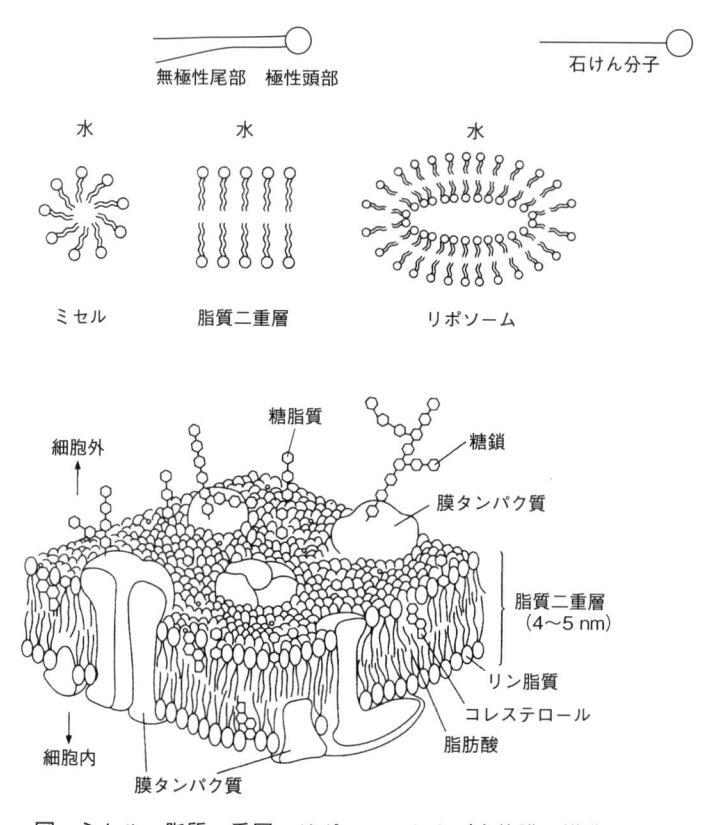

図　ミセル，脂質二重層，リポソームおよび生体膜の構造
（三浦敏明，酒田和彦，矢沢洋一，熊野秀典，斎藤　衛，『ライフサイエンス系の化学』，三共出版）

したがって，リン脂質は簡略化すると極性の頭部と無極性の2つの尾部をもち，二重結合があると尾部はその部分で折れ曲がった構造となる。石けん分子は水の中で疎水性の炭化水素部分を内側に，親水性の頭部を外側に拡げて，単分子層，いわゆるミセルを形成するが，リン脂質も同じようにミセルを形成する。しかも，複数の疎水性炭化水素鎖をもつので2分子層状ミセルである脂質二重層をつくりやすくなる。しかしこの脂質二重層では両端が水と接触し，不安定となるので，両端が閉じ，水を内部に取り込んだ球状の小胞になりやすい。これをリポソームといい，細胞膜などの生体膜のモデルとして利用されている。

細胞には核，ミトコンドリア，小胞体などの細胞内小器官は生体膜で仕切られており，また細胞同士も細胞膜で区切られ，それぞれ独自に化学反応をして各細胞の生命維持活動をしている。

このような生体膜の基本構造は脂質二重層で，その中に種々のタンパク質や，糖脂質，コレステロールなどが埋め込まれている。タンパク質には酵素，受容体，輸送タンパクなどがあり，生命維持活動に必要な代謝，情報伝達，イオンの輸送を担っている。

このようなタンパク質の機能が発揮できるのも細胞膜の中側にあるリン脂質の疎水性部が流動性があり，タンパク質が自由に動くことができるためである。これは脂質を構成する脂肪酸が一般に不飽和脂肪酸であることによる。このように膜の中をタンパク質が自由に動けるということは膜の流動性が常に保たれていることになる。図にミセル，リポソームおよび生体膜の構造を示す。

4-4 テルペノイド

テルペノイド（terpenoid）は精油や樹脂の成分として植物界に広く見いだされ，また動物の構成成分であるものもある。

その名前の由来はテレピンチン油（マツの抽出物）から得られた揮発油に用いられたところからはじまっている。一般にテルペノイドは生理活性を示すものが多く，その基本骨格は炭素5つのイソプレンが重合したもので，いいかえればすべてのテルペノイドは形式的にイソプレン単位に分けることができる。この規則性をイソプレン則（isoprene rule）という。イソプレンは重合の仕方に二通りある。すなわちイソプレンの頭部と尾部との結合（head to tail）と尾部と尾部との結合（tail to tail）である。

$$頭部 \longrightarrow H_2C \overset{CH_3}{\underset{}{\diagdown C \diagup}} \underset{CH}{} \diagup CH_2 \longrightarrow 尾部$$

イソプレン単位（C_5-ユニット）

$$\underset{T}{C-\underset{|}{\overset{|}{C}}-C-C} + \underset{H}{C-\underset{|}{\overset{|}{C}}-C-C} \qquad \underset{T}{C-\underset{|}{\overset{|}{C}}-C-C} + \underset{T}{C-\underset{|}{\overset{|}{C}}-C-C}$$

このような結合様式のうち，前者が最も一般的である。テルペノイド以外にも，このようにして構成される物質はステロイドをはじめとして数多く知られている。

テルペノイドはその炭素数によってつぎのように分類される。

　　C_{10}　モノテルペノイド（monoterpenoid）
　　C_{15}　セスキテルペノイド（sesquiterpenoid）
　　C_{20}　ジテルペノイド（diterpenoid）
　　C_{25}　セスターテルペノイド（sesterterpenoid）
　　C_{30}　トリテルペノイド（triterpenoid）
　　C_{40}　テトラテルペノイド（tetraterpenoid）
　　C_{10n}　ポリテルペノイド（polyterpenoid）

つぎにこのようなテルペノイドは，自然界ではどのようにしてできるのだろうか。イソプレンは自然界では合成されない。テルペノイドの前駆体はアセチルCoA（活性アセタート）より得られるメバロン酸で，リン酸やピロリン酸エステルとして活性となり，イソペンテニルピロリン酸やその異性体となる。イソプレン，メバロン酸，イソペンテニルピロリン酸の構造を比較してほしい。

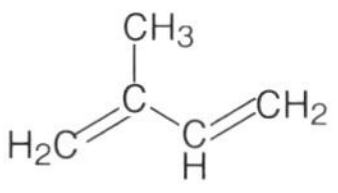

イソプレン 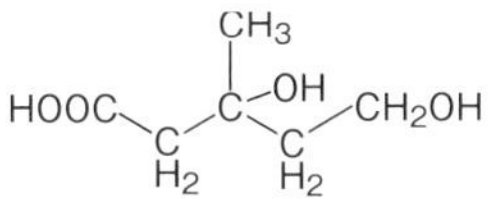　　　メバロン酸 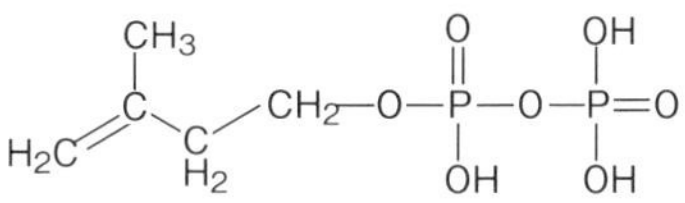　　　Δ³-イソペンテニルピロリン酸

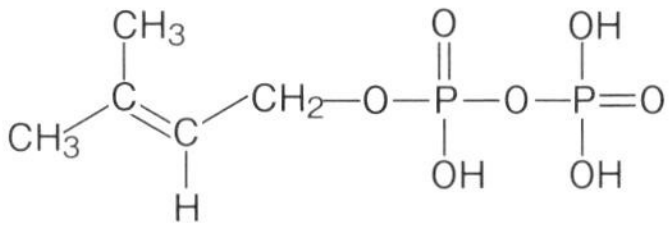

Δ²-イソペンテニルピロリン酸

　ピロリン酸エステルはきわめて優れた脱離基であり，求核種（nucleophiles）があると容易に反応する。

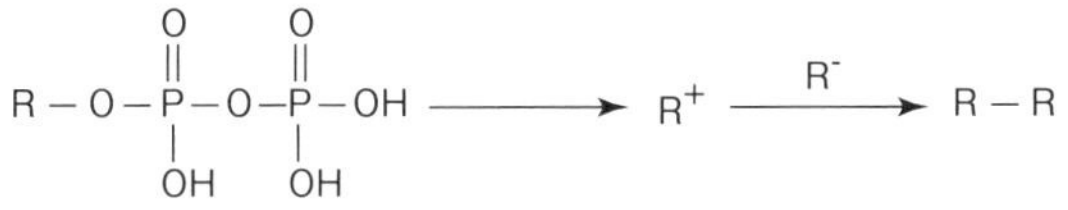

　モノテルペン，ジテルペンや天然ゴムなどの重要な中間体であるゲラニルピロリン酸を例にとると，つぎのようになる。

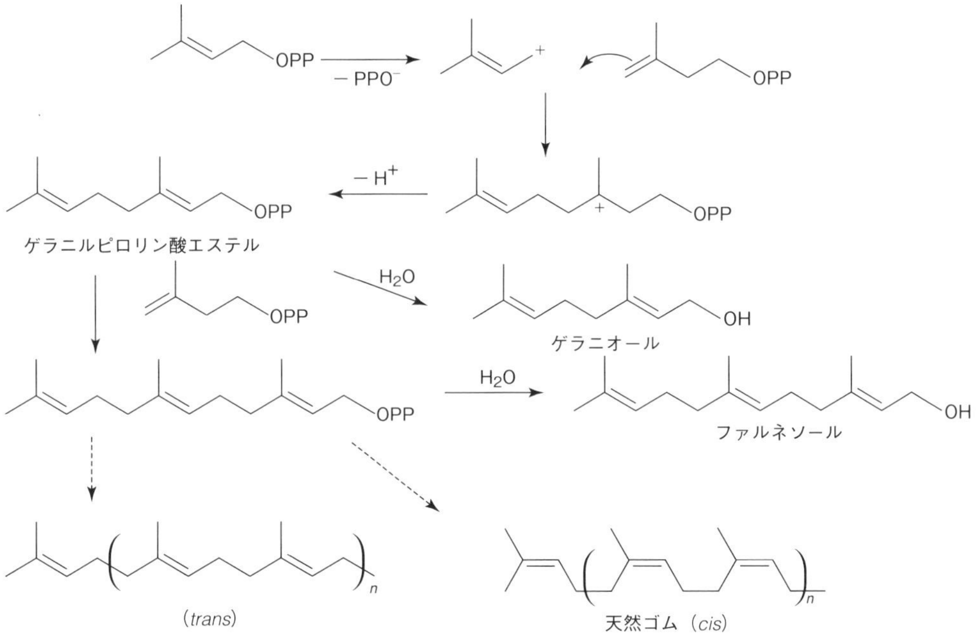

ゲラニルピロリン酸エステル

ゲラニオール

ファルネソール

(trans)　　　天然ゴム（cis）

テルペノイドの生合成の概略を図に示した。

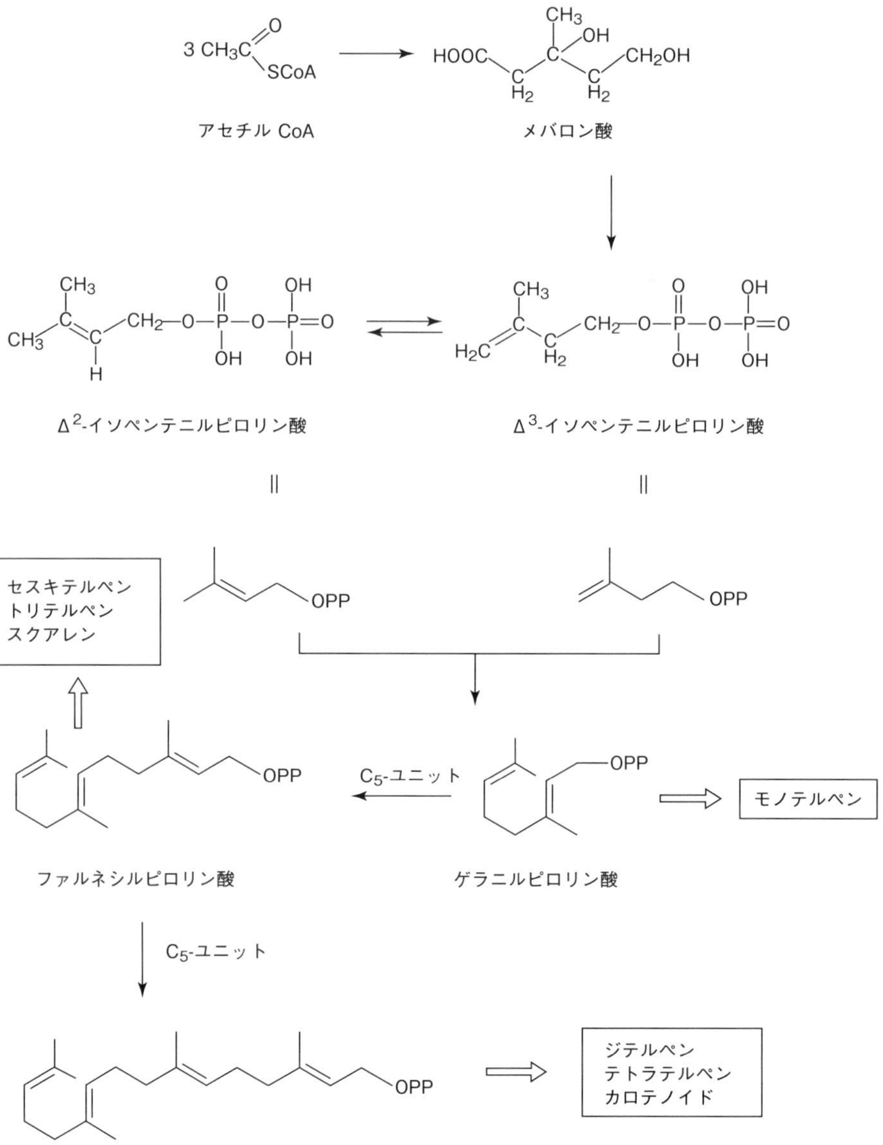

図4–2 テルペノイドの生合成経路の略図

つぎに，各テルペノイドに含まれる代表的な化合物とその構造を示す．

(A) モノテルペノイド

1) 鎖状モノテルペノイド

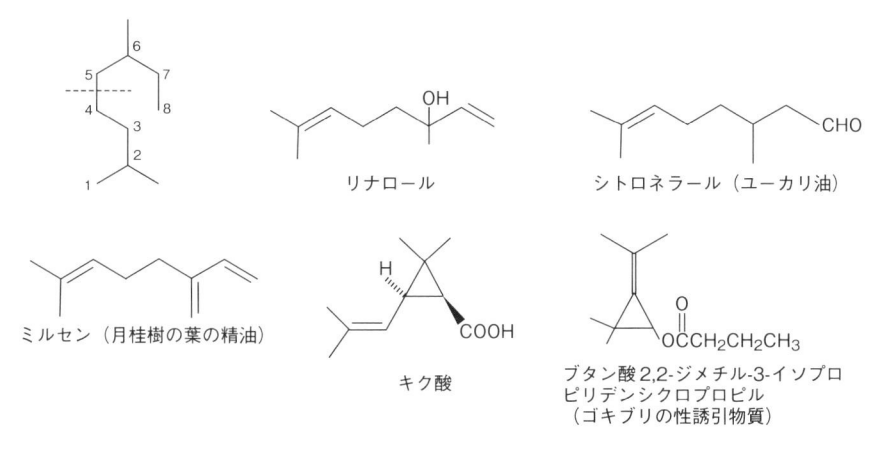

リナロール

シトロネラール（ユーカリ油）

ミルセン（月桂樹の葉の精油）

キク酸

ブタン酸2,2-ジメチル-3-イソプロピリデンシクロプロピル
（ゴキブリの性誘引物質）

2) 環状モノテルペノイド

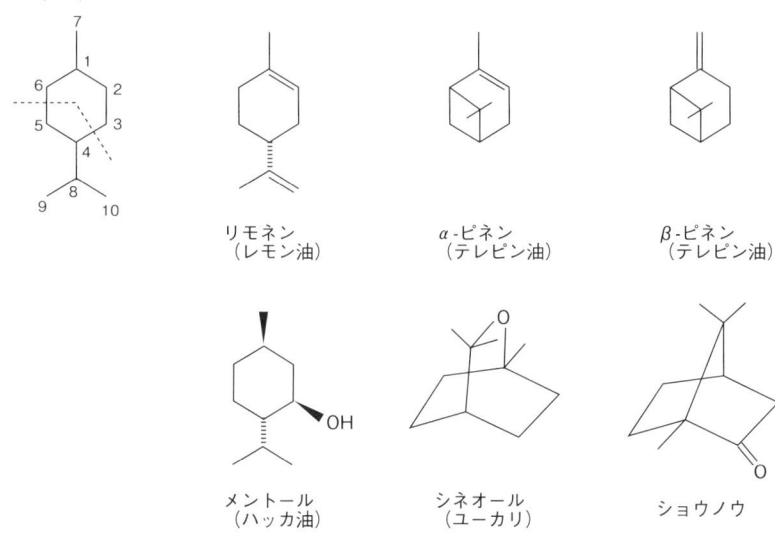

リモネン
（レモン油）

α-ピネン
（テレピン油）

β-ピネン
（テレピン油）

メントール
（ハッカ油）

シネオール
（ユーカリ）

ショウノウ

(B) セスキテルペノイド

特異な環状構造をもつロンジホリン（マツ），セドロール（スギ油），α-カリオフィレン（チョウジ油）などが知られている．

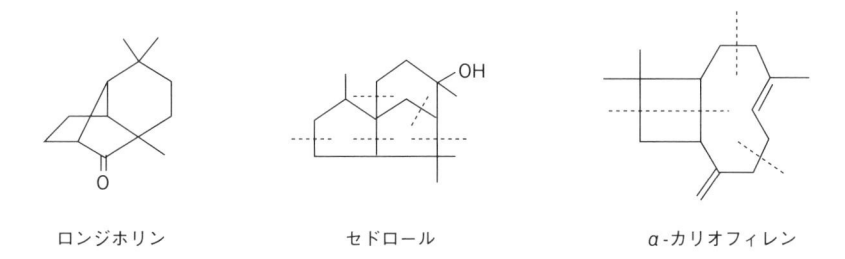

ロンジホリン

セドロール

α-カリオフィレン

(C) ジテルペノイド

1) 鎖状ジテルペノイド

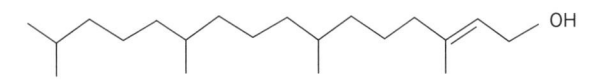

フィトール（クロロフィル分子中にエステル結合で存在している）

2) 環状ジテルペノイド

代表的なものに松脂の主成分であるアビエチン酸と，植物生長ホルモンのカウレンおよびその転位生成物のジベレリンがある。

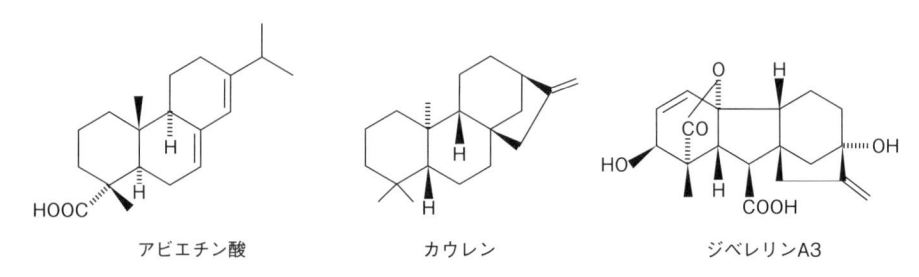

アビエチン酸　　　カウレン　　　ジベレリンA3

(D) トリテルペノイド

ステロイドホルモンの前駆体であるスクアレンおよびその環状構造のβ-アミリンなどがある。

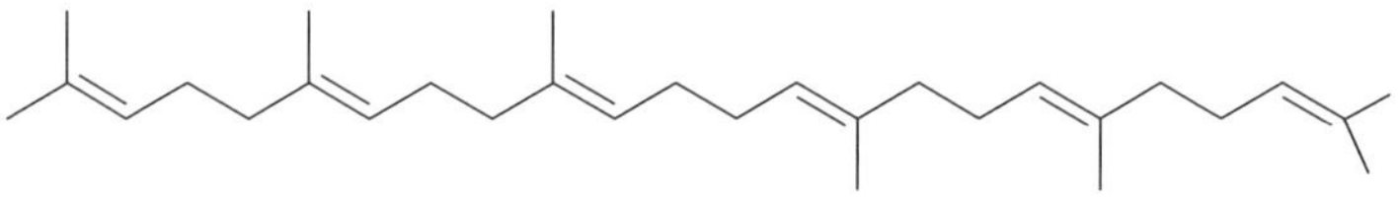

スクアレン

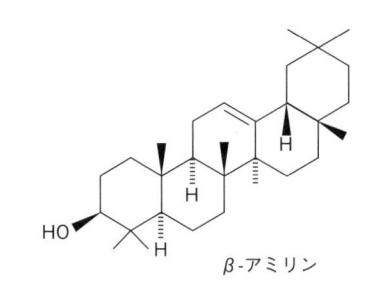

β-アミリン

(E) テトラテルペノイド

カロテノイド色素によって代表される。ニンジンの色はβ-カロテン，トマトの赤色はリコペンという色素で，いずれも11個の共役二重結合をもっているため独特の色を示す。これらのカロテノイドはゲラニルゲラニルピロリン酸（C_{20}）のカップリング反応から得られたフィトエン（C_{40}）の酸化や環化によって生じたものである。なお，β-カロテンは動物体内では小腸の粘膜細胞の酵素で分子が半分に切断されて，ビタミンAに変化する。

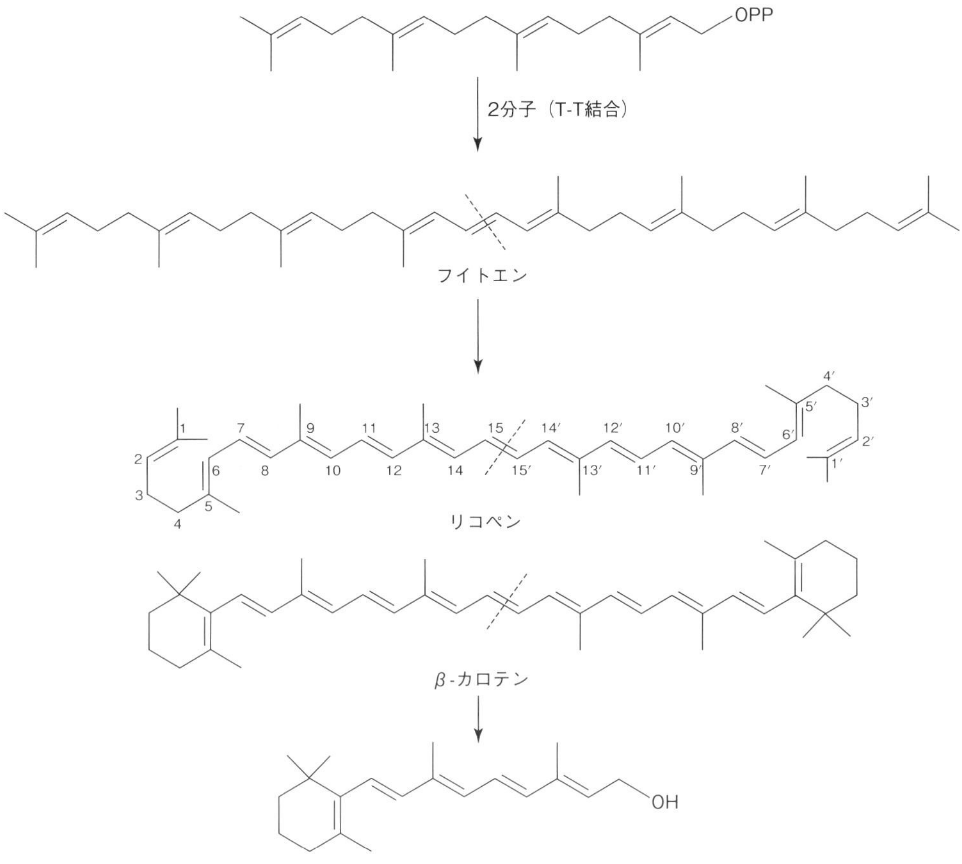

フィトエン

リコペン

β-カロテン

ビタミンA

(F) ポリテルペノイド

ポリイソプレノイドの代表的なものは天然ゴム (*cis*),およびグッタペルカ (*trans*) などがあるが,生物学上重要なものとしてビタミンK (止血因子) やユビキノン (電子伝達系に関与) などがある。

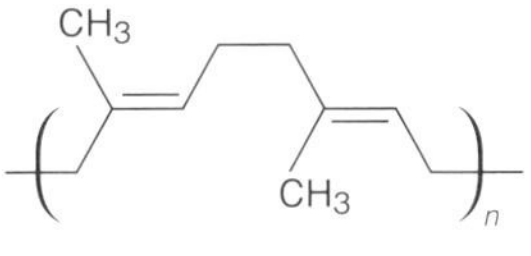

天然ゴム

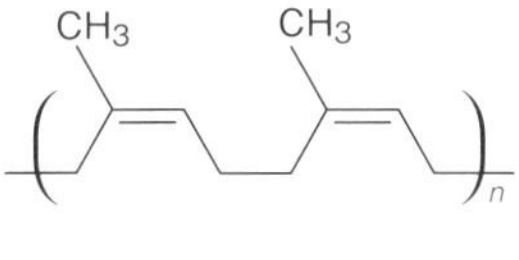

グッタペルカ

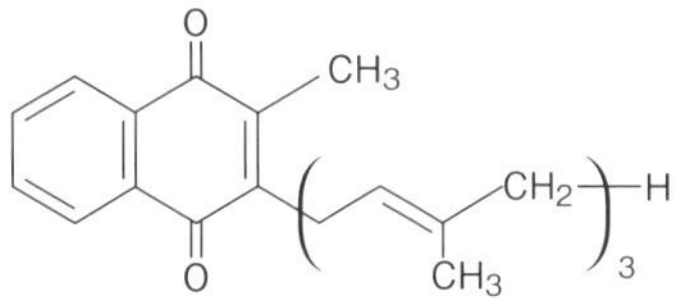

ビタミンK$_2$

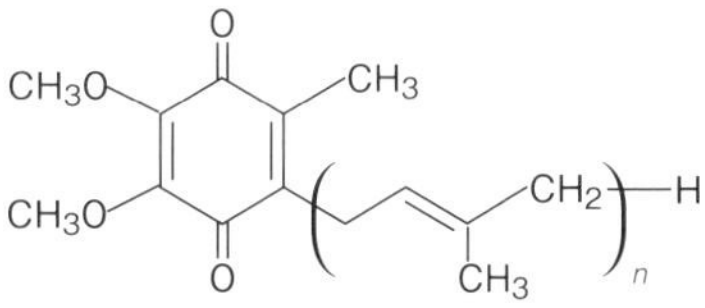

ユビキノン (補酵素Q)
$n = 6 \sim 10$

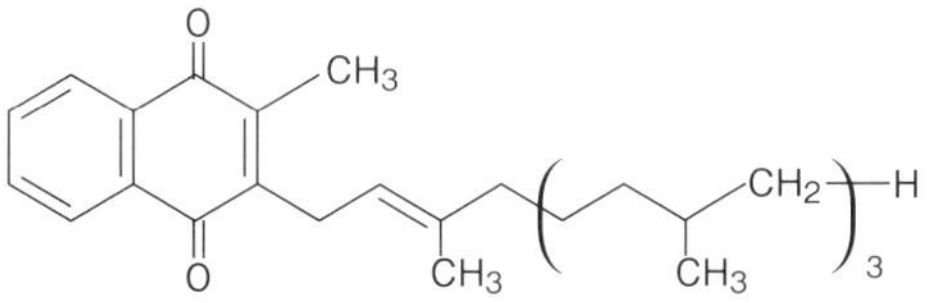

ビタミンK$_1$

4-5 ステロイド

ステロイド（steroids）は動植物界に広く存在し，重要な生理作用をもつものが多い。ペルヒドロシクロペンタフェナントレン骨格を基本構造としている。

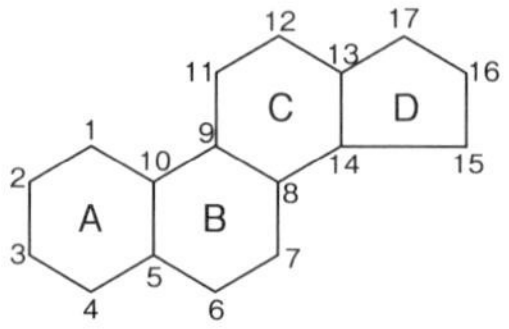

ペルヒドロシクロペンタフェナントレン

ステロイドのA，B，C環はシクロヘキサン環が融合したものでそれぞれイス型（chair form）の配座をとっており，B環とC環はトランス型で結合しているが，A環とB環はトランス型あるいはシス型の二種類の型が存在し，5位の水素の立体配置によって5α-ステロイドと5β-ステロイドに分類される。

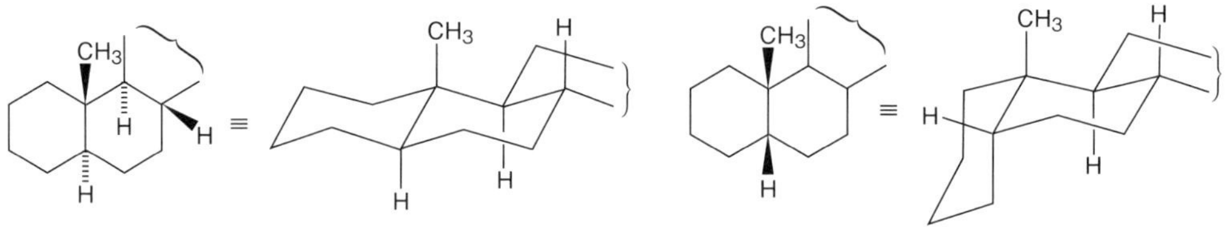

5α-ステロイド
（A/Bトランス，B/Cトランス）

5β-ステロイド
（A/B シス，B/Cトランス）

ステロイドはその構造と生理作用からつぎのように分類される。

(A) ステロール（sterol）

(B) 胆汁酸（bile acid）

(C) 性ホルモン（男性ホルモン，女性ホルモン）

(D) 副腎皮質ホルモン

(E) 強心配糖体

(F) ステロイドサポゲニン

これらの中で動物ステロイドとして最も多く存在し，しかもヒトの場合に高血圧や動脈硬化の原因となっているコレステロールについて生体内の合成経路について考えてみよう。

トリテルペノイドのスクアレンが酵素的に酸化され，スクアレンエポキシドとなる。このエポキシドの酸による開環と同時に協奏的な閉環が起こり，ステロイド骨格が立体特異的につくられ，つづいて水素やメチ

ル基が転位し，ラノステロールとなる。さらに二重結合の還元と移動，一部のメチル基の酸化，脱炭酸をへてコレステロールができる。

コレステロールの側鎖は生体でさらに分解され，胆汁酸をはじめとする種々のステロイドができる。

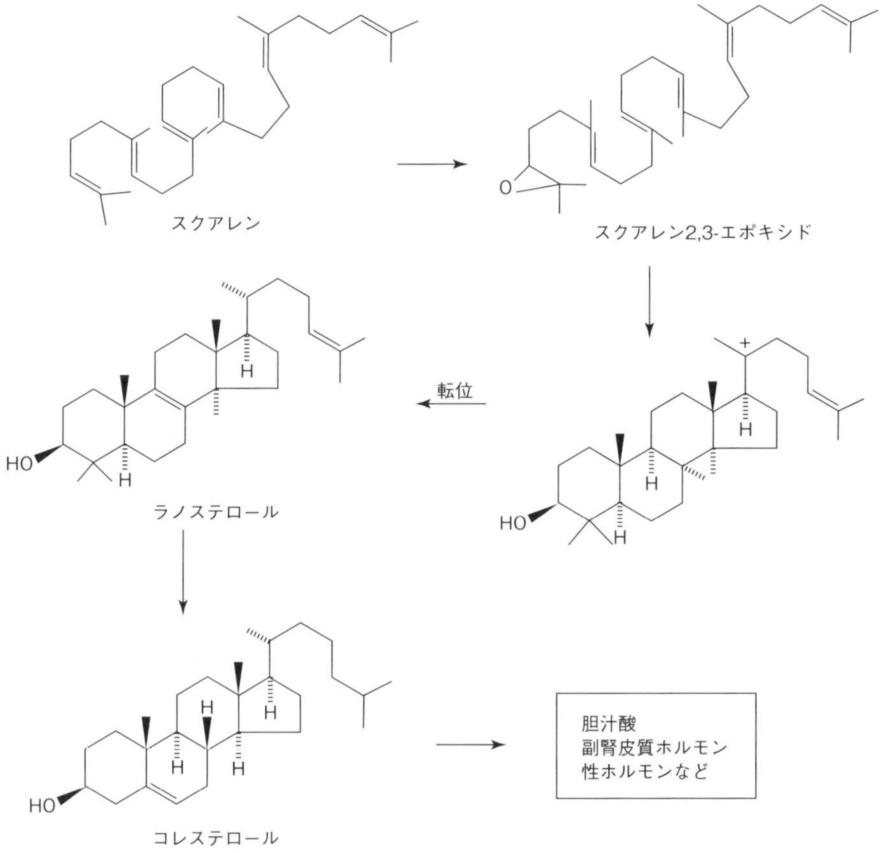

図4-3 テルペノイドからコレステロールの生合成経路の概略

(A) ステロール

遊離，または脂肪酸エステルとして動植物組織に広く存在している。コレステロール，エルゴステロール（菌類の成分），スチグマステロール（マメ科の種子に含まれている）などが代表的なもので，その中でも

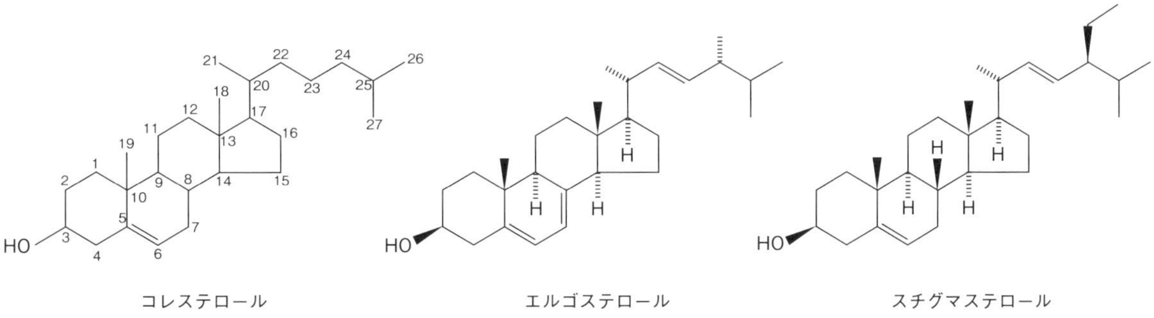

ステロイドの前駆体となるコレステロールが重要である。血液中のコレステロールの濃度が高すぎると，動脈壁の結合組織へ蓄積しアテローム性動脈硬化をおこす。

また，コレステロールの前駆体である7-デヒドロコレステロールは皮膚上で紫外線によってコレカルシフェロール（ビタミンD_3）となり，プロビタミンDとよばれる。このビタミンD_3は肝臓でC-25位が，ついで腎臓でC-1α位が水酸化されて活性型の1α,25-ジヒドロキシビタミンD_3となる。活性型ビタミンD_3はカルシウム代謝に関与するタンパク質の合成を促進し，骨粗鬆症やクル病を予防する。適度な日光浴が必要なことはいうまでもない。

7-デヒドロコレステロール　→(紫外線)→　コレカルシフェロール（ビタミンD_3）　→(肝, 腎)→　25-ヒドロキシビタミンD_3 (R=H)／1α,25-ジヒドロキシビタミンD_3 (R=OH)

(B) 胆 汁 酸

胆汁酸は肝臓でコレステロールより合成される。すなわち，コレステロールの側鎖および環内が酸化されたコール酸やデオキシコール酸ができる。

これらの胆汁酸は胆のうにたくわえられて腸に分泌され，腸壁で脂肪

コレステロール　→　コール酸／デオキシコール酸　｝胆汁酸

の吸収を助ける作用がある。胆汁酸は，それらの構造に1つのカルボキシル基と数個の水酸基をもっているため，その塩は石けん分子と同じような両親媒性を示す。レシチンとともに強いミセルを形成し，コレステロールのような不溶性脂質をミセルの内側に取りこんで可溶化し，消化，吸収を助ける。過剰のコレステロールは腸から糞便中に排泄される。この過程が十分に行われないとコレステロール胆石となる。

コール酸，デヒドロコール酸などはA環とB環がシス結合をとっているが，構造と機能との関連から考えると興味深い。

(C) 性ホルモン

男性ホルモンと女性ホルモンとに分けられる。男性ホルモンはテストステロンやアンドロステロンに代表される。テストステロンは睾丸でつくられ，男性の第1次および第2次性徴に関係している。アンドロステロンはテストステロンの代謝過程でつくられるが，その作用はテストステロンほど強くない。

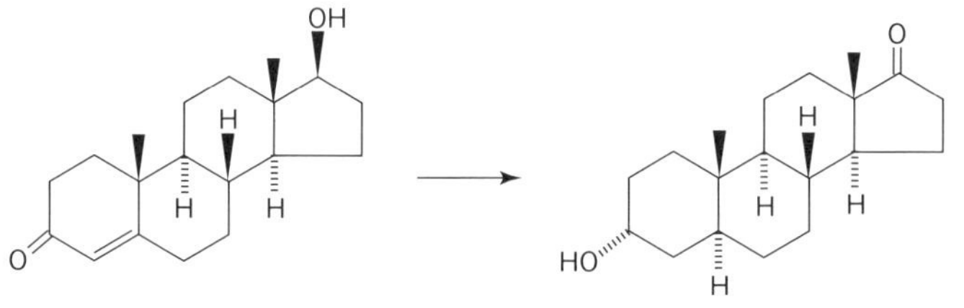

テストステロン　　　　　　アンドロステロン

女性ホルモンには黄体ホルモンと卵胞ホルモンの2つの型がある。黄体ホルモンの働きは妊娠を持続させることで，プロゲステロンがある。一方，卵胞ホルモンは発情や月経に影響し，性周期を完全にする働きをもつエストロンやエストラジオールがある。これらの化合物はA環が芳香環で，19位にメチル基がないステロイドである。

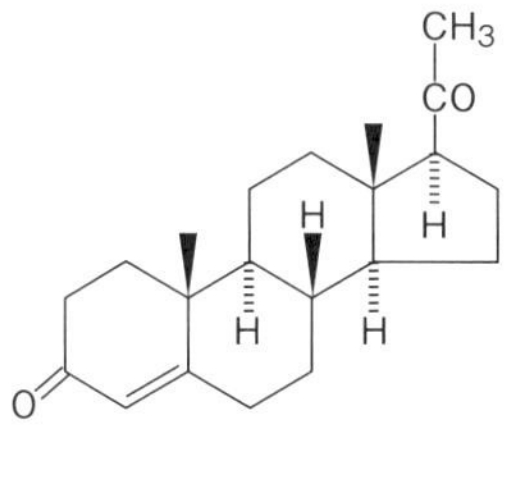

プロゲステロン 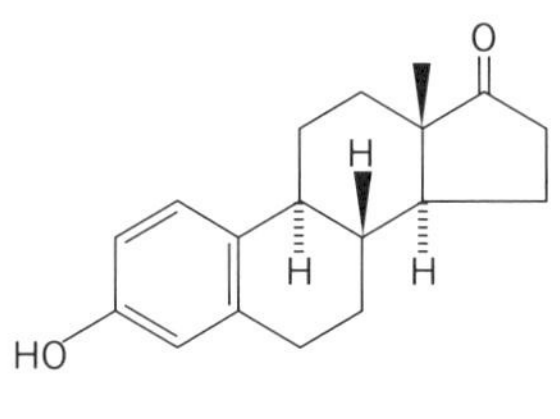　　　エストロン 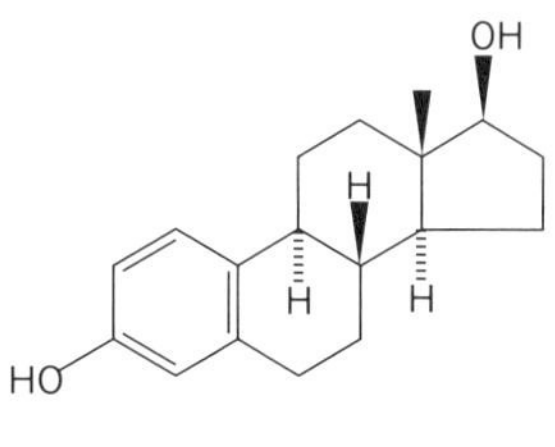　　　エストラジオール

生体ではエストラジオールの前駆体がテストステロンであり，そのまた前駆体がプロゲステロンであるのは注目にあたいする。

プロゲステロン ─→ テストステロン ─→ エストラジオール
（女性ホルモン）　　（男性ホルモン）　　（女性ホルモン）

エストロンとナトリウムアセチリドからつくられる17α-エチニルエ

ストラジオールは，卵胞ホルモンとして作用が強く，そのメトキシ体とノルエチノドレルとの混合物は経口避妊薬としてエノビドという名で市販されている。

エストロン　　　　　　　　　17α-エチニルエストラジオール

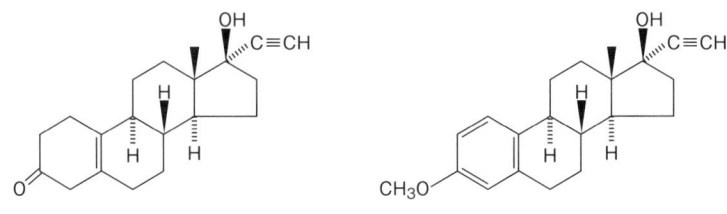

ノルエチノドレル

17α-エチニル-3-メトキシ-1,3,5(10)-エストラトリエン-17β-オール

(D) 副腎皮質ホルモン

副腎で分泌されるホルモンで生体内の種々の代謝過程を支配し，電解質と水とのバランスに影響して炎症やアレルギー現象を調節する。副腎皮質ホルモンが充分につくられないとアジソン病となる。よく知られたものにコルチゾンがある。合成誘導体としては9位にフッ素を導入したデキサメタゾンがあり，長期服用するとムーンフェイスをはじめとする種々の副作用を生じる可能性が高い。

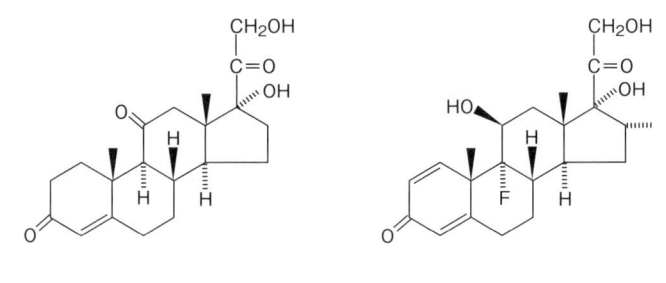

コルチゾン　　　　　　　　　デキサメタゾン

(E) 強心配糖体

ステロイドのC-17位にラクトン環をもつアグリコンやゲニンに糖が，1つあるいはそれ以上ついたグリコシド類で主に植物から得られ，心臓に強く作用するステロイドである。ジギタリスは医薬品に広く用いられているが，その成分はジギトキシゲニン，ジゴキシゲニン，ギトキシゲニンの配糖体である。

構造上，これらはいずれもA/B環およびC/D環がシス結合である。

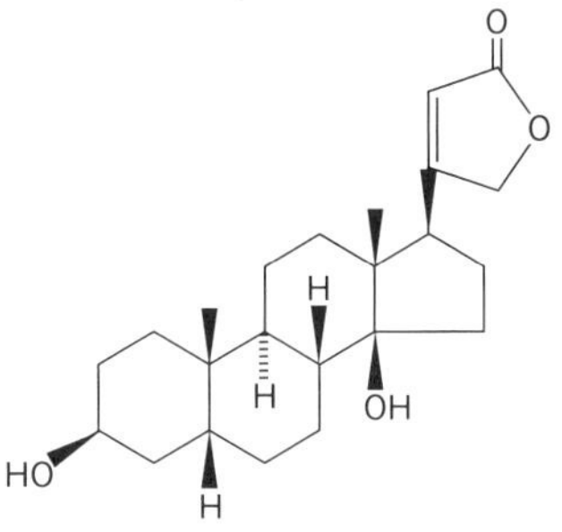

ジギトキシゲニン 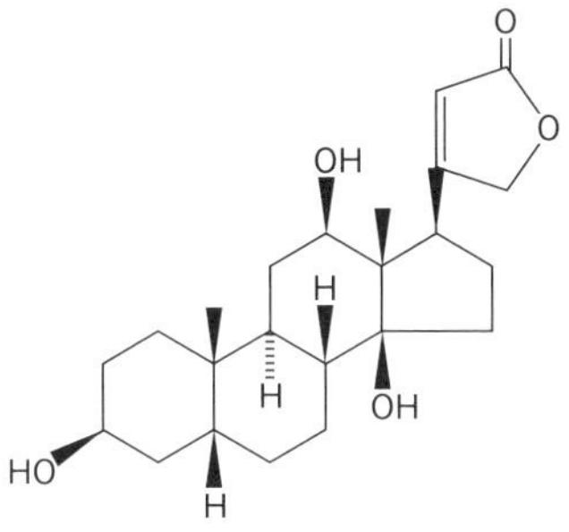　　　ジゴキシゲニン 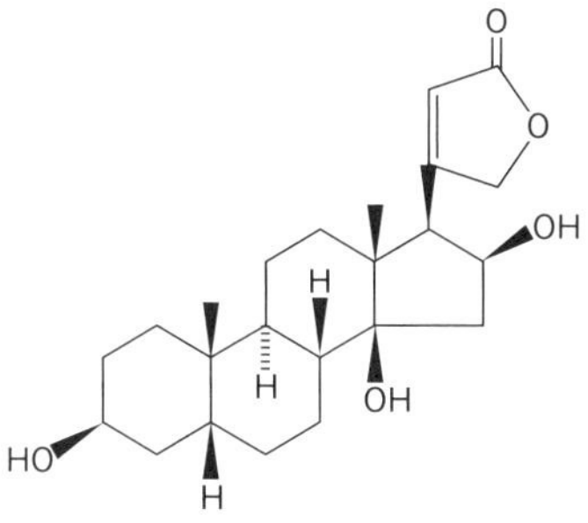　　　ギトキシゲニン

また一般にC-3位の水酸基と糖がグリコシド結合をしている。

(F) ステロイドサポゲニン

ヤマイモ科やユリ科などの植物にステロイドサポニンとして多く含まれている。普通，配糖体の型で存在するが，遊離サポゲニンとして共存する場合もある。代表的なものにジオスゲニンがある。ジオスゲニンはつぎに示すように各種ステロイドの原料に用いられている。

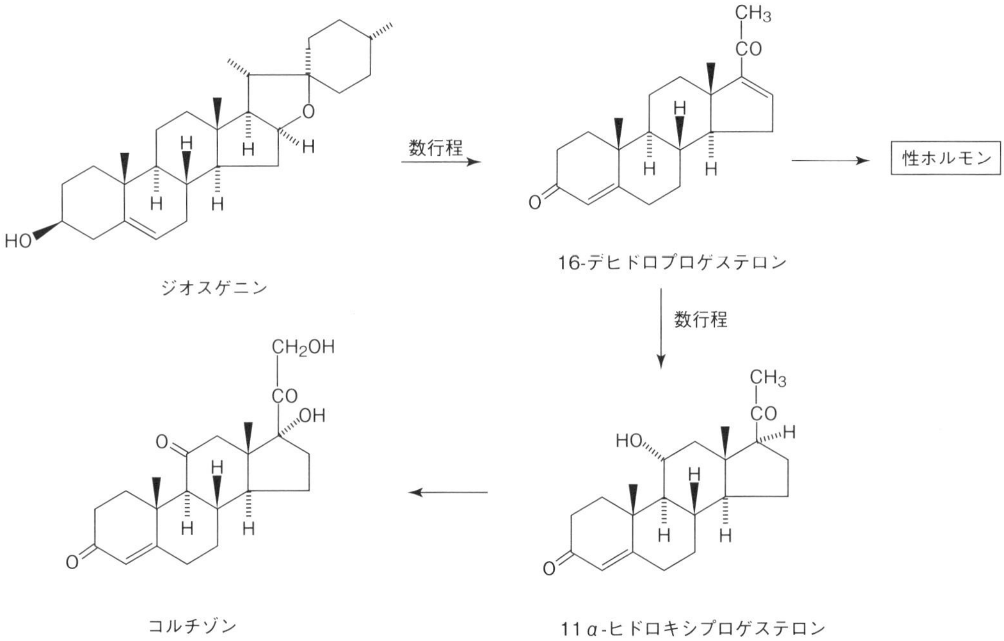

ジオスゲニン　→（数行程）→　16-デヒドロプロゲステロン　→　性ホルモン

↓ 数行程

コルチゾン　←　11α-ヒドロキシプロゲステロン

このようにステロイドの合成は半合成であり，とくにコルチゾン関連化合物の合成において，酵素反応で選択的に11位に酸素を導入し，大量合成を行っているのは注目すべきである。

4-6 プロスタグランジン

プロスタグランジン（prostaglandin, PG）は最初精液中より発見され

たことより，前立腺（prostate gland）でつくられるものと考えられてprostaglandinと命名された。しかしその後，組織特異的に作られ，ほとんど全身の組織に分布していることがわかったが，現在でもそのままの名前がつけられている。

このプロスタグランジン（以下PGと省略）は生体調節物質の1つで，炎症，血圧調節，血液凝固，分娩誘発，痛み，発熱，睡眠，免疫応答など多彩な生理活性をもっており，とくに注目を集めている物質である。すなわち必要に応じてそのつど微量生合成され，その局所で生物作用を発揮し，その後すみやかに代謝される物質を総称してオータコイドとよ

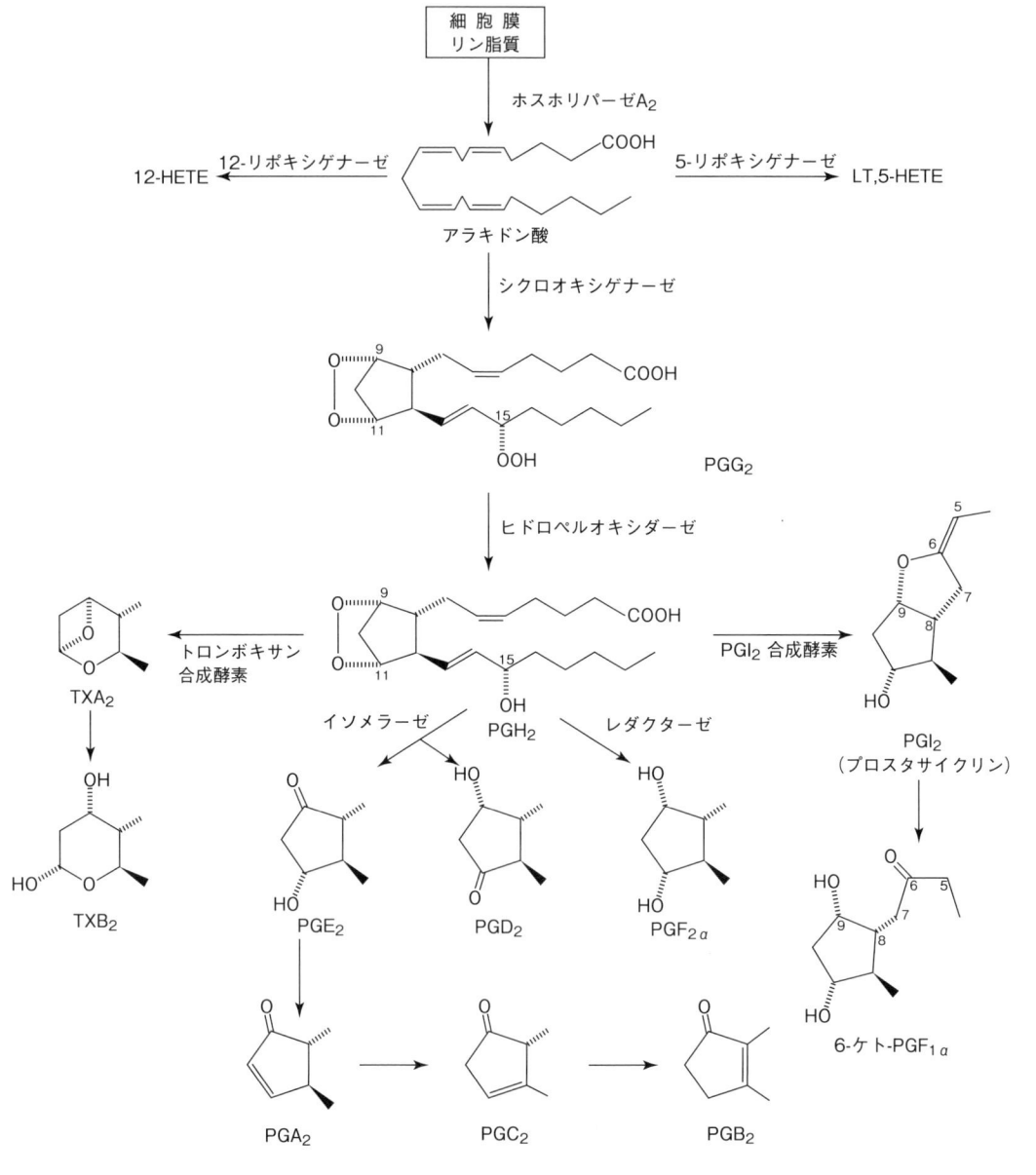

図4-3 プロスタグランジンとトロンボキサンの生合成経路（アラキドン酸系）

ぶが，PGはこのオータコイドの一種と考えられている。

PGは炭素数20個からなる3種類の不飽和脂肪酸（ジホモ-γ-リノレン酸，アラキドン酸およびエイコサペンタエン酸）から生合成される。これらの不飽和脂肪酸は，リン脂質として細胞膜の構成成分となっている。細胞膜に刺激が与えられると，リン脂質からホスホリパーゼA_2という酵素でこれらの不飽和脂肪酸が遊離される。これらの不飽和脂肪酸は酸素添加酵素の作用で環化し，さらに一連の代謝過程をへて種々の環状オキシ酸誘導体を生成する。PGはこのように不飽和脂肪酸の生合成によって生成した環状オキシ酸のグループに与えられた総称である。

図にアラキドン酸からのPG生合成経路を示した（図4-3）。

(A) PGの化学構造

PGの基本骨格はプロスタン酸（prostanoic acid）であり，5員環の部分構造のちがいによって，PGはAからIの各群に分類される。また側鎖の二重結合の数によって1，2，3型の化合物に分類される。5員環の部分が酸素を含む6員環になっているものはトロンボキサン（thromboxane，TX）とよばれている。これは血小板（thrombocyte）で生合成されることが発見され，oxane環をもっていることから命名された。AとBの2群がある。

側鎖の二重結合の数は，前駆体の不飽和脂肪酸の二重結合の数によってきまる。

たとえば，PGE_2とは側鎖中の二重結合の数は2つで，アラキドン酸を先駆体とし，5員環の置換基は9位がケト基，11位が水酸基である構造である（図4-4）。

なお，PGFの場合は側鎖の二重結合の数のほかに，9位の水酸基がα位になっている場合は$F\alpha$，β位の場合はF_βと表示する。

PGGとPGHは5員環の9位，11位に環状ペルオキシドを形成したものでプロスタグランジンエンドペルオキシドともいわれている。

PGG_2もPGH_2も大変不安定な化合物で半減期は37℃で約5分である。PGGは15位にヒドロペルオキシド（-OOH基）をもち，フリーラジカル（O・）をだして-OH基となり，これがPGHである。PGIの場合は，5員環9位の炭素とカルボン酸側鎖の6位の炭素との間に酸素原子が入り，環状構造が形成されるのでとくにPGI_2の場合はプロスタサイクリン（prostacyclin）とよばれている。

15位の水酸基は生物活性発現のために重要であって，生体内で脱水素酵素が作用すると，この水酸基はケト基になり，その生物活性はほとんど消失してしまう。なおPGI_2やTXA_2のように15位の水酸基が脱水素されなくてもそれら自身が非常に不安定な化合物であるため，別の化

合物に簡単に分解されてしまうことより生物活性を失う場合もある（図4-5）。

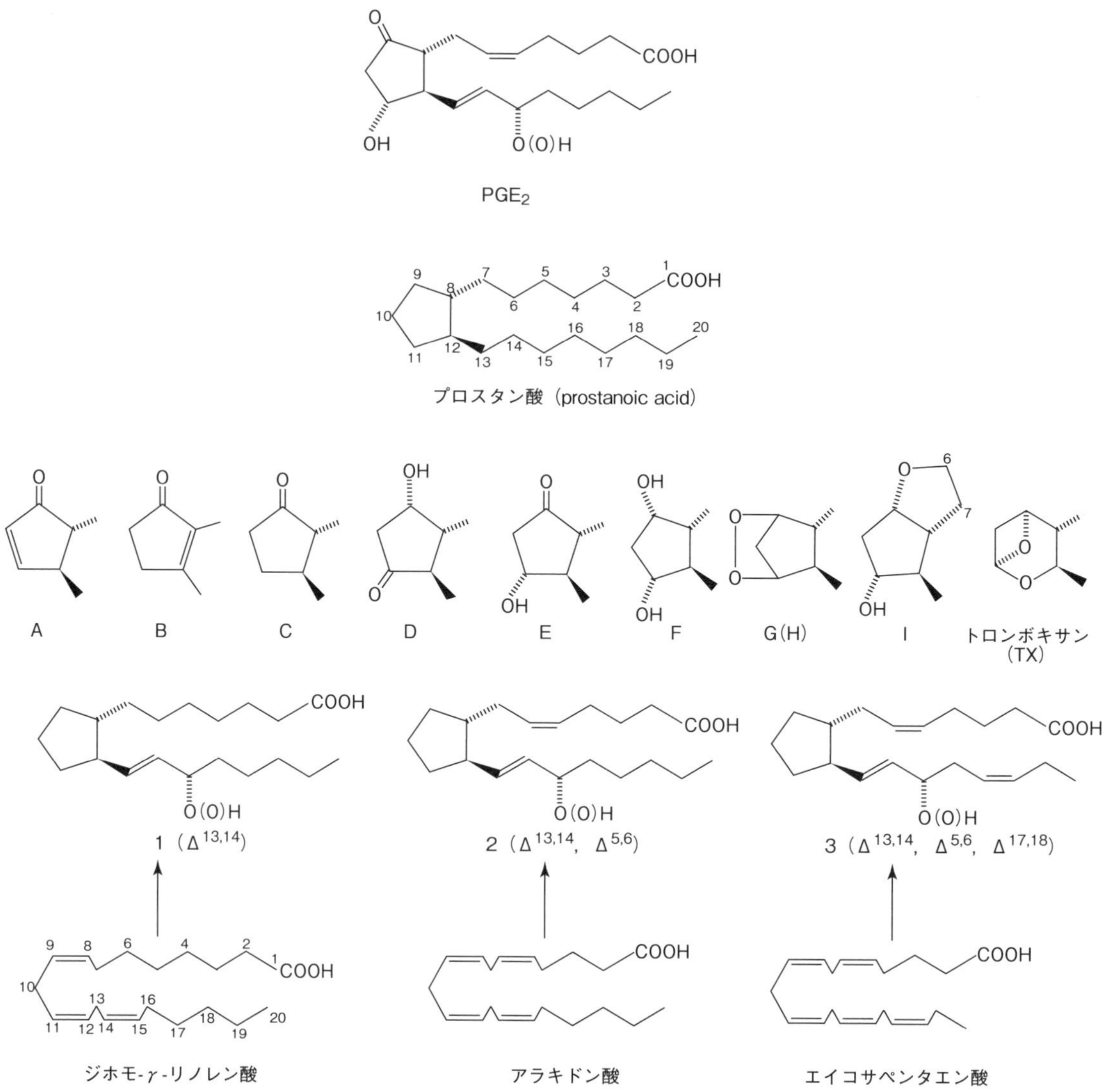

PGE$_2$

プロスタン酸 (prostanoic acid)

A　B　C　D　E　F　G(H)　I　トロンボキサン (TX)

1 ($\Delta^{13,14}$)　　2 ($\Delta^{13,14}$, $\Delta^{5,6}$)　　3 ($\Delta^{13,14}$, $\Delta^{5,6}$, $\Delta^{17,18}$)

ジホモ-γ-リノレン酸　　アラキドン酸　　エイコサペンタエン酸

図4-4　PG, TXの化学構造

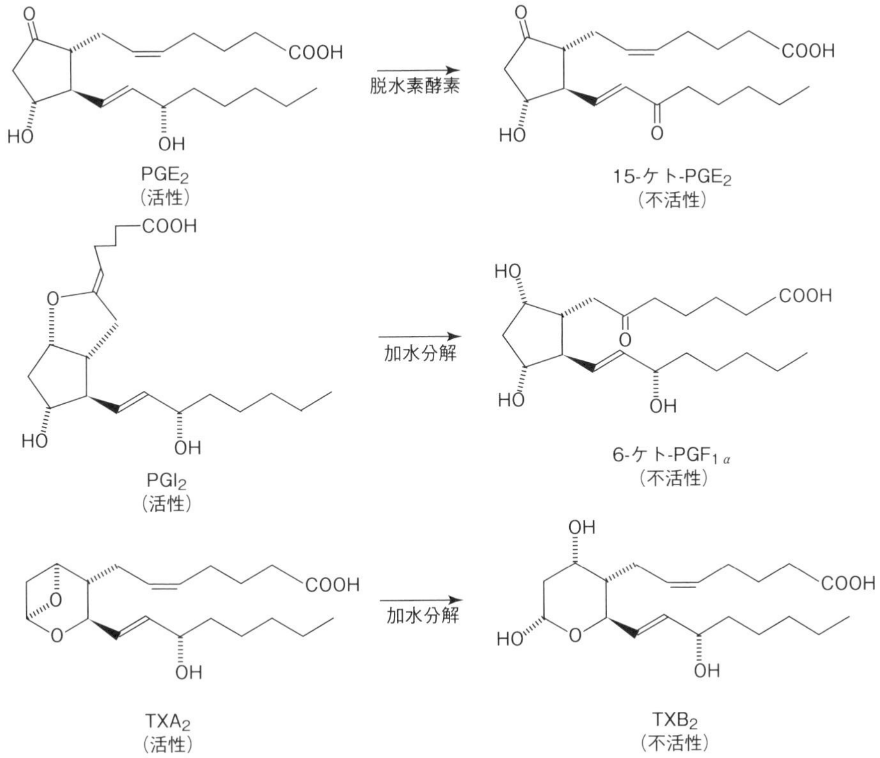

図4-5

(B) プロスタグランジン関連化合物

炭素20個の不飽和脂肪酸から生体内で合成される一連の環状オキシ酸，いわゆるPGに対し，非環状オキシ酸も微量でしかもPGにおとらず多彩な生理作用を示している。代表的なものにロイコトリエン（LT）およびリポキシン（LX）がある。前駆体はいずれもアラキドン酸で作用する酵素リポキシゲナーゼの種類によりそれぞれ生成される。図4-6にその生成経路と構造を示した。

LTにはAからFまであり，前駆体のアラキドン酸の二重結合の数を最後につけてよんでいる。5,6-エポキシドのLTA_4は大変不安定な化合物で，半減期は約1分，生体内ではLTB_4あるいはLTC_4へ転換される。LTB_4はアラキドン酸の5位と12位に水酸基の入ったもので，白血球の運動性を大変強く亢進する作用がある。LTC_4はアラキドン酸の5位が水酸化され，6位にグルタチオン（γ-グルタミル-システイニル-グリシン）のシステインがチオエーテル結合したものである。LTC_4からグルタミン酸がはずれるとLTD_4となり，さらにグリシンがはずれるとLTE_4となる。LTF_4はLTE_4にグルタミン酸がついたものである。これらの中でLTC_4，LTD_4，LTE_4はSlow Reacting Substance of Anaphylaxis（SRS-A）とよばれ，いわゆる気管支喘息やアレルギー性

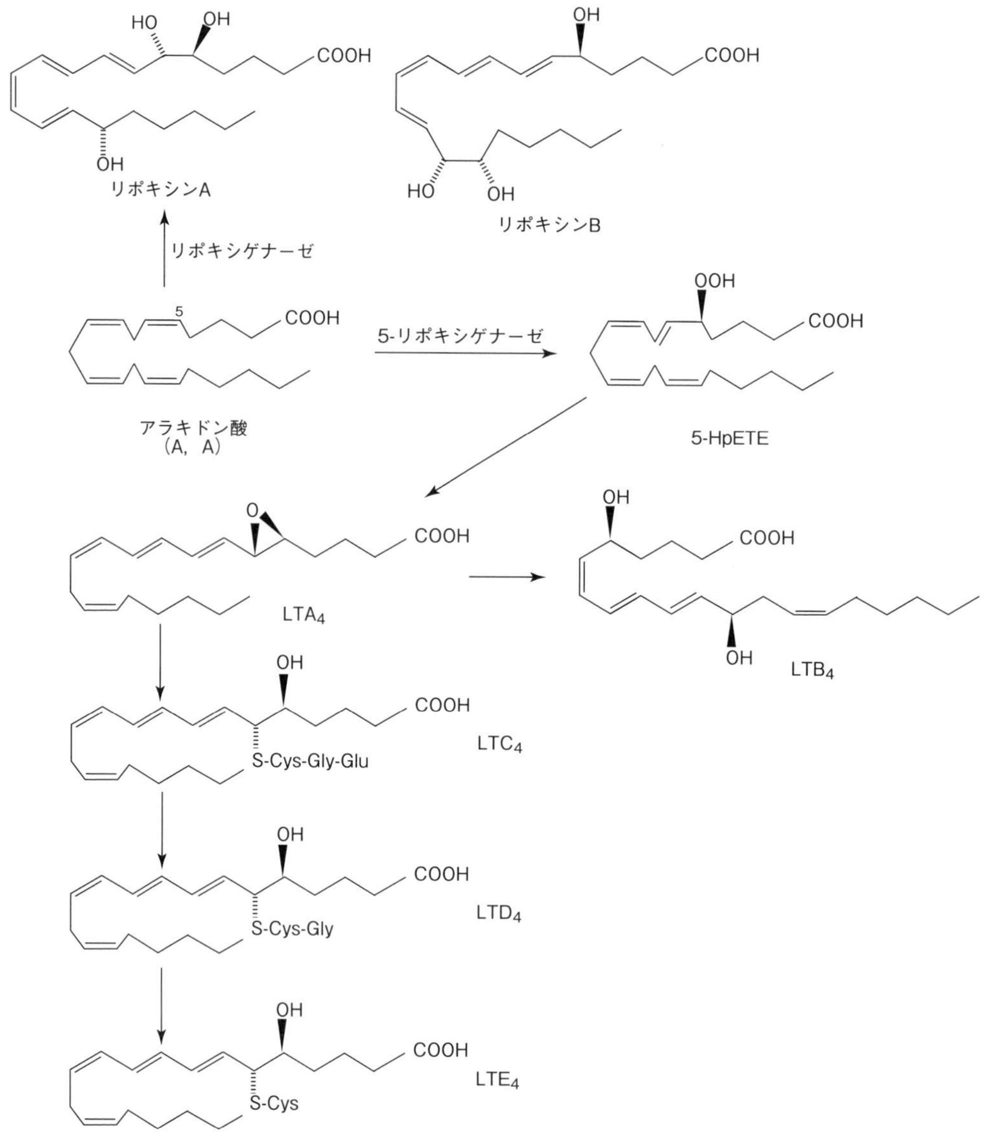

図4–6

鼻炎などのアナフィラキシー反応の原因物質であることがわかってきた。これらの化合物の構造はまた化学合成により確かめられた。詳細はここでは省略する。

一方，他のリポキシゲナーゼの作用で，リポキシンA，Bという2つの物質が生成される。このものは，腫瘍細胞のような標的細胞と結合したナチュラルキラー細胞が標的細胞に障害を与える能力（cytotoxicity）を妨げる作用をもっている。炎症を起こす物質でもある。将来，細胞毒性のメカニズムの解明に役立つかもしれない。またリポキシンの生成を阻害する物質をつくれば，それが消炎剤あるいは抗腫瘍剤となる可能性も考えられる。

いままで単に膜の構成成分の1つと考えられていた不飽和脂肪酸からPG，TX，LT，LXと，知られているだけでも百種以上の化合物が生体で合成され，しかもそれぞれが異なった組織で，ときにまったく相反する生理活性を示すということは驚くべきことといえよう。たとえば血小板で合成されるTX-A$_2$には血管収縮と血小板凝集作用があり，血管内皮細胞で合成される。PGI$_2$には逆に血管拡張と血小板凝集阻害作用を示す。これら両物質の相反する作用により，心血管系のバランスが保たれていることになる。

　これらの化合物の代謝経路全体がアラキドン酸を中心にして幾筋もの階段状の滝の流れのようにみえることから，アラキドン酸カスケードという言葉が生まれた。

　以上まとめとして，図4-7にアラキドン酸，エイコサペンタエン酸を中心とした生理活性物質についての関係を示した。

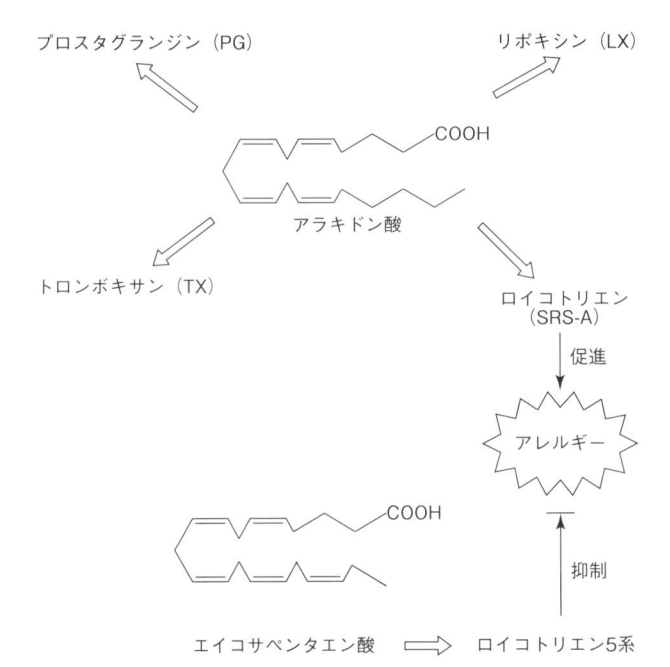

図4-7　アラキドン酸，エイコサペンタエン酸由来の生理活性物質と生理作用

Note 8　PGの化学合成

　PGは細胞膜に働き，環状ヌクレオチドやカルシウムを介して細胞機能を調節するが，これによって平滑筋の収縮や弛緩，血小板の凝集抑制や亢進が起こると考えられている。またPGは生体内に存在するホルモンや化学伝達物質の作用を強めたり，あるいは弱めさせるように働き，一種のフィードバック機構に関与する自律調節物質として注目されている。

　各種のPGのおもな生理作用は成書にゆずるとして，PGの薬理学的研究の進展にともなって，その臨床応用に対する期待が大きくなっている。先にも述べたように，PGは生体で微量にしか合成されず，しかも不安定なものが多く，コストも高い。また生体内ですみやかに代謝される。このような状況下，天然のPGおよびその誘導体の安価なしかも多量の合成法の開発が望まれた。次の図はハーバード大学のCoreyらによるPGの全合成法と名古屋大学の野依らの方法である。

i）Coreyらの方法（プライマリーPGの合成）

　Coreyらの方法の優れた点はプライマリーPG 5から，不安定はPGH$_2$とかPGI$_2$とか，TXB$_2$までもが，同じ中間体（Coreyラクトン）を経由して得られるところにある。

　このCorey法により，PGの大量供給は可能となり，PGの生化学的，薬理的な研究が飛躍的に発展してきた。

ii）野依らの合成法

　ii）の方法は2001年度ノーベル化学賞を受賞された野依博士らによる方法で，これは3つの部分にわけて，それぞれを合成した後，同時にその部分を結合させてPGを不斉合成するという優れた方法で，Corey法より相当大量に，しかも安く合成できる。

　なお，TXA$_2$（pH 7.0の水溶液中で半減期が約30秒）が，1985年，コロンビア大学のStillらによりTXB$_2$から逆合成された。

Coreyらの方法（プライマリーPGの合成）

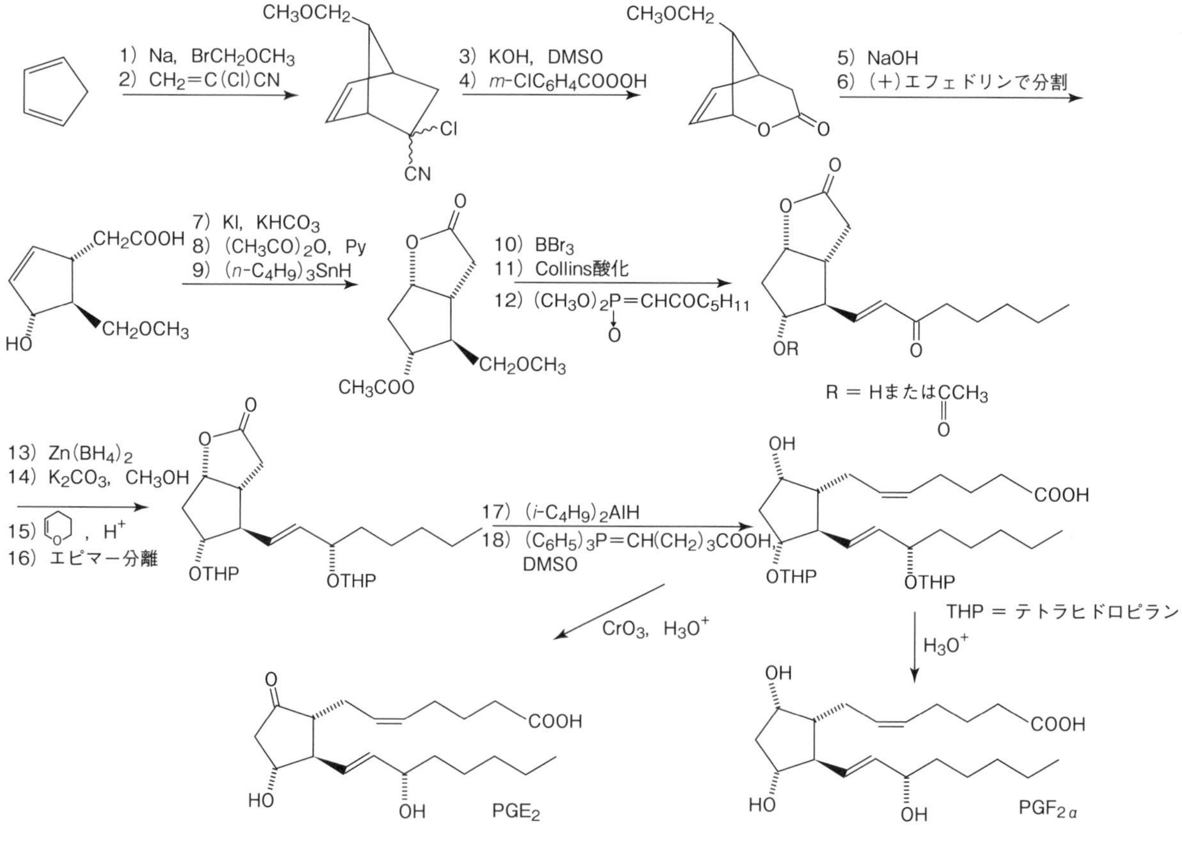

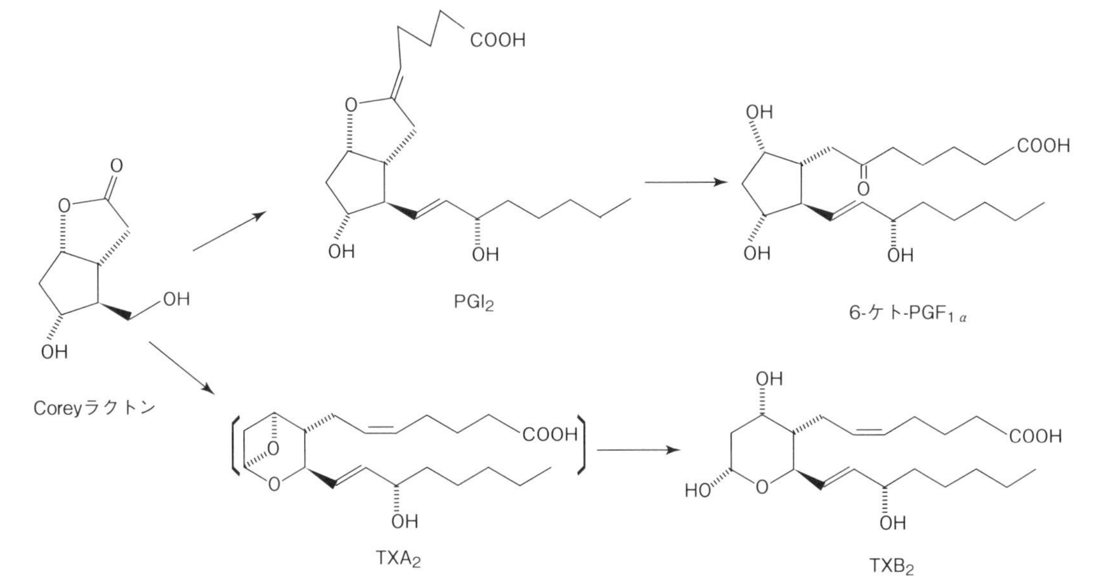

COOH
OH
O
HO
O
OH
Coreyラクトン
PGI2
6-ケト-PGF1α
TXA2
TXB2

野依らの合成法

1） Li
OR2
2） Ph3SnCl
Br
COOR3
OR1
OR2

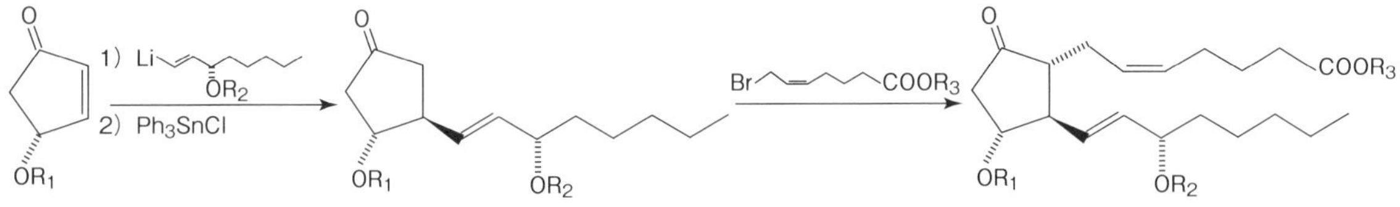

■演習問題

(1) 表4-1を参考にしてつぎの化合物の構造式を描け。
　　(a) パルミチン酸ナトリウム，(b) オレイン酸カルシウム，(c) トリパルミチン（グリセリンのパルミチン酸エステル），(d) グリセリン酪酸，オレイン酸エステル，(e) オレイン酸ミリシル，(f) アラキドン酸プロピル

(2) グリセリンのリノール酸エステルについて，つぎの3つを反応式で書け。
　　(a) けん化，(b) 水素添加，(c) 水素化分解

(3) つぎの物質の代表的なものの構造式を1つ描け。
　　(a) 脂肪，(b) ワックス，(c) 石けん，(d) ステロイド，(e) テルペノイド，(f) スフィンゴ脂質，(g) リン脂質，(h) プロスタグランジン

(4) つぎの生成物を答えよ。
　　(a) コレステロール＋無水酢酸
　　(b) 7-デヒドロコレステロール＋紫外線
　　(c) テストステロン＋過酢酸
　　(d) アンドロステロン＋クロム酸

(5) リノール酸のグリセリンエステルについてヨウ素価およびけん化価を求めよ。（原子量 H＝1, C＝12, O＝16, K＝39, I＝127）

(6) 3-イソペンテニルピロリン酸からゲラニルピロリン酸エステルができる機構を示せ。

(7) 次のテルペン類について下記の問に答えよ。

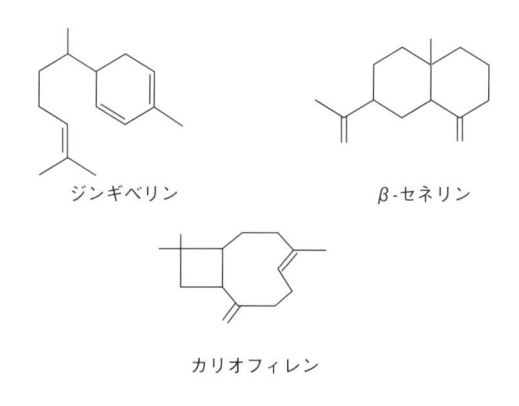

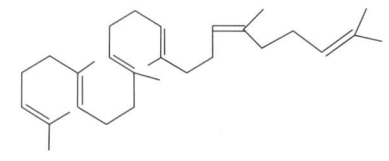

ジンギベリン　　　　　β-セネリン

カリオフィレン

スクアレン

　　(a) 上のテルペンの各々についてイソプレン単位を示せ。
　　(b) 各テルペンをモノ，セスキ，ジテルペンなどに分類せよ。

(8) 石けんと細胞膜の構造について比較せよ。

(9) ラットの貯蔵脂肪からトリアシルグリセロールを完全に加水分解した。

加水分解生成物の脂肪酸はパルミチン酸（P），リノール酸（L），およびステアリン酸（S）であった。考えられるトリアシルグリセロールのすべての構造を記号で示せ

(10) つぎのものを薄い水酸化ナトリウム液でおだやかに加水分解したときの生成物をあげよ。
   (a) 1,2-ジステアロイル-3-パルミトイルグリセロール
   (b) 1-パルミトイル-2-オレイルホスファチジルコリン
   (c) (b)を濃NaOHで加水分解したときの生成物は何か。

5 核酸の化学

　核酸 (nucleic acid) は細胞の核に存在する酸性物質であることから名づけられた高分子化合物である。その基本構造は糖，リン酸およびプリン，ピリミジンなどの窒素を含む有機化合物によって構成され，1952年にその高次構造が明らかにされた。またほぼ同じ頃，その生物学的意義も明らかとなり，この分野が著しい展開をとげることとなった。

　すなわち，核酸は生物の成長，分化，再生に必要なあらゆる遺伝情報を伝える物質である。では，このような遺伝情報がどのような型で核酸の中に貯えられ，そして伝えられていくのであろうか。それにはゲノムとDNA，遺伝子との関係から始めるとわかりやすい。図5-1にこれらの関係の概略を示す。ゲノムとはある生物が持っている全遺伝情報である。ヒトがヒトとして生まれてくるのに必要な設計図である。ヒトの体は約60兆の細胞でできているが，すべての細胞の核にゲノム1セット，すなわち22対の体染色体とXとYの性染色体1体の計23対が入っている。

ゲノム
生物の染色体の全遺伝情報，その大きさは塩基対の数で決定される。

染色体
ヒストンとよばれる正電荷密度の高いタンパク質とDNAの複合体，細胞分裂時に見られる。

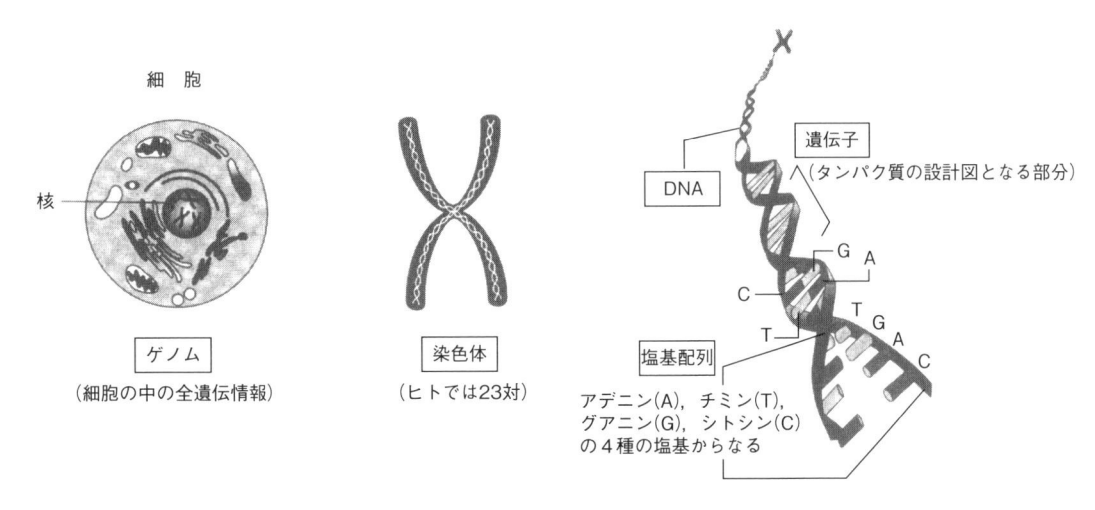

図5-1　ゲノムと遺伝子とDNAとの関係

遺伝子
ポリペプチド合成を指令するDNA断片。2003年4月14日、ヒトゲノムの完全解読が終了した。それによると23対の染色体の遺伝子数は33,000個、総塩基数は30億個が確認されたことになる。

染色体は細ながいひものような分子からできていて、染色体をほぐすと右巻の二重らせん構造をしたDNAになる。DNAはデオキシリボ核酸（deoxyribonucleic acid）の略で、糖とリン酸で鎖構造ができ、その内側に4種類の「塩基」（A（アデニン）、T（チミン）、G（グアニン）、C（シトシン））が付いている。図5-1のように2つの塩基が対となり、あたかもらせん階段を作っているように見える。この塩基はヒトの場合30億個にも及び、塩基の配列が体をつくる「設計図」になっている。この設計図は生物によって長さが異なっているが、仕組みは大腸菌からヒトまで基本的には共通であり、みなA, T, G, Cの4文字を持っている。したがってヒトのインシュリンを大腸菌に作らせたり、昆虫の遺伝子をトウモロコシに組み込んだりすることが可能となる。

DNAの中でタンパク質を作る設計図となっている部分が遺伝子である。生命活動はタンパク質の助けで行われている。代謝や消化に必要な酵素もホルモンもまた体を作るのもタンパク質である。いつ、どれだけ、どのようなタンパク質を作るのかという指令を出しているのが遺伝子である。

遺伝子DNAに貯えられたこのような情報はDNAからリボ核酸のメッセンジャーRNAにいったん転写されてから、これが鋳型となって、特定の構造をもったタンパク質が合成される。鋳型の上の暗号を読んで、アミノ酸を正確に並べるのは転移RNAという核酸である。このように遺伝情報の伝達、発現のからくりの大筋は、最近の研究の進歩によってわかってきた。

本章では生物の基本的特性の1つである遺伝の現象、すなわち核酸について、とくにその構造と機能について述べることとする。

まず最初に核酸の構成成分について、つぎに化学構造と性質、および合成について、最後にタンパク質の合成過程について述べる。

5-1 核酸の構成成分

核酸はプリンおよびピリミジン塩基と五炭糖とリン酸とから成るヌクレオチドが重合したものである。すなわち、核酸を小さな構成単位に分けると、図5-2に示すように

　　　　　（ヌクレオチド）―（ヌクレオシド）―（塩基と糖）

の順となる。ここでヌクレオチドは塩基―糖―リン酸より成り、ヌクレオシドは塩基―糖より構成される。塩基はプリンまたはピリミジン塩基であり、糖は五炭糖のリボースまたはデオキシリボースである。

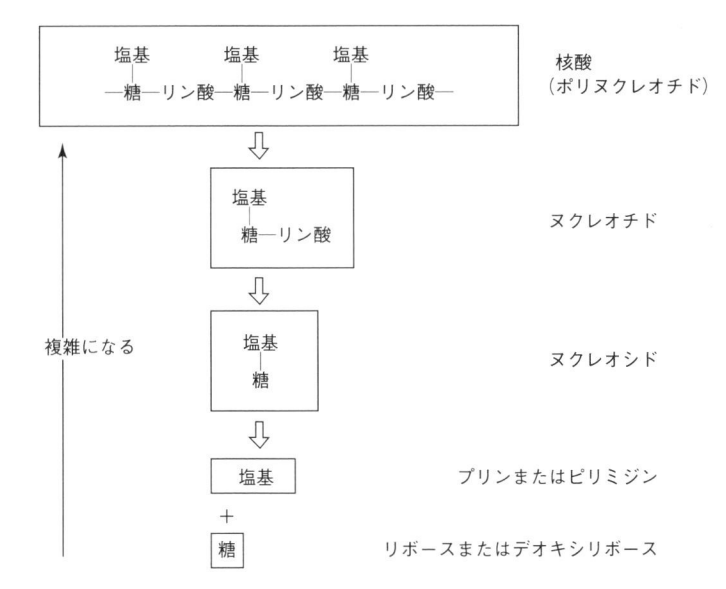

図5-2 段階的に示した核酸の構成成分

核酸にはデオキシリボ核酸（deoxyribonucleic acid, DNA）とリボ核酸（ribonucleic acid, RNA）の存在が知られている．前者は遺伝情報の貯蔵に，後者はその情報を転写し，タンパク合成に必要なアミノ酸の運搬にあずかる物質である．

図に一般的な核酸の基本構造を示した．

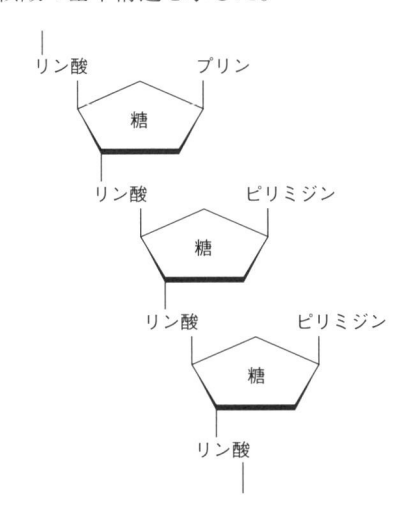

5-1-1 塩　基

核酸中に含まれる塩基として，ピリミジンとプリンの誘導体がある．プリンはピリミジンとイミダゾールが融合した型で，ピリミジンの誘導

体ともみられる。

　ピリミジン塩基として，主にシトシン（C），ウラシル（U），チミン（T）の3種が，プリン誘導体としては，アデニン（A），グアニン（G）の2種類がある。そのほか，希少塩基としてシトシンの誘導体である5-メチルシトシン，5-ヒドロキシメチルシトシンや2-メチルアデニン，7-メチルグアニンのようなメチル化された誘導体がある種の核酸に含まれている。

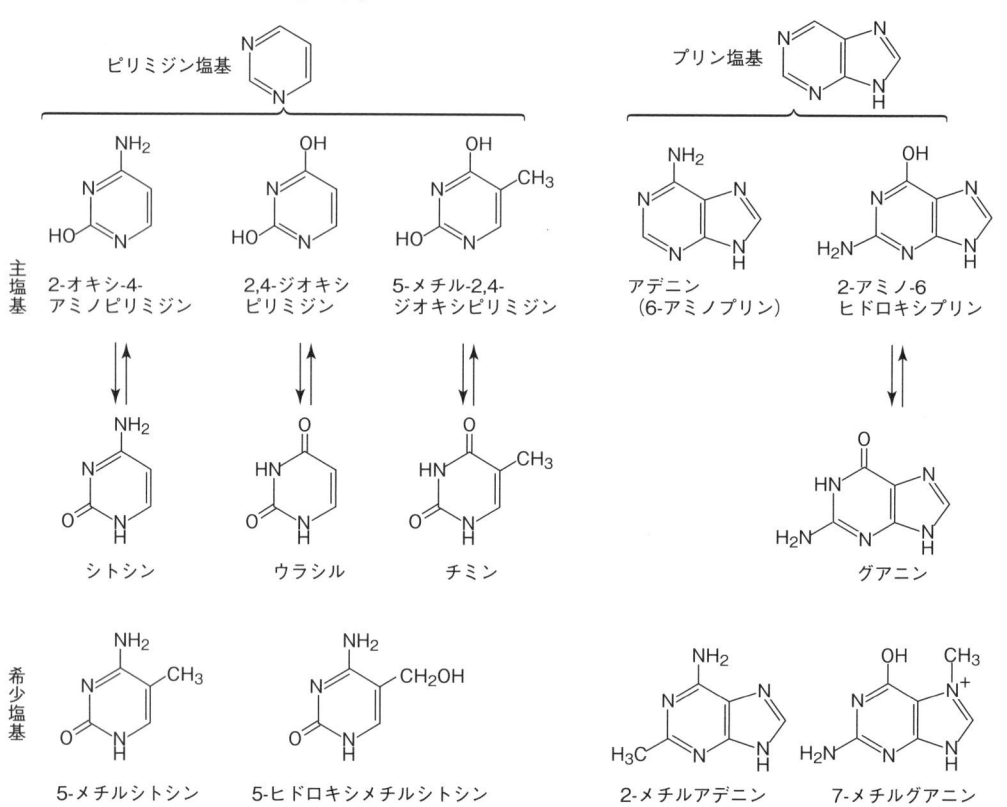

主塩基：

ピリミジン塩基
- 2-オキシ-4-アミノピリミジン ⇌ シトシン
- 2,4-ジオキシピリミジン ⇌ ウラシル
- 5-メチル-2,4-ジオキシピリミジン ⇌ チミン

プリン塩基
- アデニン（6-アミノプリン）
- 2-アミノ-6-ヒドロキシプリン ⇌ グアニン

希少塩基：
- 5-メチルシトシン
- 5-ヒドロキシメチルシトシン
- 2-メチルアデニン
- 7-メチルグアニン

　これらのピリミジン塩基やプリン塩基は，シクロヘキサノンとシクロヘキセノールとの間にケト⇌エノールの平衡が存在するように，ラクタム型とラクチム型の互変異性体をとる。

ケト型 ⇌ エノール型

ラクタム型 ⇌ ラクチム型

pH，濃度，温度などにより，この平衡はどちらかに傾くが，中性ではラクタム型の方が多いようである。このように塩基がラクタム，ラクチムのどちらの構造をもとり得ることは，後述するDNAの二重らせん構造の基本となるアデニン（A）＝チミン（T），グアニン（G）≡シトシン（C）間の水素結合と大いに関係している。なお図のプリン塩基とピリミジン塩基の構造はラクタム，ラクチム互変異性体で表わした。

5-1-2 糖

核酸に含まれる糖はリボースとデオキシリボースであり，これらの糖のどちらか一方が存在すると，DNAかRNAかが決まってくる。すなわち，DNAを構成する糖は，その名の通りデオキシリボースであり，RNAの場合はリボースである。

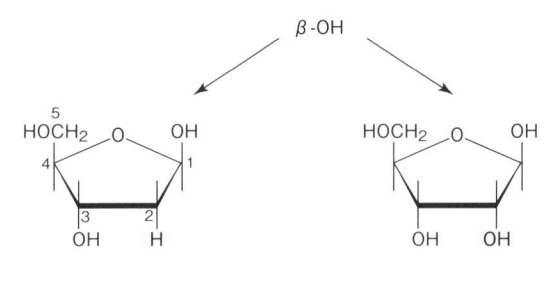

β-D-2-デオキシリボフラノース　　β-D-リボフラノース

ここで注目すべきことであるが，これらの糖はピラノシド構造ではなくて，β-フラノシド構造であるという点である。

5-1-3 ヌクレオシド，ヌクレオチド

(A) ヌクレオシド

2章の糖の化学で述べたように，糖とアルコールから脱水縮合してO-グリコシドが生成されるが，核酸を構成する糖と塩基から，同様の反応でできる生成物をヌクレオシド（nucleoside）とよび，一種のN-グリコシドである。

R=H，またはOH　　　O-グリコシド

β-N-グリコシド

糖のC_1位はβ-OHであるので，ヌクレオシドはすべてβ-N-グリコシドとなる。塩基の結合位置はピリミジンの1位，あるいはプリンの9位である。

核酸には数種の塩基と2種類の糖があるので，二通りのヌクレオシドが存在する。すなわち，リボースと結合したものはリボヌクレオシド，デオキシリボースと結合したものはデオキシリボヌクレオシドといい，塩基の語尾にピリミジン誘導体では–ジン，プリン誘導体では–シンと名づける。たとえばリボヌクレオシドではアデノシン，グアノシン，シチジン，デオキシリボヌクレオシドではデオキシアデノシン，デオキシウリジンのようによぶ。アデノシンは万国名では9-β-D-リボフラノシルアデニンである。

ヌクレオシドおよびその誘導体では糖部分の位置をプライム（'）をつけて番号づける。

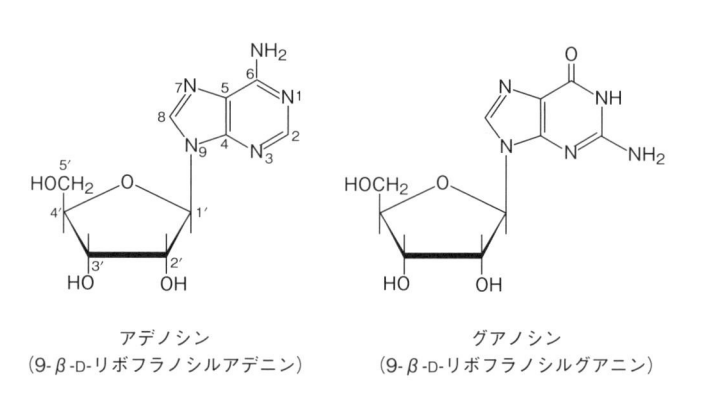

アデノシン
(9-β-D-リボフラノシルアデニン)

グアノシン
(9-β-D-リボフラノシルグアニン)

シチジン
(1-β-D-リボフラノシルシトシン)

チミジン
(1-β-D-2'-デオキシリボフラノシルチミン)

なお，ヌクレオシドの塩基の配座について，プリン塩基では図のようにシン型とアンチ型の配座をとり得るが，普通アンチ型が安定である。

一方，ピリミジン塩基の場合には糖部分とピリミジンの2位のカルボニル基との立体障害によりアンチ型をとる。

このような配座が，後述するDNAの二重らせん構造やRNAのヘア

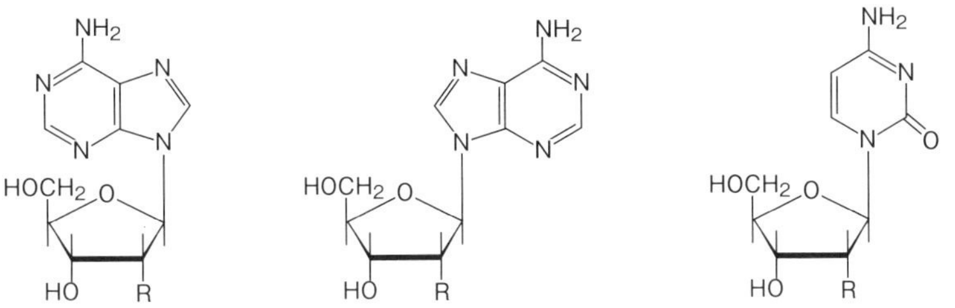

R=H, またはOH
シン型　　　　　　　アンチ型　　　　　　アンチ型

　ピンループ構造と大いに関係することになる。

　ヌクレオシドの性質は塩基に比べて，分子全体の水酸基のしめる割合が増えるので，一般に水に溶けやすい（糖の誘導体でもあるので）。アルカリに対しては安定であるが，酸で加水分解をうけてもとにもどる。

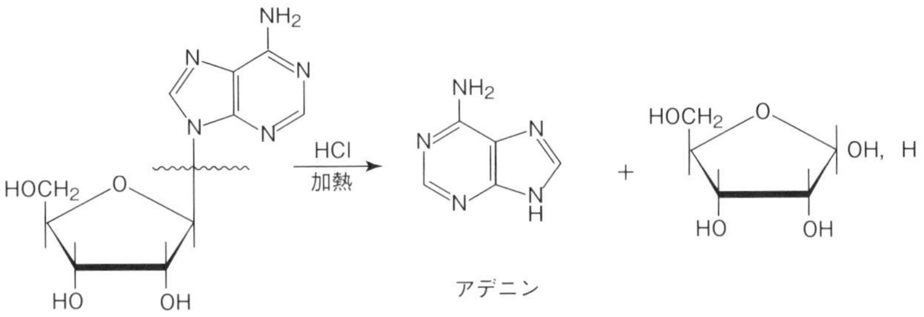

アデノシン　→（HCl 加熱）→ アデニン ＋ OH, H

　表5-1に代表的なヌクレオシドを示した。

表5-1　代表的なヌクレオシド

ヌクレオシド	塩基	糖
アデノシン	アデニン	リボース
デオキシアデノシン	アデニン	デオキシリボース
グアノシン	グアニン	リボース
デオキシグアノシン	グアニン	デオキシリボース
シチジン	シトシン	リボース
デオキシシチジン	シトシン	デオキシリボース
ウリジン	ウラシル	リボース
デオキシウリジン	ウラシル	デオキシリボース
＊チミンリボシド	チミン	リボース
＊チミジン	チミン	デオキシリボース

＊チミンは最初DNAのみに見いだされたので，デオキシチミジンとことわらずに単にチミジンという。また最近，ある種のRNAでチミンがリボースと結合して存在することが見いだされたので，これを逆にチミンリボシド，あるいはリボチミジンと区別している。

(B) ヌクレオチド

　ヌクレオシドのリン酸エステルをヌクレオチド（nucleotide）またはヌクレオシドリン酸という。エステルとは酸とアルコールとの脱水縮合

したものであるが，ヌクレオチドの場合はリン酸とヌクレオシドの水酸基との間の反応である。

$$RCOOH + HO\text{-}R' \longrightarrow RCOOR' + H_2O$$
カルボン酸　　　　　　　　　　　　カルボン酸エステル

リン酸　＋　HO-R'　⟶　リン酸エステル　＋　H_2O

リン酸　＋　ヌクレオシド　⟶　ヌクレオチド　＋　H_2O

(R = H　デオキシリボヌクレオシド)
(R = OH　リボヌクレオシド)

(R = H　デオキシリボヌクレオチド)
(R = OH　リボヌクレオチド)

　もちろん，デオキシリボヌクレオシドから由来するものはデオキシリボヌクレオチドであり，リボヌクレオシドからのものはリボヌクレオチドであることはいうまでもない。

　ここでリボヌクレオシドの場合は水酸基が2′位，3′位，5′位と3個所，デオキシリボヌクレオシドの場合は2個所あり，それぞれの水酸基とリン酸エステルを形成するが，とくに5′位にリン酸エステル化したものが多く見られる。このことはヌクレオチドの重合による核酸合成という点で，生物学的に大変重要なことである。また，3′,5′位と2′,3′位とで分子内エステル体となる環状リボヌクレオチドも知られている。このようにしてできるヌクレオチドは構造を見てわかるように強酸であり，したがってアデニル酸，グアニル酸，シチジル酸などとよばれる。あるいはアデノシンリン酸，グアノシンリン酸，チミジンリン酸などヌクレオシドリン酸の型でも名づけられる。

　つぎに代表的なアデニル酸の異性体を示す。

鎖状アデニル酸

5′-アデニル酸
(アデノシン 5′-一リン酸)

3′-アデニル酸
(アデノシン 3′-一リン酸)

2′-アデニル酸
(アデノシン 2′-一リン酸)

環状アデニル酸

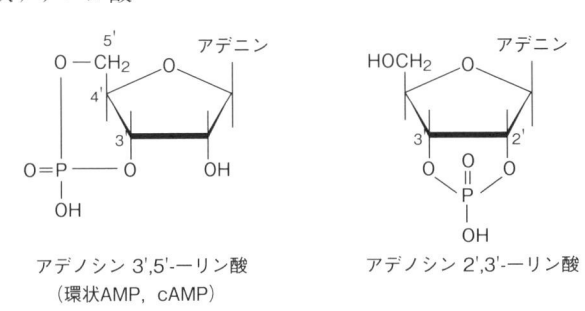

アデノシン 3′,5′-一リン酸
(環状AMP, cAMP)

アデノシン 2′,3′-一リン酸

> **環状AMP (cAMP)**
> ホルモンなどの外界からの情報を細胞内に伝達するセカンドメッセンジャーとして作用し，生体内酸化還元系酵素の補酵素として働いている。

ヌクレオシドにリン酸が1つエステル結合したヌクレオチドは，正確にはヌクレオシド一リン酸（nucleoside monophosphatate）といい，これにもう一分子のリン酸化がおこるとヌクレオシド二リン酸（nucleoside diphosphatate），3つ結合するとヌクレオシド三リン酸（nucleoside triphosphatate）とよぶ。したがってアデノシンであれば，アデノシン5′-一リン酸（adenosine monophosphatate, AMP），アデノシン5′-二リン酸（adenosine diphosphatate, ADP），アデノシン5′-三リン酸（adenosine triphosphatate, ATP）となる。

ヌクレオシド 5′-一リン酸
(NMP)

ヌクレオシド 5′-二リン酸
(NDP)

ヌクレオシド 5′-三リン酸
(NTP)

R = OH，核塩基 = アデニンの場合

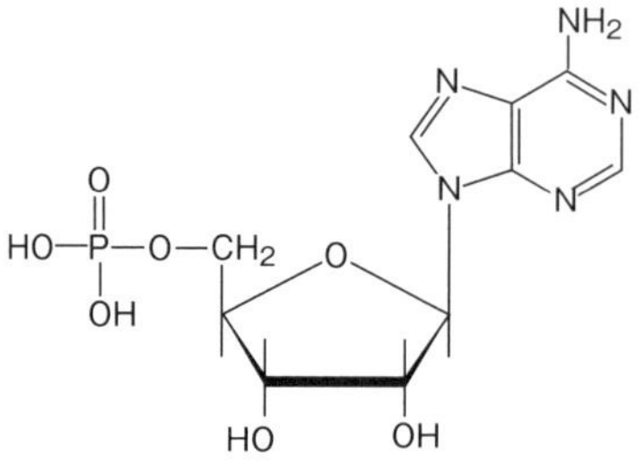

アデノシン 5′-一リン酸（AMP） 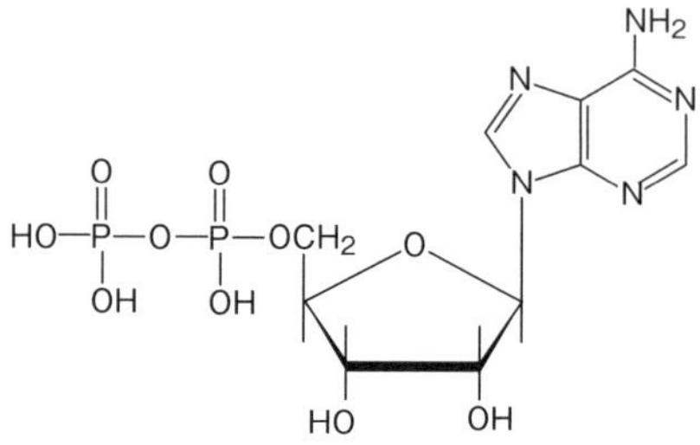　　　アデノシン 5′-二リン酸（ADP）

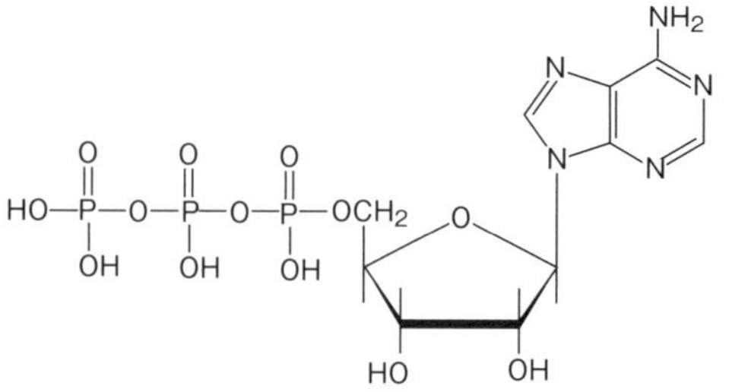

アデノシン 5′-三リン酸（ATP）

代　謝

代謝とは新陳代謝の略称である。たえず外界との疎通をはかりながら生きているすべての生物が，生命活動の推進のために必要とする物質を，外界から摂取した無機物や有機物を素材として合成する活動と，外界から吸収したエネルギーを生体内の化学反応に利用できる形に変える活動を指す。

とくにこの －Ⓟ－O－Ⓟ－結合は高エネルギーのリン酸結合であり，生体内の化学反応（代謝）に用いられる。すなわち生体内で物質AをBに変化させる場合，エネルギーが必要となるが，高エネルギーのATP 1 mol が ADP に分解する際生じるエネルギーを 7.3 kcal を A に与えて B が形成されるわけである。

$$A + ATP \longrightarrow B + ADP + Pi$$

あるいは

$$A \xrightarrow{ATP \quad ADP+Pi} B$$

その他，生体はこのエネルギーを利用し，筋肉の収縮，細胞膜を隔てた物質の能動輸送などを行っている。

ヌクレオチドは一般に酸に対して安定であるが，アルカリでは加水分

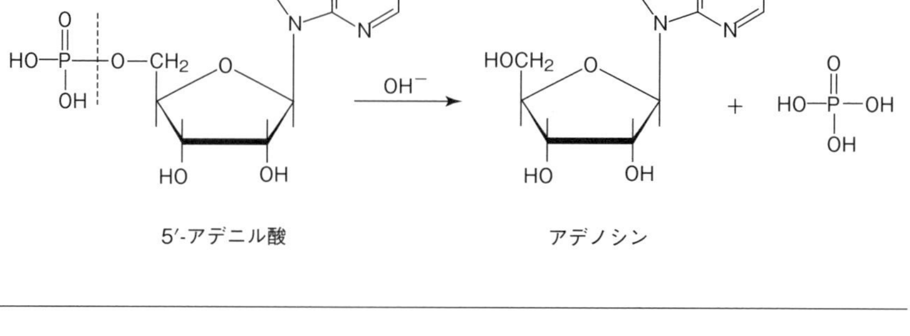

5′-アデニル酸　　　　　　　　アデノシン

解されてヌクレオシドとリン酸になる。

表5-2に代表的なヌクレオチドの名称と略号を示した。

表5-2 ヌクレオチドの名称と略号

| | 塩基 | ヌクレオチド5′-リン酸 | | | ヌクレオチド5′-二リン酸 | ヌクレオチド5′-三リン酸 |
		慣用名	化学名	略号	略号	略号
リボヌクレオチド	アデニン	5′-アデニル酸	アデノシン5′-リン酸	5′-AMP	5′-ADP	5′-ATP
	グアニン	5′-グアニル酸	グアノシン5′-リン酸	5′-GMP	5′-GDP	5′-GTP
	シトシン	5′-シチジル酸	シチジン5′-リン酸	5′-CMP	5′-CDP	5′-CTP
	ウラシル	5′-ウリジル酸	ウリジン5′-リン酸	5′-UMP	5′-UDP	5′-UTP
デオキシリボヌクレオチド	アデニン	5′-デオキシアデニル酸	デオキシアデノシン5′-リン酸	5′-dAMP	5′-dADP	5′-dATP
	グアニン	5′-デオキシグアニル酸	デオキシグアノシン5′-リン酸	5′-dGMP	5′-dGDP	5′-dGTP
	シトシン	5′-デオキシシチジル酸	デオキシシチジン5′-リン酸	5′-dCMP	5′-dCDP	5′-dCTP
	チミン	5′-デオキシチミジル酸	デオキシチミジン5′-リン酸	5′-dTMP	5′-dTDP	5′-dTTP

(C) 核酸成分以外のヌクレオチド

ヌクレオシドやヌクレオチドは，核酸成分以外にも天然に知られているものが多い。先にもふれたように，細胞内のエネルギー担体として作用するATP，それよりリン酸が1分子少ないADP，またホルモン作用の伝達物質である環状3′,5′-AMP（c-AMP），および補酵素などがある。ここでは特に生体の化学反応というべき代謝において重要な役割をもつヌクレオチドを表5-3に示した。またその機能について簡単に反応式で示したが，詳細は生化学の成書を参考にされたい。

補酵素

酵素のタンパク質部分と結合することにより酵素作用を発現させる物質，いいかえれば酵素の働きを助ける役割をする物質，ビタミン類が多い。

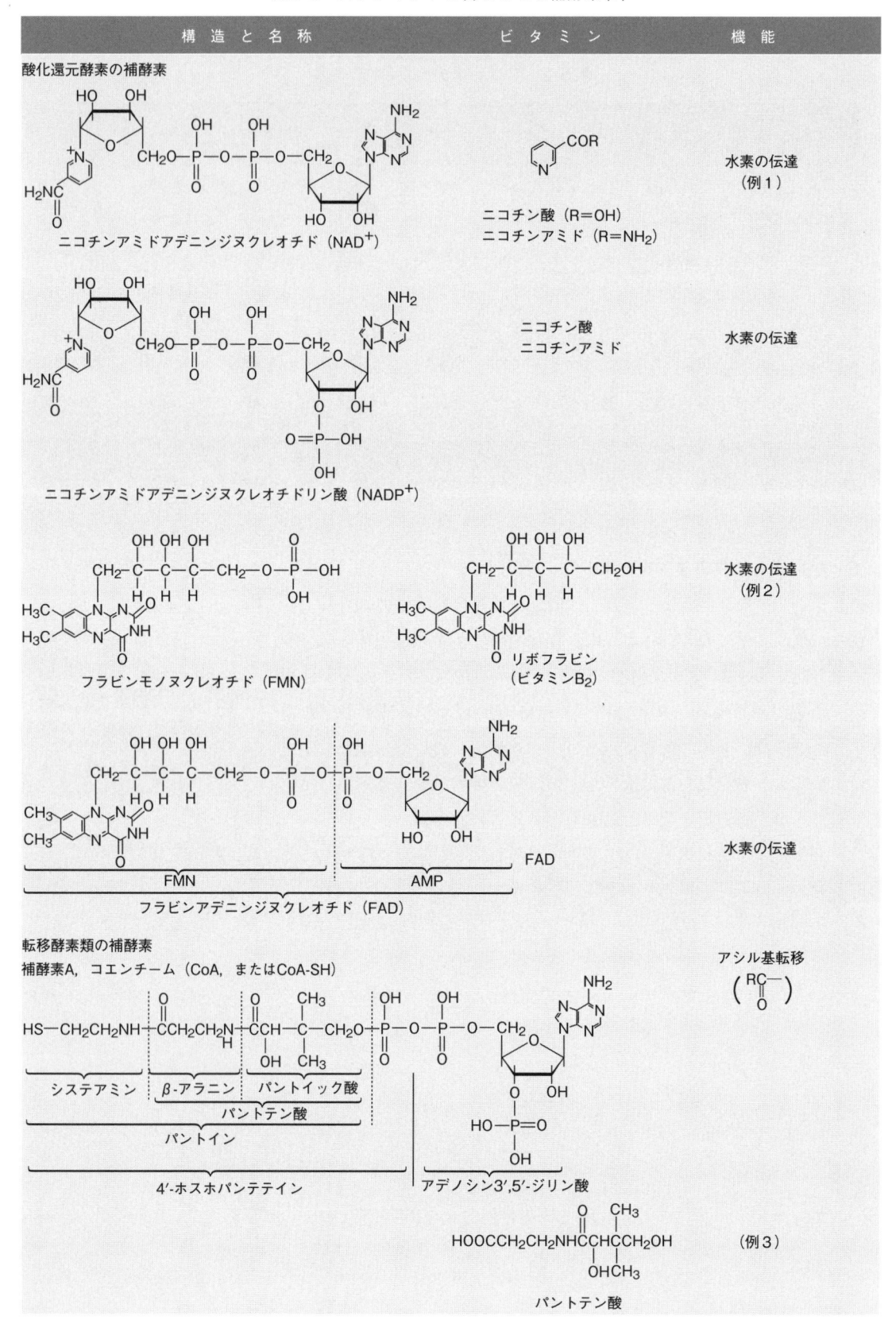

表5-3 ヌクレオチドを含むおもな補酵素(1)

構造と名称	ビタミン	機能
ニコチンアミドアデニンジヌクレオチド (NAD$^+$)	ニコチン酸 (R=OH) ニコチンアミド (R=NH$_2$)	水素の伝達 (例1)
ニコチンアミドアデニンジヌクレオチドリン酸 (NADP$^+$)	ニコチン酸 ニコチンアミド	水素の伝達
フラビンモノヌクレオチド (FMN)	リボフラビン (ビタミンB$_2$)	水素の伝達 (例2)
フラビンアデニンジヌクレオチド (FAD) （FMN + AMP = FAD）		水素の伝達

転移酵素類の補酵素
補酵素A, コエンチーム (CoA, またはCoA-SH)

システアミン — β-アラニン — パントイック酸
パントテン酸
パントイン
4′-ホスホパンテテイン — アデノシン3′,5′-ジリン酸

アシル基転移
$\left(\begin{matrix} RC \\ \parallel \\ O \end{matrix} - \right)$

パントテン酸 （例3）

表5–3 ヌクレオチドを含むおもな補酵素(2)

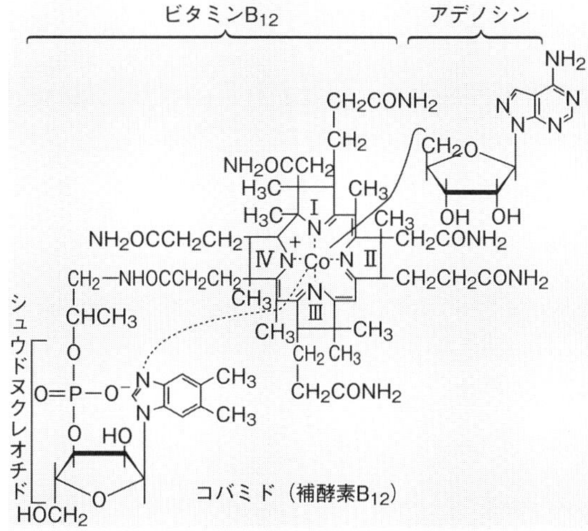

ビタミンB_{12}　アデノシン

コバミド（補酵素B_{12}）

シュウドヌクレオチド

ビタミンB_{12}

メチル基転移
（例4）

[例1] ニコチンアミド部の酸化還元反応

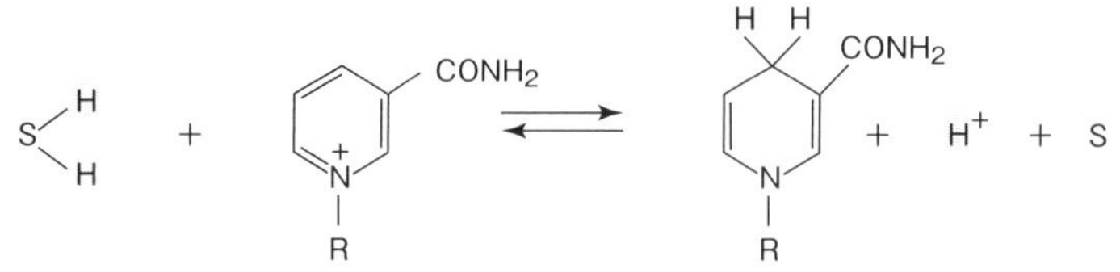

$CH_3CH_2OH + NAD^+ \rightleftarrows CH_3CHO + NADH + H^+$

[例2] フラビン酸化還元反応

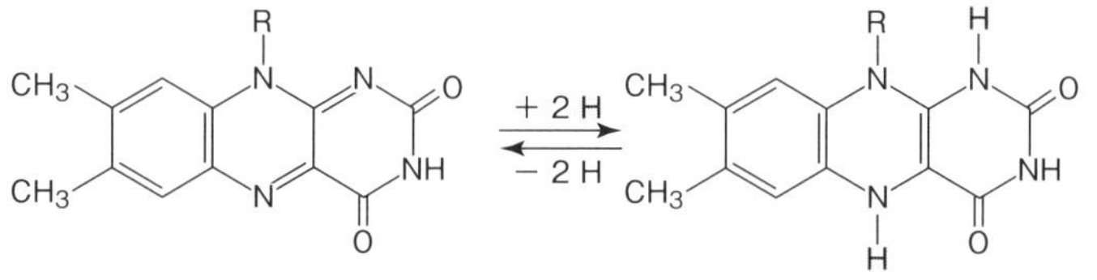

[例3] アシル基転移反応

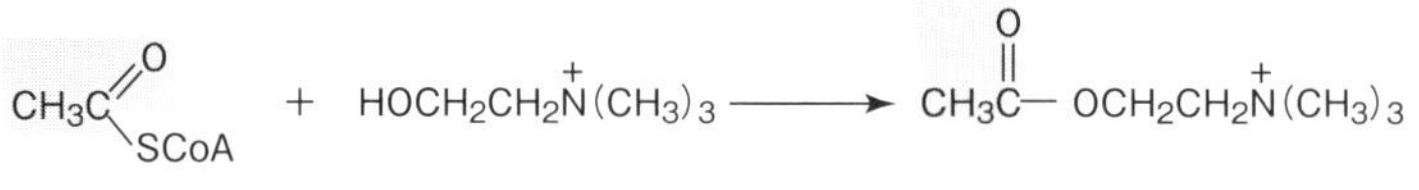

アセチル補酵素A　　　コリン　　　　　　アセチルコリン

[例4] メチル基転移反応

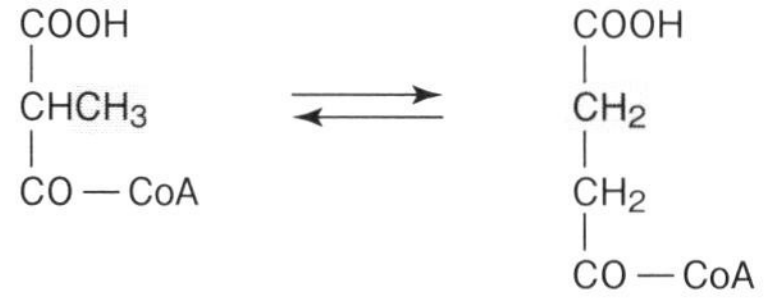

メチルマロニルCoA　　　スクシニルCoA

5-2 核酸の構造と性質

核酸はおもに核のなかにあって染色体の成分となっているDNA（デオキシリボ核酸）と，核と細胞質の両方にあるRNA（リボ核酸）の2種類があり，いずれもヌクレオチドを構成単位とする物質である。いいかえれば，このヌクレオチドが重合して核酸を構成するわけである。ここでDNAは遺伝子の本体であり，RNAはDNAの遺伝情報にもとづいてタンパク質を合成する際に重要な役割をもつものである。

ここでは，これらの核酸の構造と性質について述べることにする。

5-2-1 DNAの構造と複製

(A) DNAの構造

DNA，すなわちデオキシリボ核酸は塩基（アデニン（A），チミン（T），グアニン（G），シトシン（C））と五単糖の2-デオキシリボースおよびリン酸とからなるヌクレオチドが，他のヌクレオチドの5′位と3′位でつぎのようなリン酸ジエステルを形成し，重合して1本鎖の高分子を形成していく。その一部を図5-3に示した。このような構造をDNAの一次構造という。

タンパク質にN末端，およびC末端アミノ酸というように方向性があ

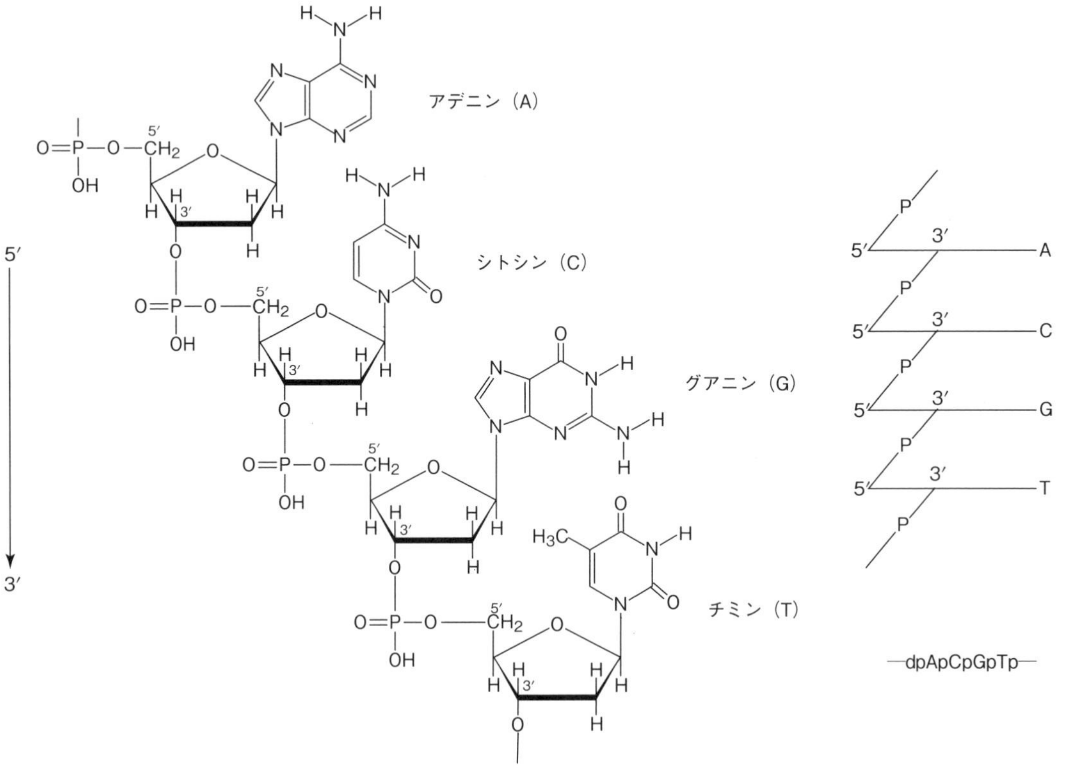

図5-3 デオキシリボ核酸の部分構造と簡略化した表示法

ったが，同様にDNA，RNAにも方向性があり，その配列は5′末端を左に，3′末端を右に書く習慣になっている。またいちいち構造式を書くのは大変であるので，簡略化した図式が用いられている。図5-3の右側に描いてあるように，横線は，C-1′位に塩基のついた糖の炭素鎖をあらわし，斜めの線は横線のちょうど中間でC-3′リン酸結合を，また末端ではC-5′リン酸結合を示す。この表示法はRNAの場合にも用いられる。さらに簡略化して書くと，ヌクレオシドの左側にpを書いて糖部の5′-水酸基にリン酸が，左側にpを書いて3′-水酸基にリン酸が結合していることを表わしている。したがって―pApCpGpTp―となる。

ポリヌクレオチドの場合もこの表示法が適用できる。たとえば，ApCpGpTpを例にとると，末端アデニル酸の5′-水酸基はエステル結合ではなく遊離した型であるが，他の末端の3′-水酸基はリン酸モノエステル結合したテトラヌクレオチドである。またヌクレオシドがデオキシリボースを含むかどうかをdApCpGpTp，またはさらに簡単化しdACGTのように明記する方が便利である。

Chargaffらはいろいろな生物のDNAの塩基組成を分析した結果（表5-4），生物種によって塩基組成の含量にちがいがあるものの，常にAとTのモル含有率は等しく，またGとCのモル含有率も等しく，さらに(A + G)/(T + C) = 1の関係にあることに気づいた。この式は，プリン塩基とピリミジン塩基が等しいことを示している。以上のことはDNAの構造と密接な関係があることを示唆する重要な発見であった。

表5-4　DNAの塩基組成（モル百分率）

DNA	A	T	G	C	$\frac{A+G}{T+C}$	$\frac{A+T}{G+C}$
ヒト肝臓	30.3	30.3	19.5	19.9	0.99	1.53
ウシ胸腺	29.0	28.5	21.2	21.2	1.01	1.36
ブタひ臓	29.6	29.2	20.4	20.8	1.00	1.43
ウマひ臓	29.6	27.5	22.9	20.1	1.10	1.53
ヒツジ肝臓	29.3	29.2	20.7	20.8	1.00	1.41
ネズミ骨髄	28.6	28.4	21.4	20.4	1.02	1.33
酵 菌	20.7	20.1	27.2	31.9	0.94	0.69
結核菌	18.0	20.0	28.5	33.5	0.87	0.61

1953年，WatsonとCrickはこれまでのX線のデータや，ChargaffらのDNAの塩基組成の分析結果を参考にして，DNAの二次構造，すなわち二重らせん構造説を発表した（図5-4）。その構造の特徴はつぎのとおりである。

(1) 多数のヌクレオチドが細長い鎖状になって2本ずつならび，この2本がらせん状にねじれたリボン状のはしごのような形をしている。

(2) らせんはどちらも右巻きであり，ポリヌクレオチドの方向は互いに逆向きである。

(3) 2本の鎖をつなぐはしごにあたる部分は，ヌクレオチドの塩基が水素結合により安定化している。

(4) この塩基同士の水素結合は相手が決まっており，アデニン（A）に対しチミン（T）が，グアニン（G）とシトシン（C）とが結合する。このような関係を相補的であるという。

(5) 対になった塩基は同一平面上にあり，らせん軸と直交している。また塩基と結合しているデオキシリボースのフラノース環は，この平面とほぼ直角の角度を保っている。

(6) リン酸ジエステルのリン原子はらせん軸から1nmはなれた位置にあり，したがって二重らせんの直径は2nmとなる。ヌクレオチド間，すなわちはしご同士の間は0.34nm離れており，二重らせんの一回りがちょうど10個のヌクレオチドからなりたっているので，3.4nmごとにらせん構造が繰り返されることになる。

(7) ポリヌクレオチド鎖の塩基の配列は規制されない。したがってこの配列が遺伝情報を伝えている。

図5-4の右側は簡略化した表示法で，塩基対だけのようすを示してある。A＝T，G≡Cの結合は水素結合の数をあらわしている。

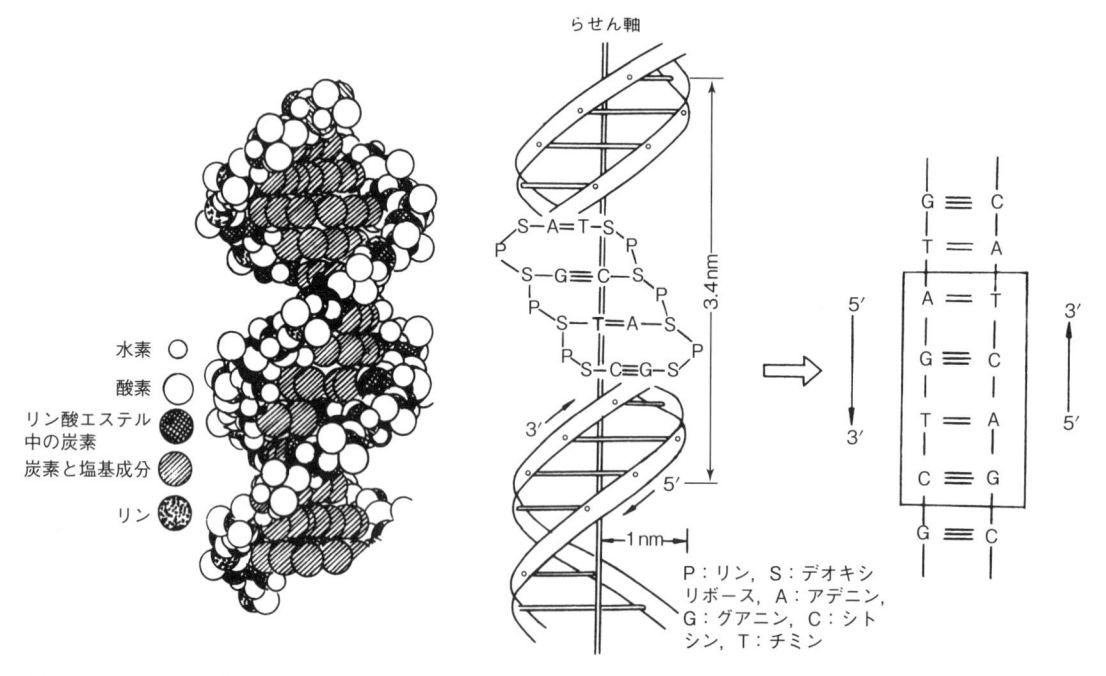

(a) Watson-Crickモデル（M. H. F. Wilkins, *Cold Spring Harbor Symposia Quant. Biol.*, **21**, 75（1956）; M. Feughelman, *Nature*, **175**, 834（1955）より）

(b) 立体構造の模型

(c) 平面構造の表示法

図5-4　DNA二重らせん構造

WatsonとCrickのこの模型の中で最大の特色は，2本のポリヌクレオチドの間で水素結合をつくる塩基対はアデニンとチミン，グアニンとシトシンであるという点である。すなわちこのらせんをつくるために，プリン塩基とピリミジン塩基同士が対となりうるわけで，プリン塩基同士では狭すぎ，ピリミジン塩基同士では広すぎてしまい適合しない。プリン塩基とピリミジン塩基対の組み合わせでは，アデニンとチミン，グアニンとシトシンの場合がもっとも適している。これらの塩基対の水素結合の様子を図5-5に示した。

水素結合

　一般に水素結合をX—H……Yのような記号で表わす。ここで，X—Hは陽子供与体，Yは陽子受容体。Xの大きい電気陰性度のためHは若干正に帯電し，またYはいくぶん負に帯電するから，両者の間に働く静電引力が水素結合の原因と考えられている。その他X⁻……H—Y⁺構造の共鳴による安定化，すなわちHとYとの間の共有結合性も水素結合の原因と考えられている。結合のエネルギーはふつう2～8 kcal/mol程度であるが，蒸発熱，誘電率，赤外線または紫外線吸収，磁気共鳴吸収など物質の物理的諸性質に顕著な影響を与える。また水素結合は生体内の諸現象に重要な役割を果たしているものと考えられている。

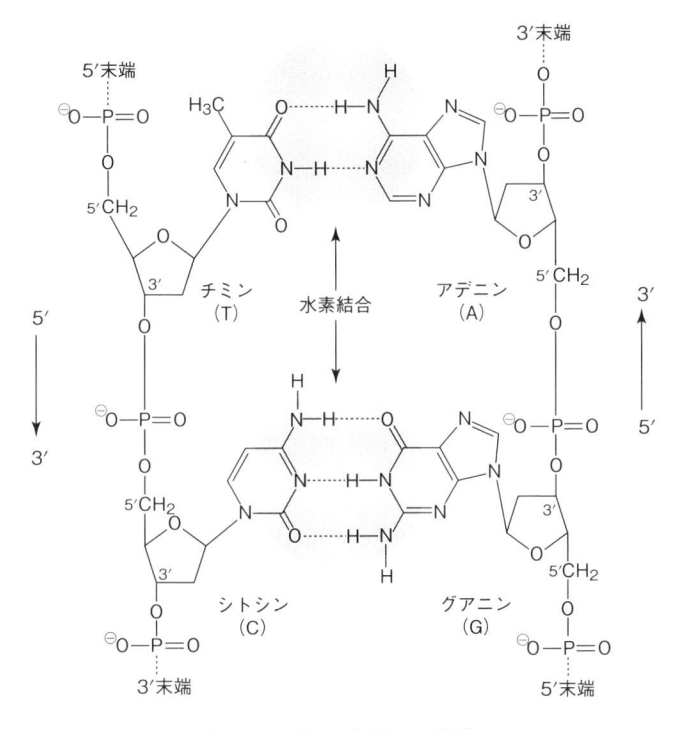

図5-5　DNA分子内の塩基
チミンとアデニン，シトシンとグアニン間の水素結合

　ここでA-T塩基対により2つの水素結合で8員環が生じ，G-C間では3つの水素結合で，2つの8員環が形成され安定化する。このようにDNA分子のヌクレオチドの片方の塩基配列が決まっていると，もう一方の塩基配列は自動的に決まってしまう。このような関係を相補的であるということは先に述べた。

　DNAに含まれる塩基の量がAとT，GとCでそれぞれ等しくなっていることからもよく理解できよう。このような事実はつぎに述べるDNAの複製（replication）の機構をうまく説明するのに都合がよい。

(B) DNAの複製

DNAが遺伝子の本体であるということは，遺伝形質が細胞から細胞へ（親から子へ）伝えられなければならないということである。先に述べたようにDNAの二重らせん構造の塩基の配列順序がそのまま受けつがれることにほかならない。そのためにはDNAのらせん構造がほどけて，ほどけた1本のポリヌクレオチド鎖を鋳型として，相補的なもう1本の新しいポリヌクレオ鎖が合成され，前とまったく同じDNAが複製されることをWatsonとCrickは提唱した。

複製の過程を図5-6に示した。

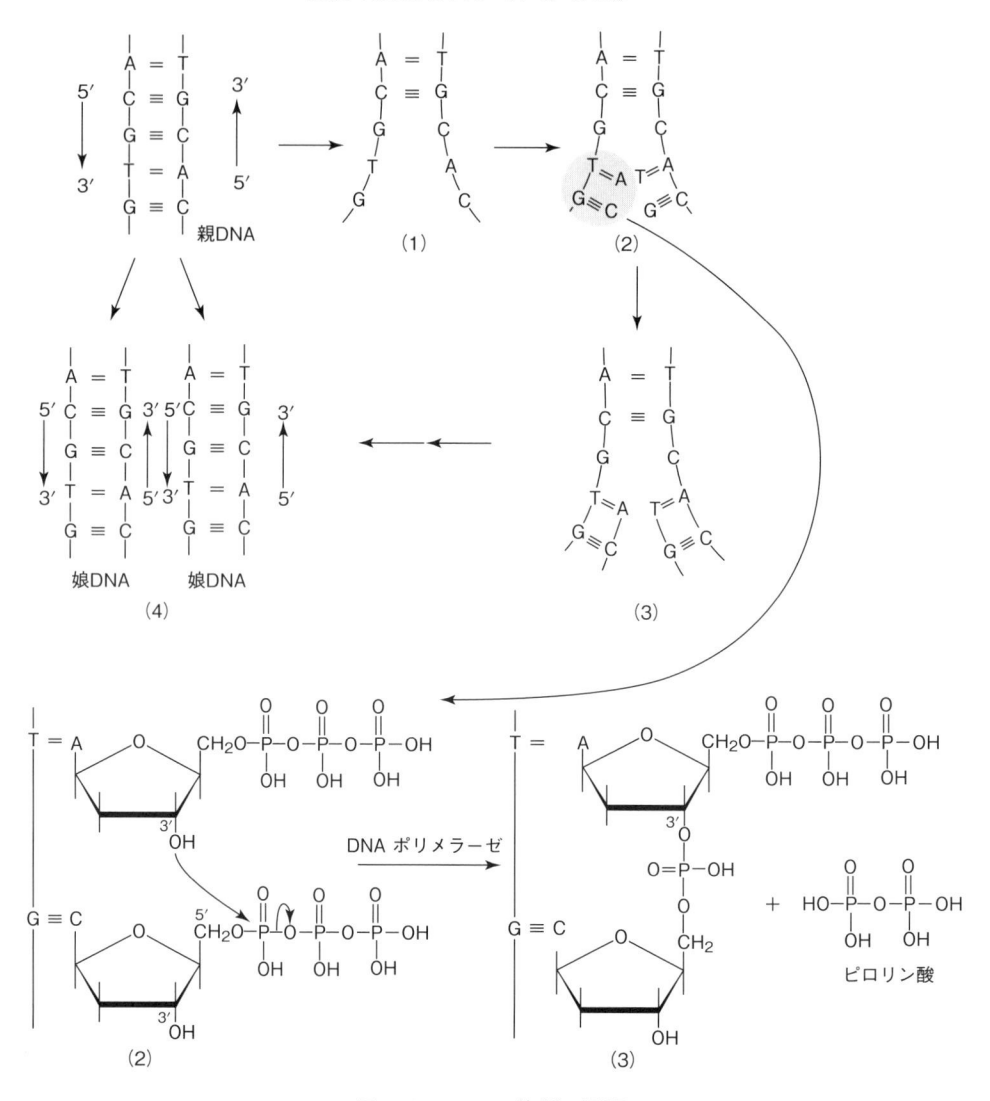

図5-6 DNAの複製の過程

(1) 二重らせんの塩基対の水素結合（A = T, G ≡ C）が切れ，らせんの一部がほどける。

(2) そこに細胞内でつくられたデオキシリボヌクレオシド三リン酸の

どれか（dATP，dTTP，dGTP，dCTPの4種）と対応して水素結合を形成し対となる。

(3) つぎにDNAポリメラーゼの働きで，ヌクレオチド同士が結合し，新しいヌクレオチド鎖がつくられる。これらが結合するときは(3)式のようにピロリン酸がはずれてリン酸ジエステル結合となる。

(4) 新しいヌクレオチド鎖はもとのヌクレオチド鎖と自動的に二重らせん構造をつくり，このようにして複製がつぎつぎと進み，新しいDNA（娘DNA）が2つできる。こうしてできた新しいDNAのポリヌクレオチド鎖はもとのDNA（親DNA）から，もう一方のヌクレオチド鎖は新規に作られたものであるので，このような複製のしかたを半保存的複製という。なお不連続な複製機構によってDNAは複製される（(3)→(4)）。

5-2-2 リボ核酸の構造

RNA（ribonucleic acid, RNA）はDNAと同様に3′,5′-ホスホジエステル結合によってつながったリボヌクレオチドの重合体である。DNAと多くの共通点があるが，いくつかの特徴的な相違点もみられる。すなわちRNAを構成する塩基はアデニン，グアニン，シトシンとそれにウラシルである。チミンとよく似た構造でチミンの代りとなっていることに注意してほしい。また糖はリボースで，上の4種の塩基と1′-位で結合している。またDNA中のデオキシリボースの2′-位の水素が水酸基におきかわった構造である。

以下，RNAの構成成分のうちDNAとは違った成分のみを記した。

ウラシル（U） 塩基
リボース 糖
ウリジン リボヌクレオシド

したがってRNAの一次構造は図5-7のようになる。

とくにDNAが右巻きの二重らせん構造であるのにくらべて，RNAは1本鎖でところどころ分子内水素結合し，ヘアピンループをつくった複雑な三次元構造をしている。分子内水素結合はG≡CとU＝Aとの間で行われる。G≡C塩基対はDNAの場合と同じであるので，U＝A塩基対について示した。

RNA分子をつくるヌクレオチド数は数十〜数千で，DNAよりはるか

不連続なフラグメント（岡崎フラグメント）

複製の際，2本鎖DNAがまきもどされるのにともない相補鎖が合成され，2組の娘DNAができる。このまきもどされる点からDNAが複製されるので，この点を複製分枝（複製フォーク）という。DNAポリメラーゼは5′-3′方向にのみDNAを合成するので，左側の1本の鎖は複製フォークの方向に連続，右側の鎖は複製フォークから連続的に合成できない。そこで複製フォークを移動しながら短いDNAの不連続な断片をつくる。この断片はリガーゼという酵素によって結合されていく。

この途中で作られるDNAの断片は発見者の岡崎令治博士にちなんで，岡崎フラグメントとよばれる。このような機構でDNAは複製される。

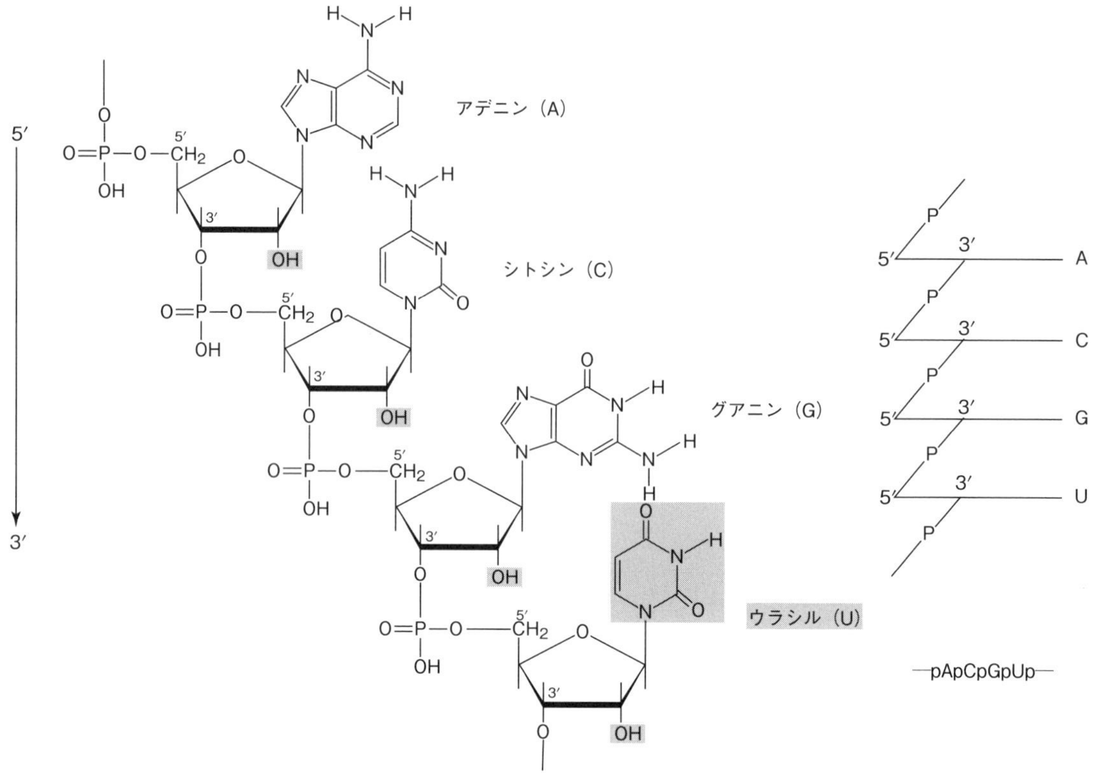

図5-7 RNAの部分構造と簡略化した表示法
(DNAの構造と   の個所が違う)

に低分子である。

RNAにはその働きから，伝令RNA (messenger RNA, mRNA), 転移RNA (transfer RNA, tRNA) およびリボソームRNA (ribosomal RNA, rRNA) がある。

大腸菌のRNAについて表5-5にまとめた。

表5-5 大腸菌中のいろいろなRNA

種類	細胞内の相対量（%）	ヌクレオチド数	分子量
リボソームRNA (rRNA)	80	～120	3.6×10^4
		～1700	5.5×10^5
		～3700	1.2×10^6
転移RNA (tRNA)	15	70～93	2.5×10^4
伝令RNA (mRNA)	5	75～3000	不均一

mRNAはタンパク質合成に関する遺伝情報をDNAから転写 (transcribe) する。そして細胞の核から細胞質に出ていき，リボソームと結合して安定となる。種類は多く，その大きさはtRNAとrRNAの中間ぐらいである。

tRNAはタンパク合成に必要なアミノ酸を運搬する。すなわち，

mRNAの3つの塩基の配列が特定のアミノ酸に対応するが、この両者の仲介をするのがtRNAである。

特定のアミノ酸 ………… |tRNA| ………… mRNA

ヌクレオチドが70〜90個ぐらいでつながった比較的分子量の低いRNAであり、その構造はクローバの葉のような型で表わされる。一部は二重らせん構造をとり、3つのループと1つの葉柄をとるような型となり、真中のループにはmRNAと結合するための三連子暗号（トリプレットアンチコドン）をもつ。すなわち、mRNAとtRNAとの3つの塩基の配列同士が暗号（コドン）と反暗号（アンチコドン）の関係となっている。たとえばmRNA上のコドンがUUCという並び方だとすると、tRNAのアンチコドンはそれと相補的な塩基であるAAGがきて対となる。

—AAG—　tRNA上の三連子アンチコドン
—UUC—　mRNA上の三連子コドン

またクローバの柄の部分の片側の3′-末端はどういうわけか、すべてのtRNAで塩基がCCAの配列となっており、アデノシンの3′-水酸基とある1つのアミノ酸とがエステル結合する。

このとき、アミノアシルtRNA合成酵素が触媒となる。

tRNAはA，G，C，Uのほかに微量のメチル化された塩基や、プリイドウリジル酸やリボチミジル酸のような異常なモノヌクレオチドも含んでいる。これらがtRNAの三次構造にかなり影響しているようにみえる。

このようにtRNAは細胞内のアミノ酸と結合し、このアミノ酸を結合したtRNAはリボソームに付着しているmRNAの対応部分と結合することで、アミノ酸の運搬の働きをしている。図5-8にtRNAの平面構造と立体構造を示した。

rRNAは細胞内でタンパク質を合成する場所であるリボソームの主成分であり、細胞内にあるRNAの80％をしめる。リボソームは球形をし

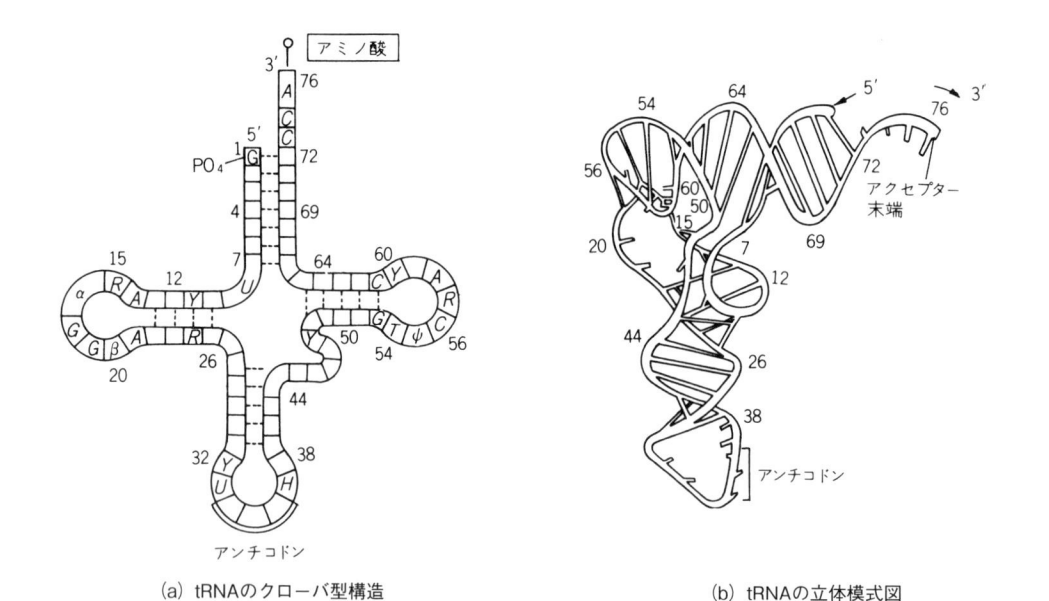

(a) tRNAのクローバ型構造　　　(b) tRNAの立体模式図

図5-8

た大きなサブユニットと扁平な小さなサブユニットで構成されている。それぞれのサブユニットはrRNAにタンパク質が結合した複合体からなっている。タンパク質を合成するさいに，小さいサブユニットはmRNAに，大きいサブユニットはtRNAと結合する。

そして数個のリボソームがmRNAに結合してポリソームとなり，タンパク質の合成が活発となる。しかしその機能については正確にはまだわかっていない。

mRNA, tRNA, rRNAについてはタンパク質合成の節のところでもう少しくわしく述べる。

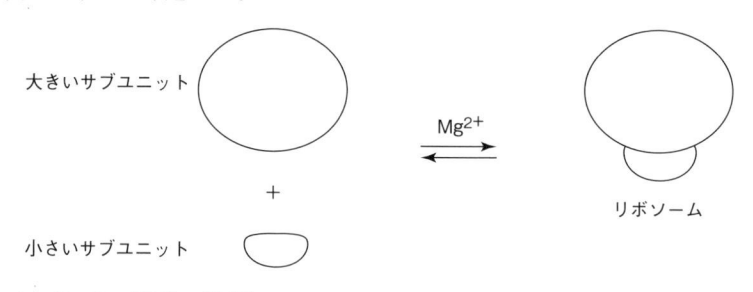

5-2-3　核酸の性質

ここでは核酸の物質的な性質と化学的性質についてふれることとする。

核酸は強い紫外吸収を示す。吸収極大260 nmにおける吸光度を温度を上げながらみてゆくと，DNAではある一定の温度になったときに急に吸光度は増加する。80〜90℃の比較的狭い温度幅で一定値となる（図5-9）。

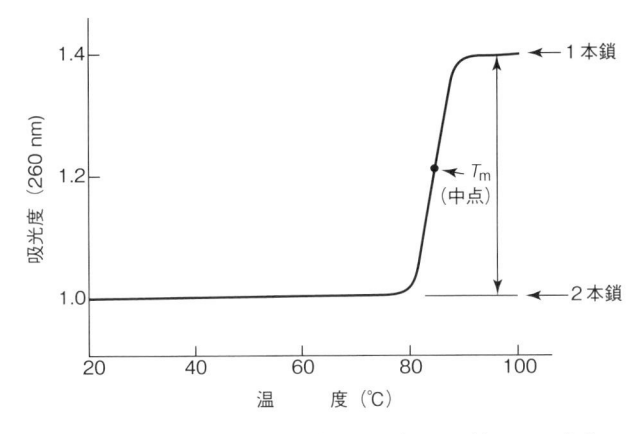

図5-9 DNAの紫外吸収（260 nm）の加熱による変化

図5-10 1本鎖DNAと2本鎖DNAの紫外線吸収スペクトル

　これはきちんとした塩基対（A = T，G ≡ C）をつくる水素結合が熱によって切れ，また塩基面の規則正しい積み重なりがくずれて，電子分布の変化などがおこるためである。すなわち，プリンやピリミジン塩基は260 nmに吸収をもつが，これら4つの塩基の混合溶液もまた同じ最大吸収を示す。しかしながら，2本鎖のポリヌクレオチドの重合したDNA分子では塩基同士の積み重なりによるπ電子の影響で吸光度が40％程少なくなる（図5-10）。

　このような現象を淡色効果（hypochromic effect）という。これに対して吸光度が増加する現象を濃色効果（hyperchromic effect）といい，2本鎖DNAが温度によりばらばらにほどけて1本鎖DNAとなることを意味している。

　このように熱により急激な変化がおこる温度範囲の中点を融解温度，あるいは変性温度（temperature of melting, T_m）とよぶ。この温度では旋光分散，円偏光二色性，粘度などの変化がおこる。融解温度以上に加熱してからゆっくりと冷やすと，かなり元の加熱前の状態に近づく。これらの操作ではDNAの2本鎖が加熱により1本ずつに分れ，ゆっくりさますと，相手を忠実に探して元の状態に近い2本鎖にもどるものと考えられる。この方法は焼きもどし（annealing）とよばれ，DNA相互，またDNAとRNAとの鎖の間に混成核酸を形成し，相補性があるかどうかをみるのに利用される。

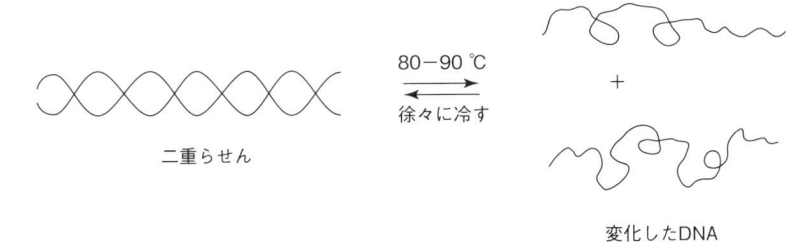

二重らせん　⇌（80-90 ℃ / 徐々に冷す）　変化したDNA

DNAの変性温度は，DNAの起源によってそれぞれ異なっている。これはDNAに含まれているグアニル酸とシチジル酸の含量に依存している。一般にグアニンとシトシンの含量が高いほど変性温度は高くなる（図5-11）。これはGとCは3個の水素結合で対をつくっており，A-T間の2本の水素結合より強固で安定であるので，これをほどいて1本鎖にするのにはより多くのエネルギーを必要とするからである。

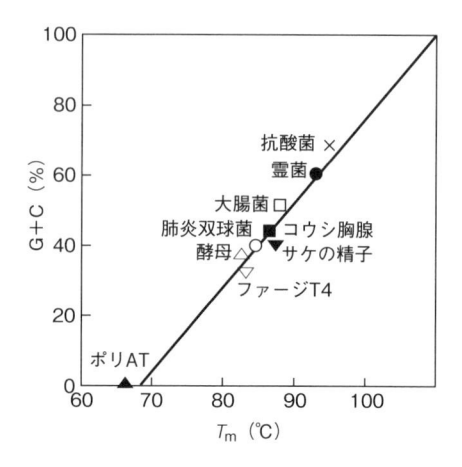

図5-11　いろいろなDNAの変性温度と（G＋C）含量比の関係

つぎに核酸の化学的性質についてはどうであろうか。DNAをアルカリで処理しても加水分解されにくいが，RNAは希NaOHで加水分解をうけ，中間に$2',3'$-環状モノヌクレオチドを生じる。さらに加水分解されて，$2'$-と$3'$-ヌクレオチドの等量混合物となる。

一方，酵素リボヌクレアーゼ（R Nase）による加水分解では，中間に環状ヌクレオチドが生成するが，酵素の特異性で加水分解される結合

は一方のみであり，最終物質としては3′-ヌクレオチドのみが得られる。このようにRNAはアルカリに不安定であるが，DNAにおいては糖部分の2′-位に水酸基がないので，RNAにおけるような環状ヌクレオチドが生成できず，アルカリに安定となる。したがってRNAの場合にはアルカリによる加水分解で構成されているヌクレオチドの種類と量とを知ることができる。

このようにRNAがDNAより化学的に不安定であるがゆえに，DNAの方が長い時間にわたって情報を保存するための物質として優れていることになる。

ここで酵素による加水分解について少しふれておこう。DNA，RNAいずれも，蛇毒ホスホジエステラーゼは遊離3′-水酸基の末端からaの結合を加水分解し，ヌクレオシド5′-リン酸が生成するが，ウシ膵臓ホスホジエステラーゼは5′-水酸基の末端からbの結合のみに作用し，ヌクレオシド3′-リン酸を生じる。このようにこれらの酵素は遊離の水酸基をもつヌクレオチドに選択的に作用し，末端から加水分解していくのでエキソヌクレアーゼとよばれる。これに対し，エンドヌクレアーゼは末端に3′-または5′-水酸基を必要とせず，どの部分であろうとaまたはbの結合を加水分解する。原理的にはタンパク質の酵素によるアミノ酸配列の決定法と同様に，これらの酵素は巨大分子である核酸の塩基配列を決定するための重要な手法となっている。

Note 9 　DNAのいろいろな立体構造

　1953年，WatsonとCrickによってだされたDNAの模型はWilkinsらによる精密なX線解析の結果とよく一致した．DNAの二重鎖の直径は20Å，らせんの1回転は前述したように34Åであり，これらはX線解析で確認された．

　しかしWilkinsらはDNAには2種の構造があり，その1つはA型で，これは相対湿度75％，DNA試料中の水分30％の際に得られるもので，もう1つのB型はより高い相対湿度で30％以上の水分を含んだDNA試料で観察される構造であり，A型とB型とは可逆的に変換しうるという．Watson-Crick模型はB型に相当するものである．

　A型とB型は共に右巻きらせん構造で，その主な構造上の違いは，らせん軸回りの塩基対の位置と傾きにある．すなわち，A型では20度近くらせん軸に対し傾斜しているのに比べて，B型ではほぼ0度である．

　一方，1972年，マックスプランク研究所のPohlとJovinらはポリdGCの円偏光二色性スペクトルを測定し，DNAの溶液の塩濃度を高くすると右巻き構造とはまったく逆の円偏光二色スペクトルが現われることを報告した．

　1979年，MITのRichらはDNAオリゴマーdCGCGCGの単結晶によるX線構造解析から，この新しいDNA構造が左巻き二重らせん構造（Z-DNA）であることを明らかにした．この左巻きDNAは2本鎖構造の背骨にあたるリン酸基間を線でつなぐと，ジグザグな左巻きになることからZ-DNAと名づけられた．

　Z-DNAの二重鎖の直径は18Å，らせんの1回転は44.6Åで，その間に12個の塩基対が含まれる．したがってB-DNAにくらべて少し細く長い構造をとっている．

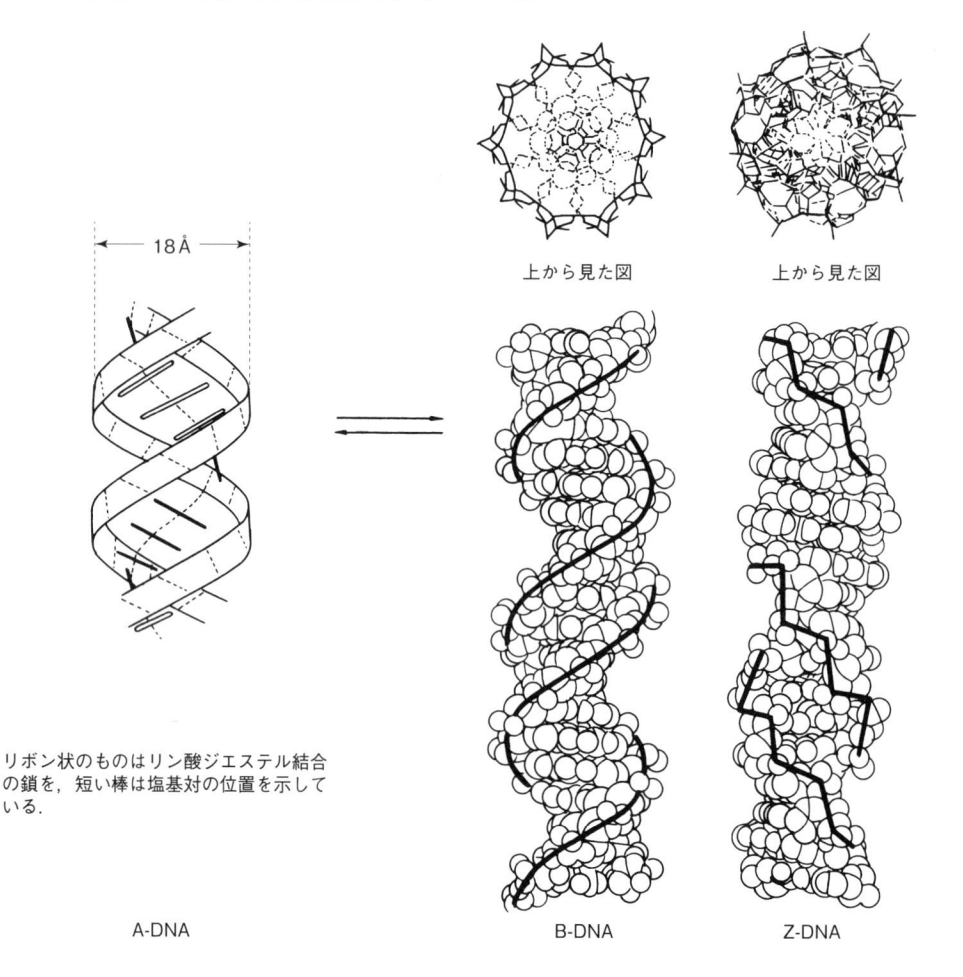

上から見た図　　　　上から見た図

リボン状のものはリン酸ジエステル結合の鎖を，短い棒は塩基対の位置を示している．

A-DNA　　　　　　　　B-DNA　　　Z-DNA

ここでとくに注目すべきことは,グアニンのイミダゾール環がらせんの表面にむきだしになっていることである。これはらせんを上からながめると理解できる。B-DNAでは,塩基は真中に集まっているのに比べて,Z-DNAでは外側に並んでいる。特にグアニンのイミダゾール環がむきだしとなっている。ではなぜこのような構造をとっているのであろうか。

　グアノシンの構造を見ていただきたい。Z-DNAの中では図に示すように,グアニンと糖との結合の仕方によりシン型とアンチ型の2種類が可能である。

　このため,リン酸基を結んだ線がジグザグになる。一方,B-DNAではすべての塩基は糖に対してアンチ型となっており,したがって塩基対が2本鎖の内側にくるようになる。

　ところで天然にもこのようなZ-DNAが存在することが知られているが,構造からわかるように,グアニン塩基が外側に露出していることより,このイミダゾール環の窒素や炭素に化学的変化が起こりやすいことが予想される。すなわち,Z-DNAは化学発がん物質の攻撃を受けやすく,発がんの機構とも密接な関係がありそうである。同時にまた,DNAの生物学的に重要な生体制御のためのシグナルになっているようにも思われる。

シン型　　　　　　　　　　　アンチ型

5-3 核酸の化学合成

核酸は生体でヌクレオチドがポリメラーゼの作用で重合し，合成されるが，化学的に合成するためにはどうしたらよいのであろうか。

基本的には，ヌクレオシドの3′-水酸基ともう1つのヌクレオチドの5′-リン酸モノエステルとの間で脱水縮合し，ジヌクレオチド（A-B）を作り，この反応を順次繰り返すことにより，オリゴヌクレオチドやポリヌクレオチドを合成することができるわけである。

しかしながらジヌクレオチドの合成の際に，目的とするジヌクレオチド（A-B）以外にジヌクレオチド（A-B）′やジヌクレオチド（B-B），その他，プリンやピリミジン塩基の置換基と反応した種々の化合物が副生する。したがって，このような副生を避けるための適切な保護基が必要となる。ペプチドの合成の場合と同じように，この保護基は縮合後，生成物を分解させないような緩和な条件ではずせるものでなければならない。この目的のため，核酸塩基のアミノ基で，アデノシンの場合は，ベンゾイル基（Bz），グアノシンではイソブチリル基（iBu）またはアセチル基（Ac），シチジンではアニソイル基（An）が用いられている。一方，糖の5′-水酸基には弱い酸性で除去できるモノメトキシトリチル基（MMTr）またはジメトキシトリチル基（DMTr）が用いられる。またDNA系列のデオキシリボヌクレオチドでは，3′-水酸基に弱いアルカリ性で除去できるアセチル基が，RNA系列のリボヌクレオチドでは，ヌクレオチドのリン酸基を3′位にもつものを出発物質とするので，2′

保護される位置	誘導体	略号	脱保護に用いる試薬
—NH₂（アデノシン）	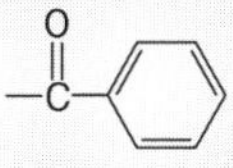 ベンゾイル（—CO—C₆H₅）	Bz	濃 NH₄OH
（グアノシン）	イソブチリル（—COCH(CH₃)₂）	iBu	濃 NH₄OH
	アセチル（—COCH₃）	Ac	濃 NH₄OH
シチジン	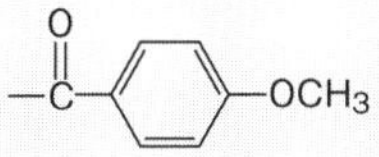 アニソイル（—CO—C₆H₄—OCH₃）	An	濃 NH₄OH
5'-OH	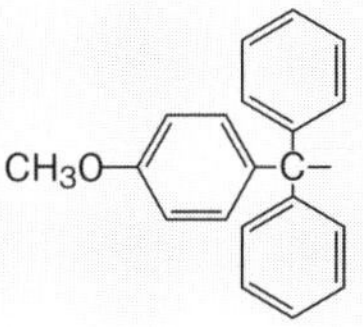 モノメトキシトリチル（p-メトキシトリチル）	MMTr	H⁺
	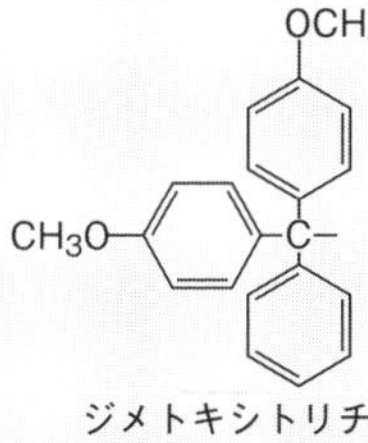 ジメトキシトリチル	DMTr	H⁺
3'-OH	—COCH₃	Ac	OH⁻
2'-OH	—COCH₃	Ac	OH⁻
	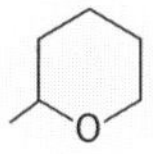 テトラヒドロピラニル	Thp	H⁺

図5-12　ポリヌクレオチド合成のための保護基-脱保護試薬

位の保護基として，Ac基や酸性で除去できるテトラヒドロピラニル基（Thp）が選ばれている（図5-12）。

　縮合に関係しない活性な基を保護したあと，つぎにヌクレオチドのリン酸基を活性化してやることが必要となる。このための縮合剤としてジシクロヘキシルカルボジイミド（DCC）や塩化アレンスルホニル誘導体などが用いられる。DCCの場合は反応に時間がかかり，また反応後の分離操作に2～3日を要するため，塩化アレンスルホニル誘導体の方が優れた縮合剤とみられている。

N,N'-ジシクロヘキシル
カルボジイミド（DCC）

塩化p-トルエンスルホニル（TS）

塩化メシチレンスルホニル（MS）

塩化2,4,6-トリイソプロピル
ベンゼンスルホニル（TPS）

図5-13にKhoranaによる核酸の基本的な合成法を示した。この方法は天然のDNAやRNAを分解して得られるヌクレオチドに保護基を導入したヌクレオチドを用いて核酸を構築していくので、つぎつぎとヌクレオチドをつなげることが可能である。

Khoranaは同様にして、リボヌクレオチドが3個結合したトリリボヌクレオチドを合成し、これを大腸菌の系に入れて、自然界の生物におけるヌクレオチドの塩基配列の暗号の解読、すなわち、3個のヌクレオチドがアミノ酸1個に翻訳されるという、いわゆるトリプレット説の実証に大いに貢献をし、1968年、ノーベル医学生理学賞を受賞した。

もう1つの例としてDNAの自動合成について図5-14に示す。

ペプチドの合成が自動化されたように、DNAの場合も自動合成装置が開発され、市販されている。

その基本となる合成法は反応性の高い亜リン酸誘導体を用いる方法（ホスホロアミダイト法）である。すなわち、1）ジメトキシトリチル基（DMTr）で5'-OH基を保護したヌクレオチドを高分子樹脂に固定化する。2）次に弱酸で脱保護し、溶媒で洗浄精製する。3）亜リン酸エステル基をもつ第二のヌクレオチドを反応活性を高めるためテトラゾール存在下でカップリングさせる。この際未反応の5'-OH体は無水酢酸で処理してアセチル化する。このアセチル体は以降の反応に関与しないことになり系外に除かれる（キャッピング）。4）ヨードで3価のリンを酸化し、5価のリン酸トリエステル体とし、次いで脱保護する。同様の操作を繰り返すことで、ヌクレオチドを次々と伸ばすことができる。5）最後にアンモニア水で処理して保護基とポリヌクレオチドを同時に樹脂から遊離させて望む配列のポリヌクレオチドを得る。

ホスホロアミダイト法

現在、ホスホロアミダイト法による核酸合成法が最も汎用されている。この方法の優れた点は、3価のリン酸を含むヌクレオシド3'-ホスホロアミダイトをモノマー単位として用いて、活性剤テトラゾール（pK_a = 4.90）で活性中間体とし、5位に遊離水酸基をもつ第2のヌクレオシドを反応させて亜リン酸誘導体とし、次いで酸化して5価のリン酸トリエステルにするところにある。この反応を順次繰り返すことでDNAの合成が効率よく行われる。

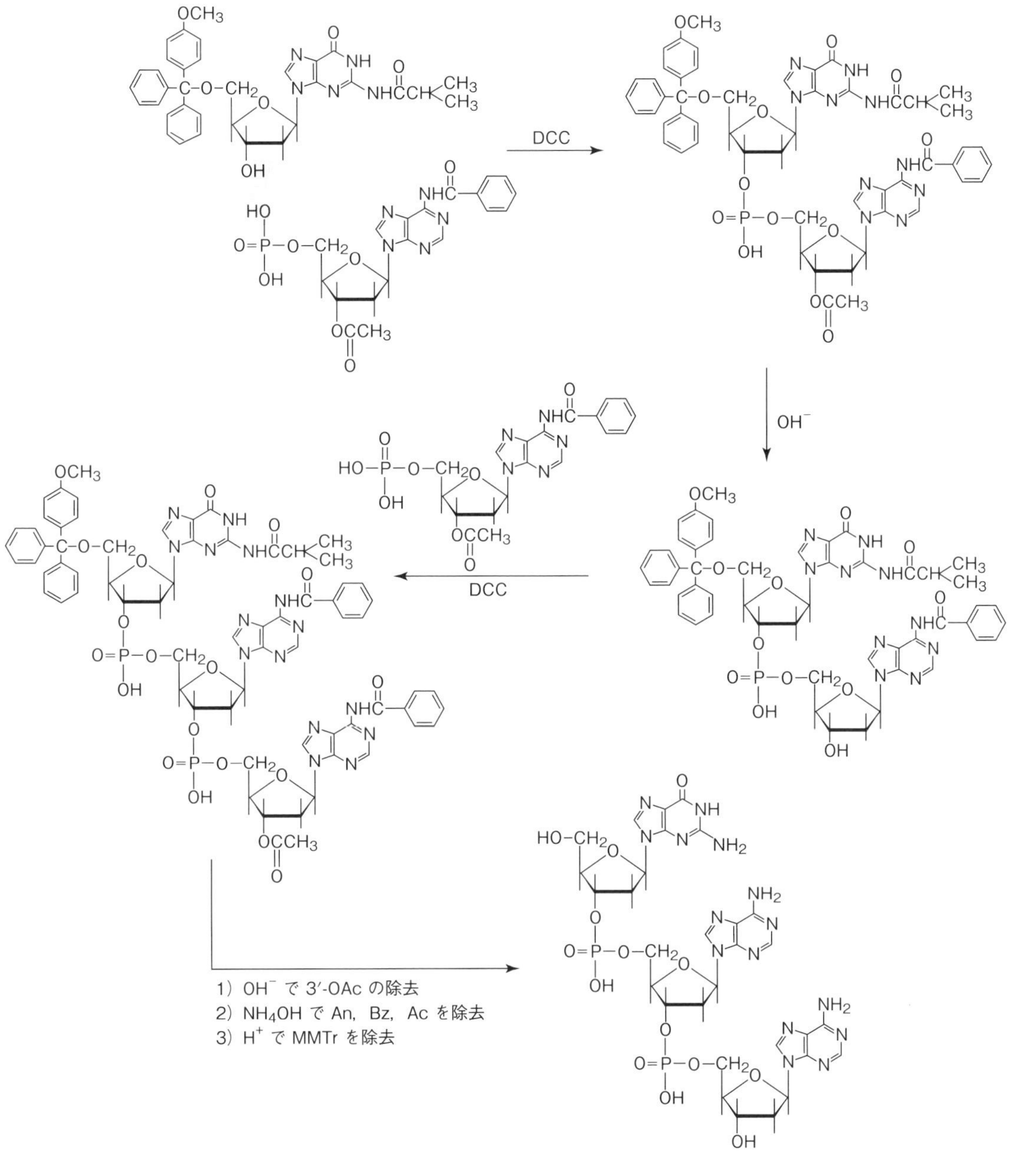

1) OH⁻ で 3'-OAc の除去
2) NH₄OH で An, Bz, Ac を除去
3) H⁺ で MMTr を除去

図5-13 核酸の基本的な合成法

(1) 5′-OH 基を保護，3′-OH 基を樹脂（Ⓟ）に固定
溶媒で洗浄精製

脱保護

(2) 洗浄で精製
第二のヌクレオチド結合のための活性化

未反応 5′-OH 基をアセチル化で除去

(3) 亜リン酸誘導体

酸化

(4) ジヌクレオチド

脱保護およびポリヌクレオチドを樹脂から遊離
（最終行程）

ポリヌクレオチド　(5)

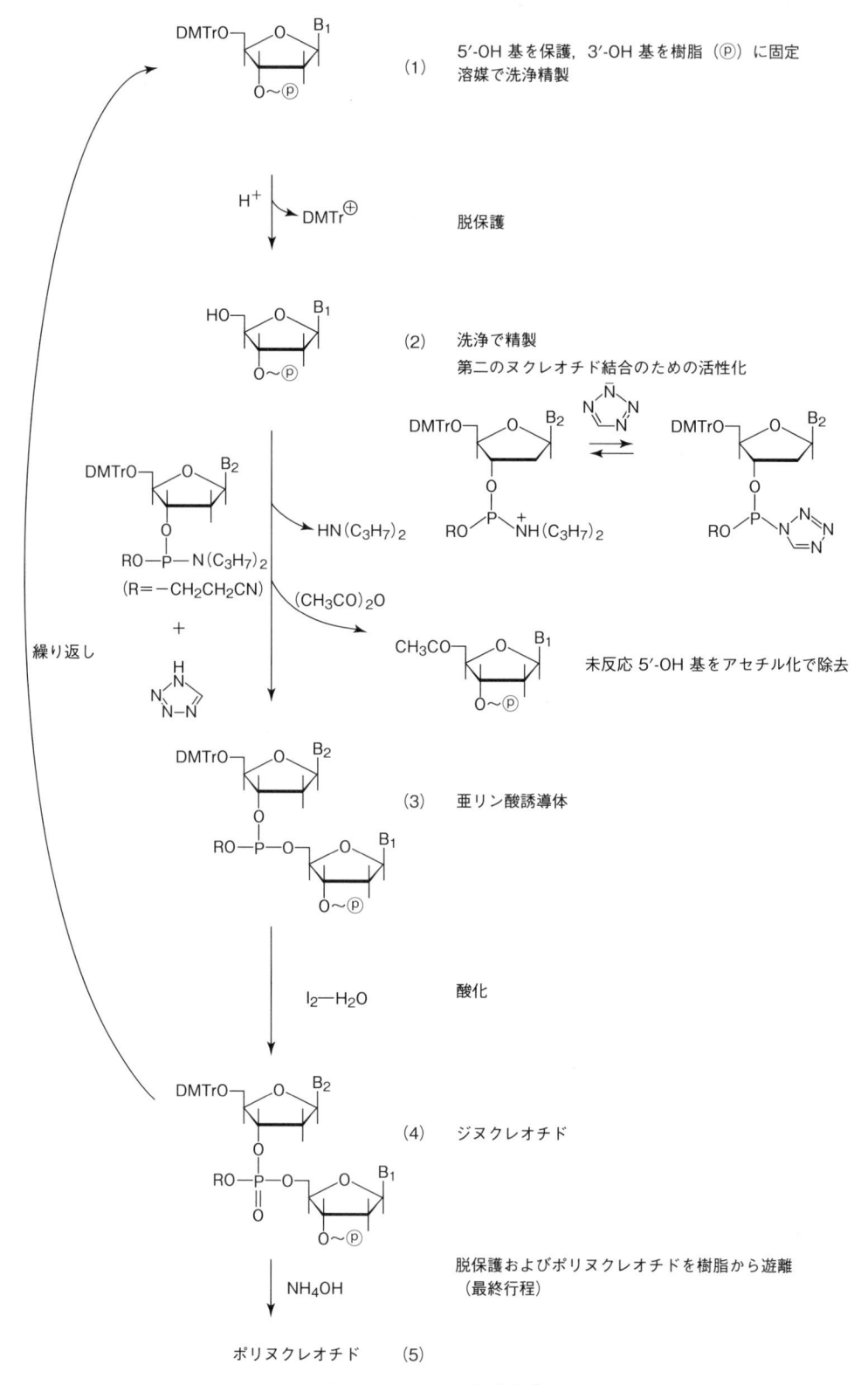

図5-14　DNAの自動合成

5-4　DNAの遺伝情報とタンパク質合成

5-4-1　DNAの遺伝情報

　遺伝子の本体であるDNAには自己と同じものを複製するという働きのほかに，もう1つの重要な働きがある。それはタンパク質合成の指令を出すことである。いいかえれば，DNAにはどのようなタンパク質をつくるのかという暗号が書きこまれていることである。タンパク質はアミノ酸が多数ペプチド結合で結びついた高分子で，アミノ酸の種類や配列によってタンパク質の形態や機能が変ってくるが，このようなタンパク質を合成する際のアミノ酸の配列順序を決めるのがDNAである。

　ではアミノ酸の配列順序や数を決めるのはDNAのどの部分であろうか。DNAの構造のうち，糖とリン酸の部分はどの生物のDNA分子でも共通であるので，ここに遺伝情報があるとは考えられない。したがって，暗号として役立つのは4種類の塩基であると考えられる。

　ではどのようにしてこの4種類の塩基，A，T，G，Cで生物体を構成する20種類のアミノ酸を表現するのであろうか。

　もう1個の塩基が1種類のアミノ酸に対応するとすれば，$4^1 = 4$種類のアミノ酸だけしか区別できない。また2個の塩基の配列が1個のアミノ酸に対応するとすると，$4^2 = 16$種類のアミノ酸を決めることができるが，16通りではまだ不足である。そこでATG，CGC，TGA，……というように3個の塩基の配列が1種類のアミノ酸に対応すると考えれば，$4^3 = 64$種類の組み合わせとなり，20種類のアミノ酸を決めるのに充分となる。このように，1種類のアミノ酸を指定する3個の塩基配列を三連子暗号（トリプレット・コドン）という。

　この遺伝暗号はどのようにして解明されたのだろうか。Nierenbergらはウラシル（U）だけからなるRNAの1種ポリウリジンを用い，これを大腸菌のタンパク質合成系に加え，生成したポリペプチドを調べた。その結果，フェニルアラニンの含有率が非常に高いことを見いだした。このことはトリプレットの暗号がアミノ酸の種類を決定しているとすると，UUUがフェニルアラニンをつくる暗号になっているということである。同様にしてポリアデノシンからはポリリシンが，ポリシチジンからポリプロリンが合成され，AAAとLys，CCCとProとの関係が明らかとされた。

　このようにして，トリプレットコドンに対応するアミノ酸の種類が明らかとなった。

　表5-6に遺伝子暗号表を示した。

　表に示してあるように，遺伝暗号は64個のトリプレットコドンから

表5–6 遺伝暗号解読表（mRNAの3個の塩基の順序とそれに対応するアミノ酸）

第1文字 \ 第2文字	U	C	A	G	第3文字
U	UUU, UUC } Phe UUA, UUG } Leu	UCU, UCC, UCA, UCG } Ser	UAU, UAC } Tyr UAA（停止） UAG（停止）	UGU, UGC } Cys UGA（停止） UGG Trp	U C A G
C	CUU, CUC, CUA, CUG } Leu	CCU, CCC, CCA, CCG } Pro	CAU, CAC } His CAA, CAG } Gln	CGU, CGC, CGA, CGG } Arg	U C A G
A	AUU, AUC, AUA } Ile AUG メチオニン（開始）	ACU, ACC, ACA, ACG } Thr	AAU, AAC } Asn AAA, AAG } Lys	AGU, AGC } Ser AGA, AGG } Arg	U C A G
G	GUU, GUC, GUA, GUG } Val	GCU, GCC, GCA, GCG } Ala	GAU, GAC } Asp GAA, GAG } Glu	GGU, GGC, GGA, GGG } Gly	U C A G

遺伝暗号表の読み方
　第1文字、第2文字、第3文字の順に読む。たとえば、UUUはフェニルアラニンを、UCUはセリンというアミノ酸を指定していることとなる。

なっている。そのうち61個のコドンが20種のアミノ酸を指定し，3個のコドン（UAA，UAG，UGA）の場合は対応するアミノ酸が存在しない。そのため，このコドンのところにくるとタンパク質合成が停止することとなる。またAUGはメチオニンを指定すると同時に，タンパク質の合成の開始の暗号ともなっている。このほか大きな特徴は1つのアミノ酸に対応するコドンは1つとは限らず，数種類存在するということである。すなわち縮重があることである。たとえば，UUUとUUCはフェニルアラニンを指定し，UCU，UCC，UCAおよびUCGはセリンを指定することからもわかる。この暗号表は大腸菌について明らかにされたものであるが，すべての生物に共通していることがわかっている。

5-4-2　タンパク質の合成

　生体の化学反応は大部分の酵素反応であり，生体成分である有機化合物をこの酵素が触媒となって合成するわけであるが，この反応をつかさどる酵素とはタンパク質のことである。では，このタンパク質はDNAの遺伝情報をもとにどのように合成されるのであろうか。

　ここではタンパク質の合成について少し有機化学的に考えてみたい。まずタンパク質合成過程について模式図5-15で概要を説明し，つぎに各過程について少しくわしく述べることとする。

（1）タンパク質合成に必要な情報をもつDNAの二重らせんの一部がほどけて1本鎖DNAとなる。

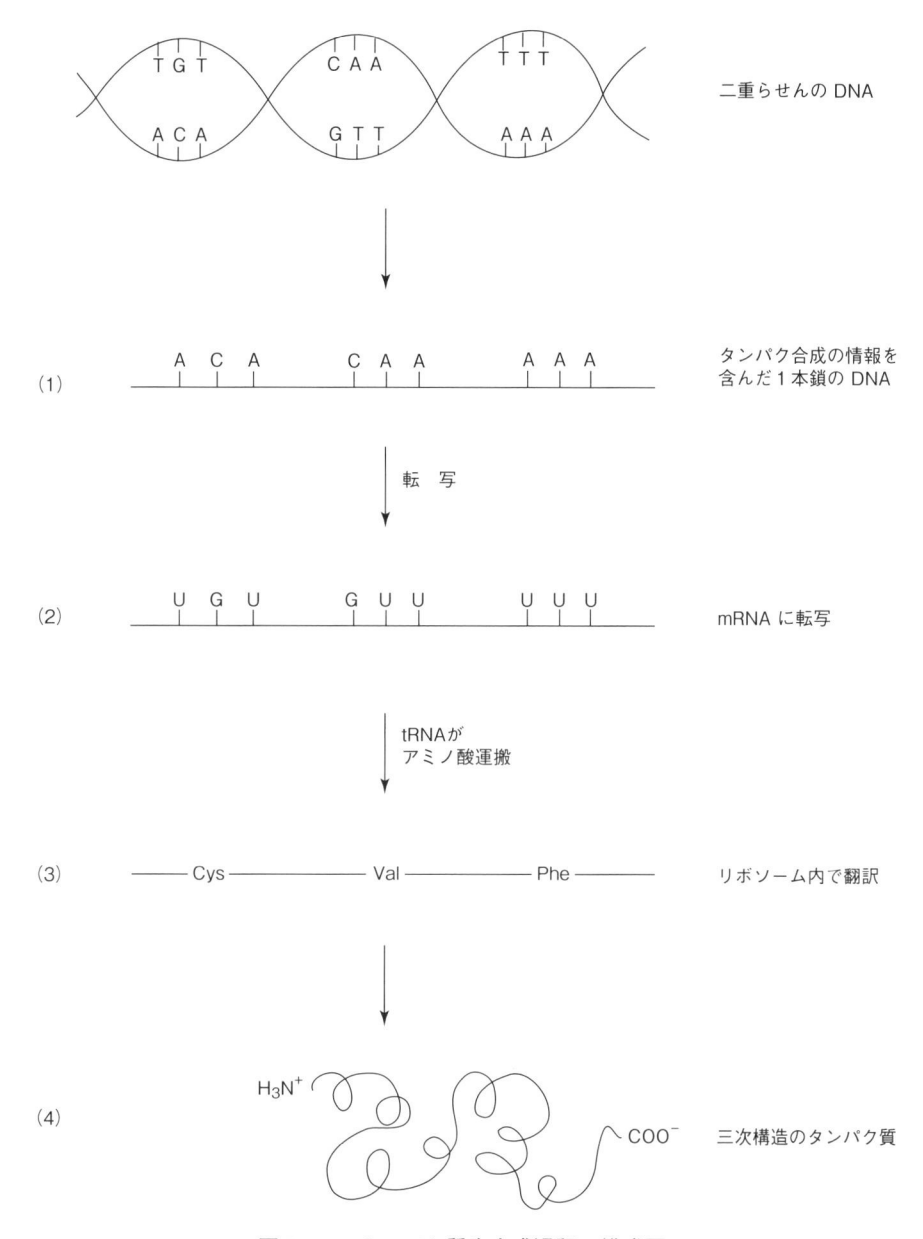

```
         T G T         C A A         T T T
        ┌─┴─┴─┴─┐    ┌─┴─┴─┴─┐    ┌─┴─┴─┴─┐
                                                二重らせんの DNA
        └─┬─┬─┬─┘    └─┬─┬─┬─┘    └─┬─┬─┬─┘
         A C A         G T T         A A A

                            │
                            ▼

             A C A         C A A         A A A           タンパク合成の情報を
   (1)  ─────┴─┴─┴─────────┴─┴─┴─────────┴─┴─┴─────      含んだ1本鎖のDNA

                         │ 転 写
                         ▼

             U G U         G U U         U U U
   (2)  ─────┬─┬─┬─────────┬─┬─┬─────────┬─┬─┬─────      mRNA に転写

                         │ tRNAが
                         │ アミノ酸運搬
                         ▼

   (3)  ─────── Cys ─────────── Val ─────────── Phe ──────   リボソーム内で翻訳

                            │
                            ▼

          H₃N⁺
   (4)         ╱⌒╲
              ⌒   ╲────COO⁻                              三次構造のタンパク質
```

図5–15　タンパク質生合成過程の模式図

(2) このDNAを鋳型にして，相補的な塩基配列をもつmRNAがつくられる。すなわち遺伝情報がDNAから転写（transcribe）されてmRNAに伝達される。このmRNAは核膜の孔から細胞質に出てゆき，その末端にリボソームが結びつく。

(3) mRNAの塩基配列上に伝達された遺伝暗号が解読されて，アミノ酸がtRNAによって運搬されてくる。

(4) リボソーム内では，アミノ酸と結合したtRNAがmRNAと反暗号–暗号の関係で結びつき，翻訳（translation）が行われ，つぎつぎとタンパク質が合成される。

このようにDNAの遺伝情報がmRNAに転写され、さらに翻訳されてタンパク質が合成されるこの一連の遺伝情報の流れをセントラルドグマという。

(A) DNAの暗号の転写過程

DNA分子のなかでタンパク質の合成のための情報をもったところがまず活性化され、そこにRNA合成酵素（RNAポリメラーゼ）がつく。この酵素によってDNAのらせんは一部ほぐされて2本の1本鎖DNAとなる。そのうちの一方が転写される。RNAポリメラーゼがDNAにそって移動するにつれて、DNAを鋳型にして相補的な塩基配列をもつRNAヌクレオチドができ、重合してmRNAの前駆体hnRNAを合成する。RNAポリメラーゼはDNA上の特殊な塩基配列（終止）を通過するまでDNA鎖にそってhnRNAを合成しつづける。そしてその後、RNAポリメラーゼはDNAとhnRNAから離れ、DNAは再び二重らせん構造となる。

hnRNAにはアミノ酸を作る情報が書かれている領域「エクソン」と情報のない部分「イントロン」がある。必要のないイントロン部分を切

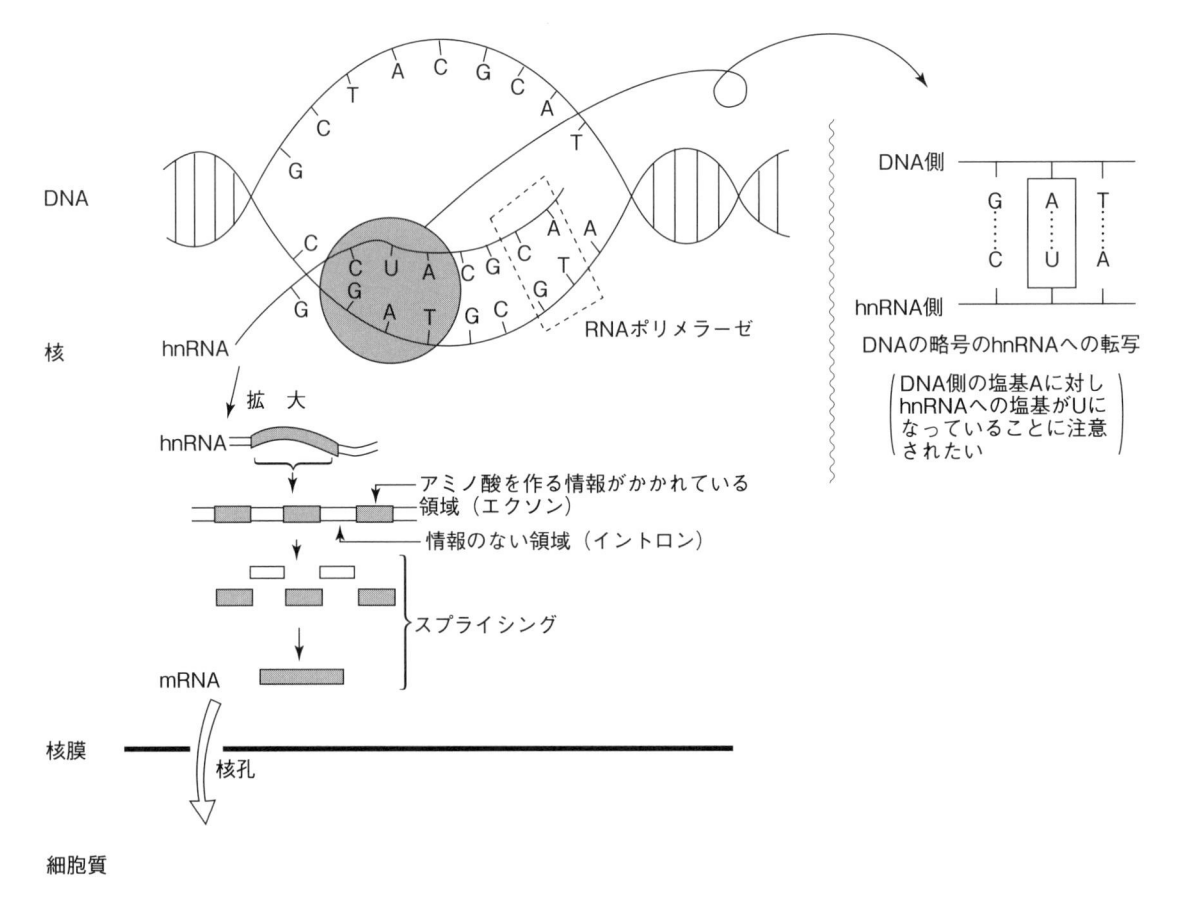

図5–16　mRNA合成の模式図

りとってエクソン部分にし，エクソンどうしをつなぎあわせてmRNAをつくる過程が「スプライシング」である。このように未成熟のhnRNAをスプライシングという過程を経て成熟したmRNAが合成される。

このmRNAは核膜の間から細胞質に出てゆき，リボソームと結びつく。このような過程でタンパク質合成のための遺伝情報がDNAからmRNAに転写される。図5-16にこの過程を示した。

(B) tRNAによるアミノ酸の運搬

つぎに，mRNAに転写された遺伝暗号にしたがって，タンパク質合成に必要なアミノ酸が細胞質中からtRNAによって運搬されてくる。そのさい，まずアミノ酸はアミノ酸活性化酵素によって活性化される。この活性化されたアミノ酸はつぎに特定のtRNAと結合する（tRNAの3′-OHとエステル結合する）。アミノ酸を結合したtRNAのアンチコドンとmRNAのコドンとの対応により，タンパク質合成の工場であるリボソーム内にアミノ酸が運ばれることになる。

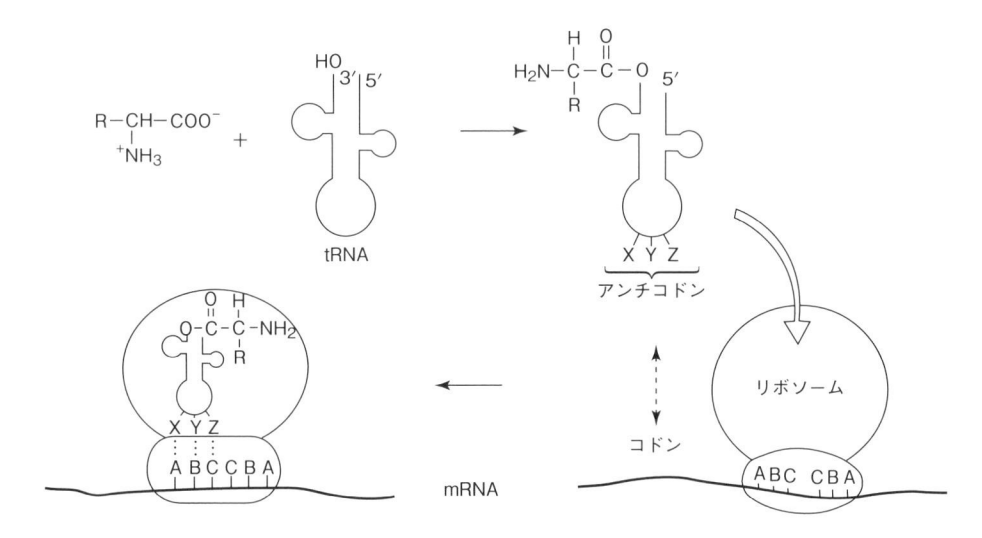

たとえば，mRNA上の暗号ABCがAUGという塩基配列であれば暗号解読表よりメチオニンが指定されるので，tRNAアミノ酸のRはN-ホルミルメチオニル基となり，アンチコドンXYZはUACという塩基配列である。

(C) 遺伝暗号の翻訳―タンパク質の合成

翻訳はmRNAのコドンの配列にしたがってtRNAを介して行われ，正しいアミノ酸配列のタンパク質が合成される。

翻訳過程は，(1) 開始（mRNA-リボソーム複合体の形成），(2) 伸長，(3) 終了，(4) タンパク質の合成の順となる。

(1) 翻訳の開始

リボソームの小さいサブユニットとmRNAとが結びつく。その末端

は開始コドンAUGとなっている。ここにUACをアンチコドンにもつ*N*-ホルミルメチオニンをもったtRNAが結びつき，翻訳開始複合体となる。つぎにこの複合体と大きいサブユニットが結びついて，活性なリボソームとなり翻訳の準備が整う。

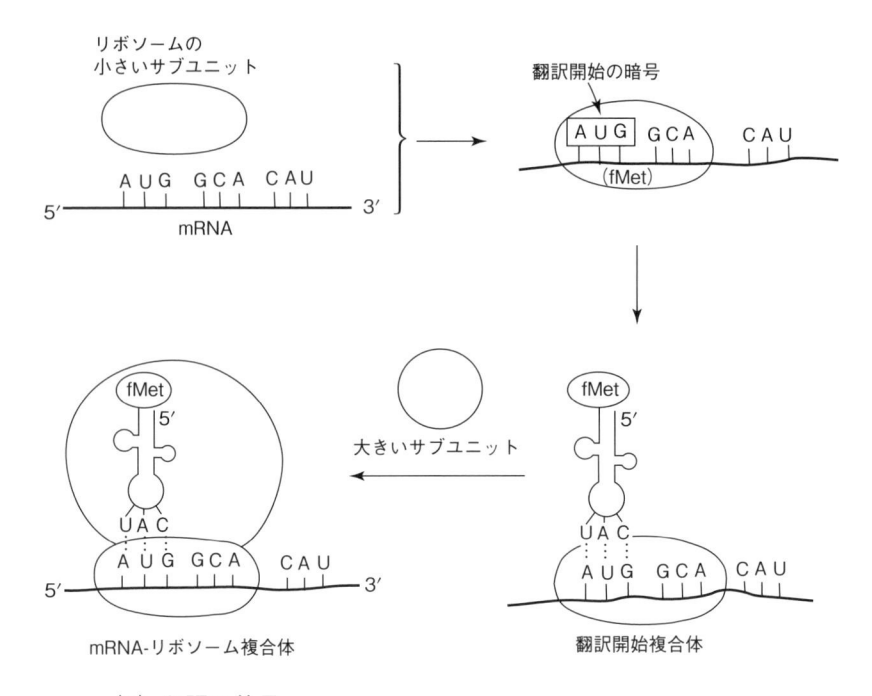

(2) 翻訳の伸長

リボソームでは暗号の6塩基分ずつが翻訳される。翻訳開始用*N*-ホルミルメチオニン（P部位）のとなりの空席（A部位）にはmRNAのコドンがGCAとなっているので対応するアラニル-tRNAが結合する。

つぎに，ペプチジルトランスフェラーゼによってこの2つのtRNA-アミノ酸が縮合してペプチド結合がおこる。すなわち，A部位では新しいペプチド結合をもったfMet-Ala-tRNAが形成される。一方，P部位では遊離のtRNAとなる。つぎに，リボソームがmRNA上をコドン1つ分だけ移動する。このときGTPのエネルギーが使われる。P部位にはfMet-Ala-tRNAが，A部位は空席となる。また遊離のtRNAはmRNAから離れてまた新たなアミノ酸をさがしにいく。空席となったA部位にはmRNAのコドンに対応するHis-tRNAが入ってくる。ペプチジルトランスフェラーゼにより新たにペプチド結合が形成される。

このようにしてリボソームがmRNAの上をコドン1つ分ずつ移動しながらmRNAのコドンにしたがってアミノ酸をつないでいき，ペプチド鎖が伸長する。

(3) 翻訳の終了

リボソームがmRNA上の休止の暗号（UAA, UAG, UGA）のとこ

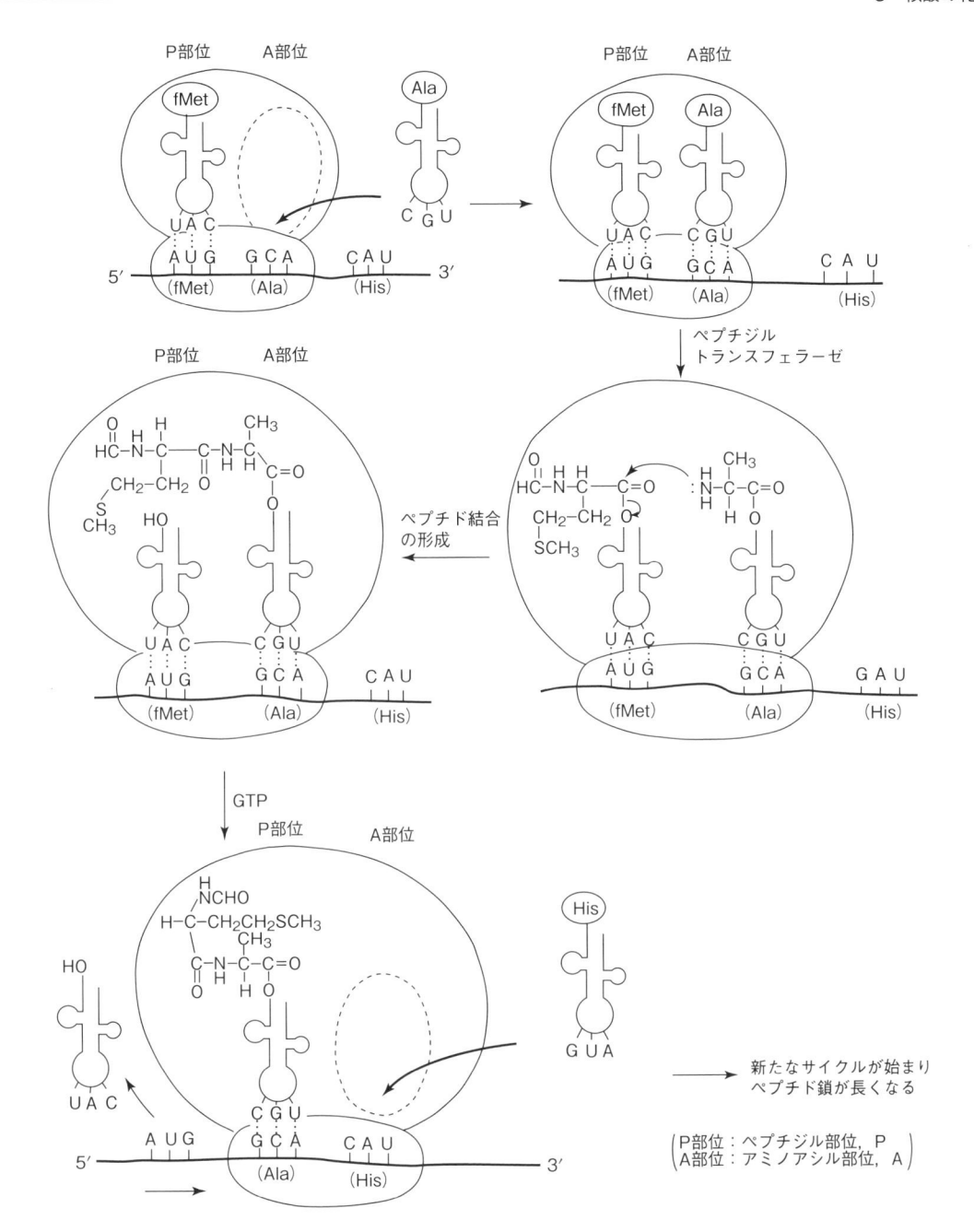

ろにくると対応するtRNA-アミノ酸はないので，ポリペプチドの合成は停止し，ポリペプチド鎖はリボソーム-mRNA複合体から切り離され，リボソームもmRNAから離れ大きいサブユニットと小さいサブユニットに離れ，また新しいタンパク質合成のために使われる。

(4) タンパク質の合成

このようにして合成されたポリペプチド鎖は酵素反応により，N末端ホルミル基およびメチオニンも除かれる。また他の酵素反応により修飾されて生物学的に活性のあるタンパク質として特定の遺伝形質を発現さ

せる。

　以上まとめてポリソーム上でのタンパク質合成過程を模式図で示した。

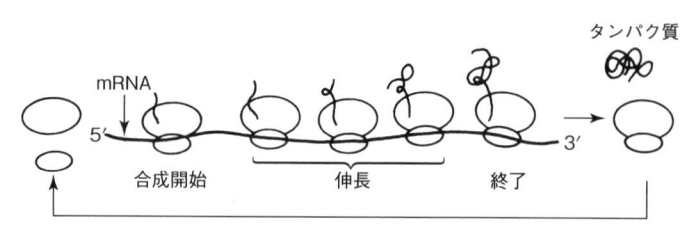

図5-17　ポリソーム上でのタンパク質の生合成の模式図

Note 10　がんとエイズ

　生命現象の担い手であるDNAの機能は，複製と情報発現という2つの面にわけられる。子が親に似るということは，遺伝子であるDNAのコピーが正しく子に伝えられるからであり，また一方，1つの個体の生命活動に目を移すと，それに必要な情報の大もとはDNAに含まれている。

　このように生物にとって最も重要な分子であるDNAに対して放射線や紫外線などの物理的因子や，化学物質の影響でDNAの塩基配列に変化が生じ分子構造の一部が変ってくると，いわゆるDNAの傷となる。この傷は修復によって元にもどる場合と，突然変異体に固定化する場合がある。後者の場合は細胞のがん化と密接な関係にあることが知られている。

　一方，生物学的な要因，すなわちウイルスによる細胞のがん化の機構の研究がもう1つの流れとなっている。

　また，がん以上に大きな社会問題としてクローズアップされてきたエイズについて，その原因となるウイルスが腫瘍ウイルスとあるところでは共通点をもっている。したがって前半を物理化学的な因子によって引きおこされるDNA上の傷について，後半をウイルスによる発がんとエイズ感染について，生命分子DNAを中心として述べることとする。

●物理的・化学的要因による遺伝子DNAの構造変化

　DNAの二重らせん上に放射線や紫外線または化学物質が作用して，構造変化が引きおこされる。構造変化は図に示したように，大きく5つの型に分類できる。

　① アルキル化　　DNAの塩基やリン酸にはアルキル化されやすい特定個所があり，特にGの6位の酸素へのアルキル化が突然変異や発がんに重要な意味をもつといわれている。

　②-i) 塩基の水和あるいは脱落によって生ずるひずみ。塩基のA，G，Cのアミノ基が水酸基に置換された場合で，亜硝酸がこの働きをすることがよく知られている。A，G，Cはヒポキサンチン（H），キサンチン（X），ウラシル（U）に変り，正常な塩基対ができなくなる。すなわちA＝TはH＝Tに，G≡CはX≡U，G≡U，X≡Cなどに変化する。

　このようにある塩基がほかの塩基に置き換ることを点変異という。

　②-ii) 酸化ストレスによる塩基の酸化およびニトロ化で比較的多く生ずるひずみ。生体の酸化レベルは活性酸素産生系と消費系のバランスで規定され，普通はほぼ一定に保たれている。しかし薬物，放射線，虚血などさまざまな生体，環境要因でこのバラ

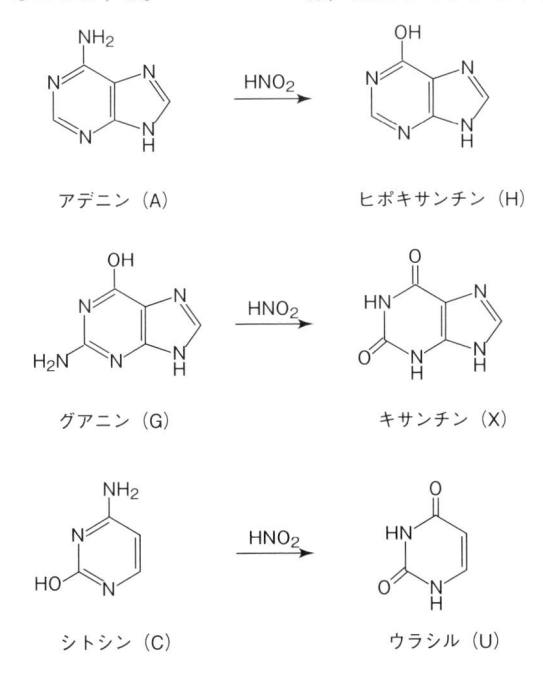

8-オキソアデニン

$R_1 = NO_2$, $R_2 = H$ (8-ニトログアニン；8-NO_2G)
$R_1 = OH$, $R_2 = H$ (8-ヒドロキシグアニン；8-OHG)
$R_1 = OH$, $R_2 = HO$―(糖) (8-ヒドロキシデオキシグアノシン；8-OHdG)

ンスが崩れ，酸化傾向にある状態になった場合，これを酸化ストレス（oxidative stress）とよぶ。例えば活性酸素種（一重項酸素（$^1O_2$），スーパーオキシドアニオンラジカル（$O_2^{-·}$），過酸化水素（H_2O_2），OHラジカル（·OH），パーオキシナイトライト（$ONOO^-$），脂質過酸化ラジカル（LOO·）など），活性酵素誘導体，重金属イオン，ある種の医薬品，農薬，紫外線などがアンチオキシダントを上回っているときは酸化ストレスの状態と考えられる。このような状態では活性酵素のうち反応性の高い·OHや$ONOO^-$により核塩基が修飾され，比較的多く，DNAのひずみが生じ，突然変異，アポトーシス誘導などがおこる。上図に示すような修飾塩基が知られている。

ごく最近，生体内の酸化ストレスによるDNAの酸化損傷物8-OHdGを測定する方法が開発された。

なお，過剰の活性酵素が脂質，タンパク質，酵素などに作用しつづけると過酸化，変性，失活し，その結果細胞膜やリポタンパク質が傷害を受け（前述），心筋梗塞，脳卒中，動脈硬化，糖尿病などの疾病を引きおこし，老化を推進する大きな要因になるといわれている。

③ DNAと化学物質との交叉結合およびDNAのヌクレオチド間への挿入（インターカレート）による大きなひずみ，前者の例として，マイトマイシンCとDNAの反応から得られた図に示すビス付加物が単離された。このことは以前からマイトマイシンCがDNA-DNAの橋かけ反応を引きおこすであろうといわれてきたことをみごとに化学的に証明したことになる。後者の場合アクリジン系色素，発がん性の多環性炭化水素などにこの作用を示すものが多い。

④ 2つの塩基が結合してできた二量体や，2本の鎖間あるいはDNA鎖とタンパク質との交叉結合によって生ずる1本の鎖に生じた切断。

つぎのように紫外線によるDNA分子中のピリミジン二量体やピリミジン（6-4）付加体などの生成がその1例である。

⑤ ④の場合で2本鎖が切断される。

放射線の場合はその高いエネルギーにより上の①～⑤のほぼすべての反応が直接，あるいは間接的におこるため，DNAの傷はかなり大きくなる。

このようにDNAに障害をおよぼす因子をイニシエーター（変異原物質）という。

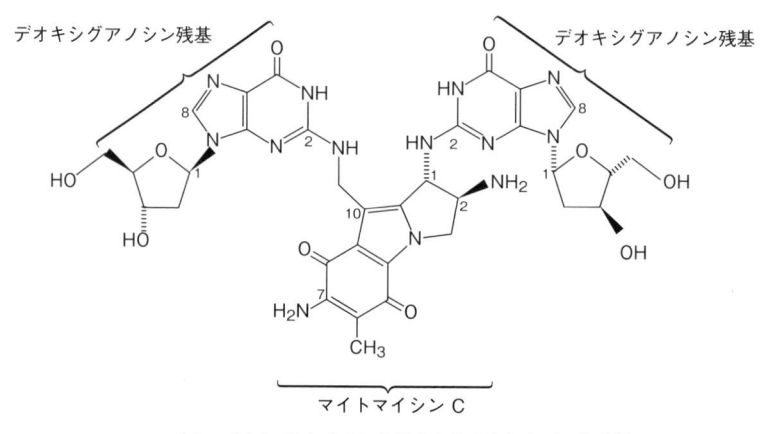

マイトマイシン C と DNA の反応からえられたビス化合物

シクロブタン型ピリミジン二重体

(6-4) 付加体

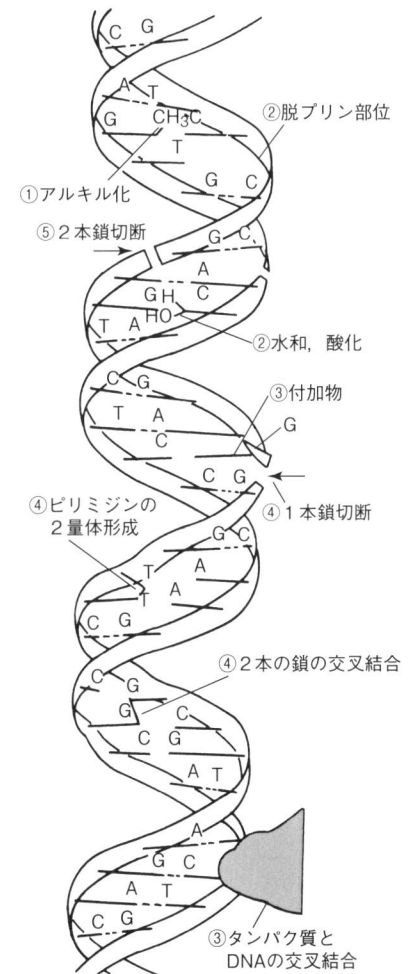

Dewar型異性体

物理的・化学的要因による遺伝子の構造変化
(*Scientic America* (1979) より引用)

①アルキル化
②脱プリン部位
②水和, 酸化
③付加物
④1本鎖切断
④ピリミジンの2量体形成
⑤2本鎖切断
④2本の鎖の交叉結合
③タンパク質とDNAの交叉結合

しかしながら生命分子DNAはX線や紫外線，および化学物質や酸化ストレスによって引き起こされた傷を修復し，自己を巧みに防御する機構をそなえている。もしなんらかの理由で，この傷が修復されずにその傷のところにプロモーター（促進物質）が関与すると，細胞は形質転換してがん化する。

我々の身のまわりには多くの変異原物質が知られており，またプロモーター活性をもつ物質も種々検出されている。現在，これらの変異原性物質のチェックがAmesテストにより迅速かつ簡単になされるようになっている。

●ウイルスによって引き起こされるがん

物理的・化学的因子はDNAに大なり小なり傷をつけたが，ではウイルスはいったいDNAにどのような作用をするのであろうか。結論から先に述べると，ウイルスの中でも，レトロウイルスという腫瘍ウイルスは発がん遺伝子（オンコジーン）をもっており，したがって細胞をがん化させる要因となる。

レトロウイルスとは遺伝子がRNAであり，RNAを鋳型としてDNAを作りだす逆転写酵素をもっている。レトロウイルスが宿主に感染すると，自分の遺伝子を転写したDNAを作る。そのDNAの両端には宿主のDNAのどこにでも組み込まれる構造がある。宿主の遺伝子DNAに組み込まれたウイルスからの

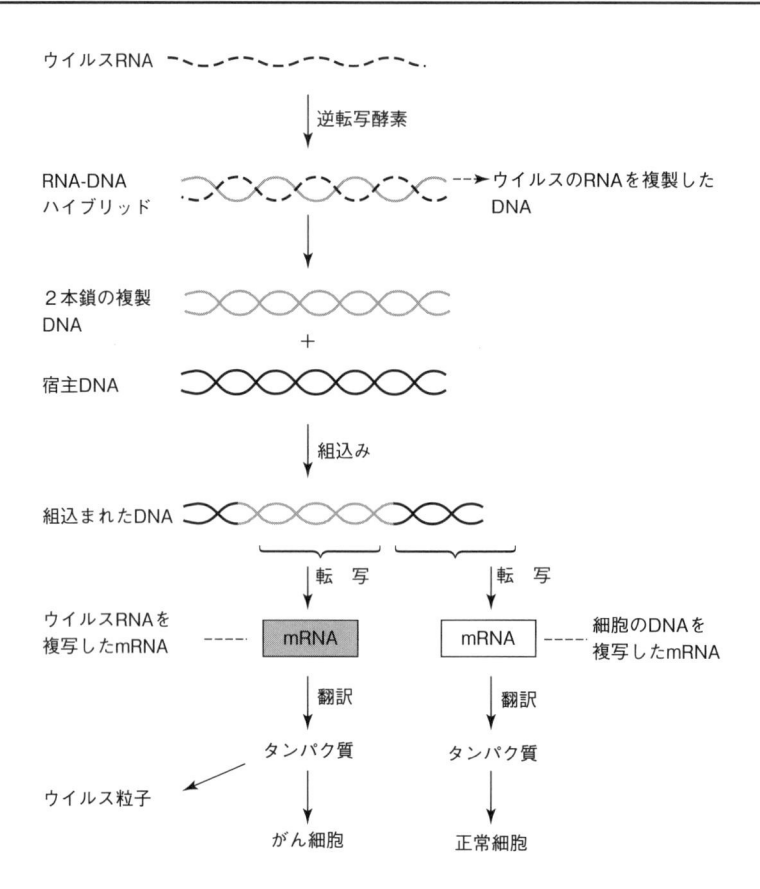

```
ウイルスRNA  ------
                    ↓ 逆転写酵素
RNA-DNA      ∞∞∞∞∞ ---→ ウイルスのRNAを複製した
ハイブリッド                 DNA
                    ↓
2本鎖の複製   ∞∞∞∞∞
DNA
              +
宿主DNA      ∞∞∞∞∞∞∞
                    ↓ 組込み
組込まれたDNA ∞∞∞∞  ∞∞∞∞∞
                 ↓ 転写    ↓ 転写
ウイルスRNAを  -[ mRNA ]   [ mRNA ]  細胞のDNAを
複写したmRNA                          複写したmRNA
                   ↓ 翻訳      ↓ 翻訳
                タンパク質    タンパク質
ウイルス粒子 ←                    ↓
                   がん細胞    正常細胞
```

RNA腫瘍ウイルスの情報発現の経路

DNAは転写され，ウイルスのRNAを作り出す。すなわち，レトロウイルスは自然界で遺伝子工学を行っているわけである。宿主に組み込まれたレトロウイルスからのDNAには，がんを引き起こすタンパク質を作り出す情報をもつ部分がある。これが発がん遺伝子である。またこのウイルスからのDNAには転写開始を示すプロモーターがある。レトロウイルスからのDNAが宿主のDNAに組み込まれ，プロモーターのところから転写がどんどん起こり，発がん遺伝子がタンパク質を作り出すと，がんが生ずる。これとときを同じくしてウイルスのゲノムとなるRNAコピーが多数作られ，RNAと外殻となるタンパク質とからウイルス粒子となり，これらが細胞膜表面に集合し，出芽して成熟ウイルス（子ウイルス）となる。

発がん遺伝子は，がんを生じさせるレトロウイルスから見つかったが，同じものが正常細胞のDNA中にあるという新しい事実がわかってきた。レトロウイルスには発がん遺伝子をもたないものもあるが，このようなウイルスでもがんは生ずる。それは細胞内の眠っている発がん遺伝子に，レトロウイルスからのDNAが組み込まれ，ウイルスのプロモーターから転写が開始され，発がん遺伝子がどんどん転写されてしまうと考えられている。

現在まで100種類以上の発がん遺伝子が知られている。またこの発がん遺伝子の作り出すタンパク質はどのようなものなのかも調べられている。いままでわかったものでは，タンパクキナーゼという酵素活性をもったものが多い。これはタンパク質のアミノ酸残基をリン酸化する働きをもっている。発がん遺伝子の産物でタンパクキナーゼ活性をもつものは，アミノ酸のうち，チロシン残基をリン酸化するという特徴がある。

●エイズ（acquired immune deficiency syndrome, AIDS，後天性免疫不全症候群）

エイズの原因であるHIV（human immunodeficiency virus，ヒト免疫不全ウイルス）は逆転写酵素をもつレトロウイルスの仲間で，そのなかのレ

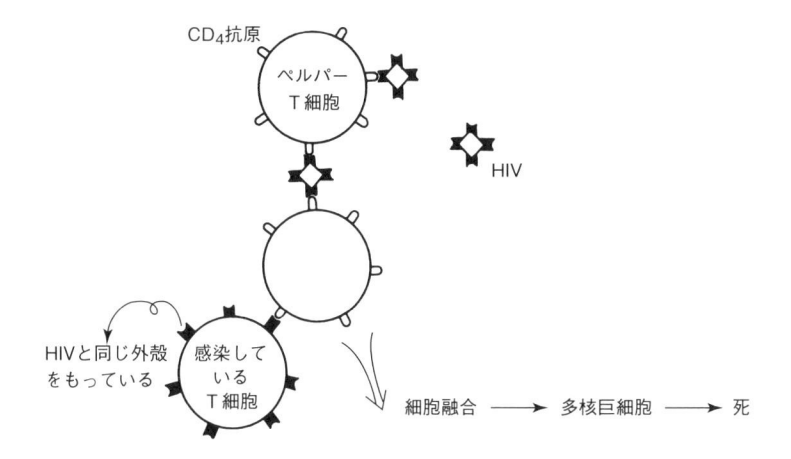

ンチウイルスに属し，腫瘍ウイルスと親戚関係にあるウイルスである。したがって生活環は腫瘍ウイルスとよく似ている。しかしながら腫瘍ウイルスとは大きな違いが2つある。1つは，HIVは免疫機能の中枢というべきヘルパーT細胞に特異的に感染して，ウイルス増殖とT細胞破壊を繰り返すことにより免疫不全をおこす。その結果，通常ではほとんど問題とされない日和見感染（カリニ肺炎）や日和見腫瘍（カポシ肉腫，肛門の扁平上皮がん）が発生する。

では，なぜ特異的にヘルパーT細胞だけに感染するのであろうか。これはヘルパーT細胞表面のCD$_4$という抗原にHIVの外殻の糖タンパクが吸着すると考えられている。吸着したウイルスは細胞によるのみ込み現象により，細胞内に侵入し，そこで外側のタンパクの殻をぬぎすてて，裸の1本鎖RNAとなる。それから図に示す経路にしたがって情報を発現する。

もう1つは，感染の経路に違いがみられることである。HIVの感染経路は共通のウイルス感染以外に細胞間の感染があることである。すなわち，ウイルス感染細胞が未感染細胞と接触し，細胞融合をおこし，多核巨細胞となって拡大し，最後にパンク，ついには死に至る過程をへることである。

このように免疫の中枢がおかされて，その機能が失なわれてしまい，いったん発病すると死亡率の非常に高い，人類にとって未経験の病気に対する決定的な治療薬というものは，いまのところまだ見つかっていない。

しかしながら，エイズ治療薬となる可能性のあるものは大きく分けると，つぎの3つをあげることができる。

1) ウイルスの増殖を妨げる物質，2) 免疫反応を増強させる薬，3) 日和見感染に対処する薬である。

米国食品医薬品局（FDA）からエイズに効く薬として認可されたAZT（アジドチミジン）は1)のカテゴリーに属するものである。これはある製薬会社が抗がん剤として開発したものであるが，抗がん作用がなく見捨てられていたものであった。

AZTの作用機序はウイルス遺伝子複製の阻害である。先にも述べたように，HIVの遺伝子はRNAであり，このRNAを鋳型にして逆転写酵素の作用によってDNAが合成され，これが宿主細胞であるヘルパーT細胞の染色体に組み込まれて複製される。AZTはその構造がチミジンとよく似ているため，DNA合成のさいに，逆転写酵素が間違えてDNA鎖の端に結合させてしまう。ところがAZTには3′–OH基がないので，つぎのヌクレオチドを結合することができなくなり，DNA合成反応はそこで止まってしまうことになる。したがってAZTはこのように逆転写酵素阻害剤となるわけであるが，長期間使用していると，血球細胞の基となる骨髄の障害が現われるという副作用の問題がある。このAZTの副作用を軽減し，また微量でより効果の大きい薬剤を開発する目的で種々のヌクレオシド誘導体が合成された。また既知の薬剤のエイズに対するスクリーニングもなされた，次項にその一部を示した。

CS-85(2)，2′,3′-ジデオキシシチジン(3)，2′,3′-

ジデオキシアデノシン（4），2′,3′-ジデヒドロ-2′,3′-ジデオキシチミジン（DHT）（5），2′,3′-ジデヒドロ-2′,3′-ジデオキシシチジン（DHC）（6）などはAZT以上に有望視されている。リバビリン（7）は，ウイルス感染症に対して，すでに使われている薬で，AZTとの併用で副作用の軽減が期待されている。ペニシラミン（8），アジメクリン（9）などは免疫増強剤としてリューマチ患者に使われている薬である。その他，インターフェロン，イソプリノシン，レンチナン，ノイロトロビンなどが目下研究されている。

ホスカーネット（10）は免疫異常の人がサイトメガロウイルスに感染したときに使われた。また逆転写酵素を阻害する作用ももっている。

最近の動きとして，核酸系と非核酸系の逆転写酵素阻害剤とプロテアーゼ阻害剤とを組み合わせた多剤併用療法が効果を上げつつある。また比較的安価なエイズワクチンの開発にも期待が高まっている。しかしながらエイズ制圧への道はまだまだ遠いといわざるを得ない。

がんに対しては放射線療法，外科療法，化学療法，

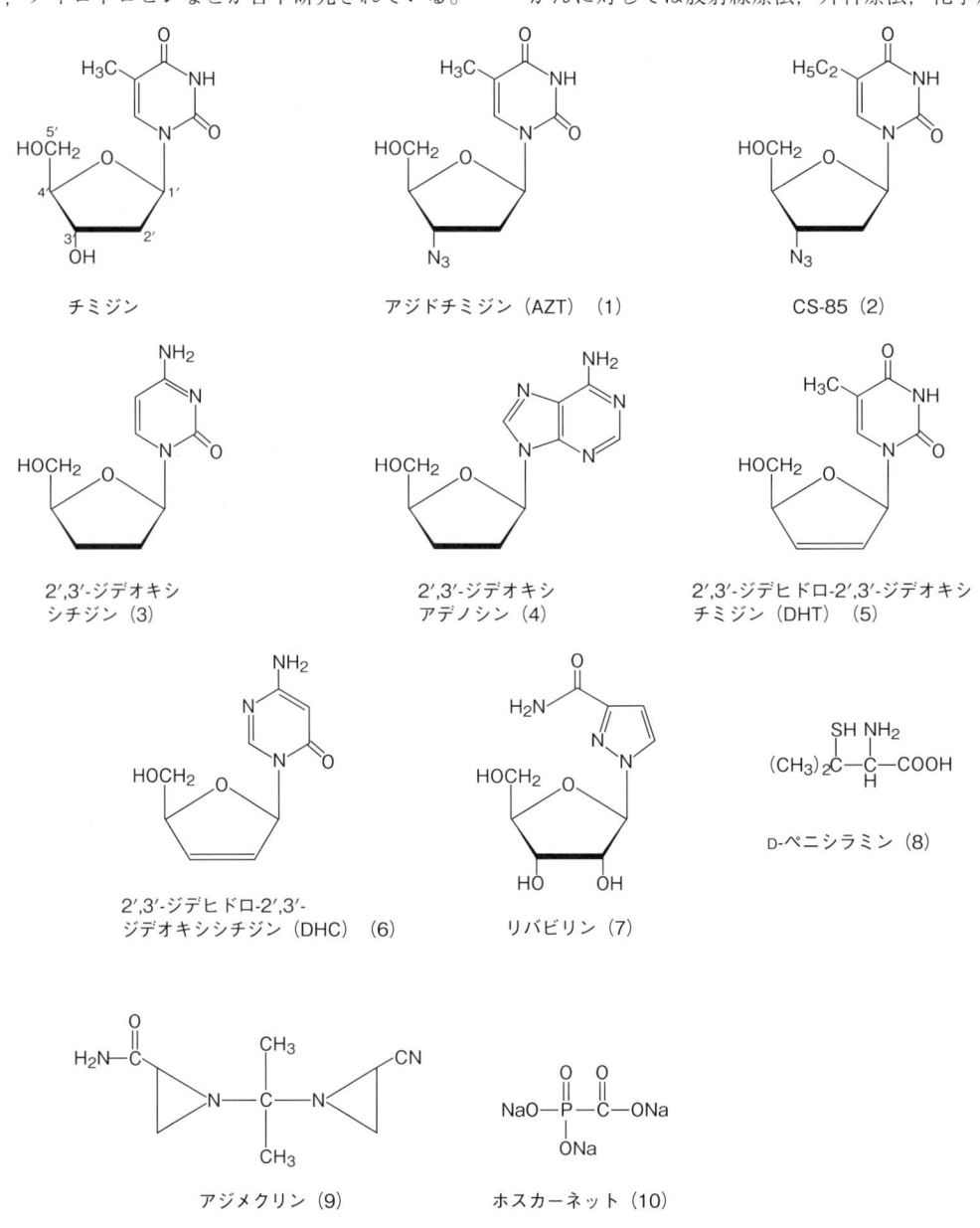

チミジン

アジドチミジン（AZT）（1）

CS-85（2）

2′,3′-ジデオキシシチジン（3）

2′,3′-ジデオキシアデノシン（4）

2′,3′-ジデヒドロ-2′,3′-ジデオキシチミジン（DHT）（5）

2′,3′-ジデヒドロ-2′,3′-ジデオキシシチジン（DHC）（6）

リバビリン（7）

D-ペニシラミン（8）

アジメクリン（9）

ホスカーネット（10）

エイズ治療薬として期待されている薬剤

免疫療法の4本柱を組み合わせて対処することができるが，エイズにおいては，前二者は全くといっていいほど効力がない。

これまで世界中でエイズで死亡した人の数は，2,000万人を超えたと推定されている。世界保健機構（WHO）は，生存中の感染者は2002年末4,200万人に達したとの発表をした。このうちの多くは残念ながら遠くない将来死亡する確率が高い。また国連の推計では，毎年500万人の感染者が増えて有効な予防，治療体制がなければ2020年までに6,800万人がエイズの犠牲になると予測している。感染者のうち2/3にあたる2,850万人はアフリカ大陸の住人である。ボツワナでは現在最悪の状況にあり，成人の36％がすでに感染していて，このままでは10年後人口が現在の80％に減少し，国が存亡の危機に曝されている。

問題は，アフリカだけではなく南アジアや東南アジアの人口が多い国に感染者が集中していることである。ちなみに，10億人あまりのインドなど感染者数は500万人といわれている。

性産業や麻薬，さらに移民などの人口移動による増加など対策を誤れば一気に感染が広がる恐れがある。

途上国を含め，エイズ制圧に決定的に有効な方法があるわけではない。ワクチンや治療薬の開発のほかに，衛生教育，社会教育，女性教育など，それらにかかわるさらに有効な政策など多面的な取組みを着実に進めていく忍耐強い戦いが必要である。と同時に，個人個人がエイズに感染しないように自分の身を守ることこそが最も賢明な方法であるといえよう。

Note 11　ヒトゲノム解読

ヒトゲノム（人間の全遺伝情報）はDNAに収められ，60兆という細胞のすべての核の中に入っている。情報を記す「文字」にあたるのがA，C，G，Tという4種の塩基，この配列が体を作る様々なタンパク質を作る「設計図」になる。ヒトゲノム計画は約30億文字からなるとされるヒトの全塩基配列を読みとることを目標に日米欧の国際プロジェクトが1990年にスタートした。

ゲノムを知ることは人の体の仕組を解明するだけでなく，様々な病気の原因を明らかにし，これまでにない医療品を作り出すことにもつながる。このため，セレーラ社（米）をはじめ多数の企業も解読に参入してきた。

セレーラ社によると，ヒトゲノムを構成する約30億の塩基の95％を解読し，遺伝子の総数が当初想定されていた半分以下の2万6388～3万9114個であることがわかったと発表。一方，国際チームは91％を解読，遺伝子総数を3万1778個とした。これらの結果は学術雑誌「サイエンス」と「ネイチャー」に同時に掲載された（2001年2月15日，16日）。遺伝子の総数が3万個前後とすれば，体の仕組が簡単なショウジョウバエ（約1万3000個）の2倍強にすぎない。このような少ない遺伝子で人間の複雑な活動が可能と なることには大変驚かされる。このことは1つの遺伝子がいくつかの役割をかねている。言いかえれば数種類のタンパク質の合成に関与していることを意味する。遺伝子以外の部分がこの調節機構にたずさわっているらしい。したがって全ゲノムを解読する意味が十分あることになる。

医療との関わりでは，見つかった遺伝子の中にアルツハイマー病など病気の原因となる遺伝子が多数含まれている。これらの遺伝子の働きを詳しく調べることで決定的な治療法がみつかる可能性がある。遺伝子の情報とは別に，個人個人のゲノムの違いを調べることで医療への応用が可能となってきた。人によってDNAの塩基が1つだけ他の塩基におきかわっている現象が見つかっている。これはSNPs（スニップス：一塩基変異多型）とよばれ，DNAのなかで限られた場所で，1000個の塩基あたり1個の割合で多様性が存在すると考えられている。このSNPsがある場所は国際プロジェクトでは140万個所，セレーラ社は300万個所見つかったと発表している。

例えば患者と健康な人を比較した場合，SNPsに違いがあれば，このSNPsは病気に関係していることになる。糖尿病とか高血圧などの病気とSNPsとの関係が明らかになれば，診断の手段として利用でき，ま

た確実な予防の開発につながることにもなる。

　また薬の効き目や，あるいは副作用につきものの個人差とSNPsとの関係も明らかとなってきている。このことを利用すると個人個人のSNPsの情報に合せたオーダーメイド医療も可能となる。副作用の強いことが障害となる抗がん剤の使用にも新しい道が開かれることになる。

　また次のような意外なこともわかってきている。

　3万個あると推定されている遺伝子のうち，これまでわかっている他の生物の情報と比較し，共通の働きを持つものを分類すると，半分以上は単細胞生物や植物と共通している。これは細胞の中でエネルギーを作る働きなど基本的な生きる仕組をささえるものである。あとの半分は動物特有なもので魚など脊椎動物特有な遺伝子が2割程含まれている。ここには免疫など体を守る働きに関係しているもの，中枢神経など神経系に関係しているものが多いことが報告されている。人間はこうした単細胞生物から約10億年かけて進化したものと考えられている。こうしたデータはその証拠がヒトゲノムの中に豊富にかくされていることを示している。

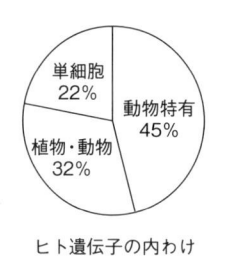

　さらに脊椎動物に共通する遺伝子の中にバクテリアの中に働いているものと同じものが200個以上あることもわかった。このことは脊椎動物が進化する過程でバクテリアが侵入したものと考えられる。国際ゲノム計画では残されていた部分のヒトゲノム完全解読を99.99％の精度で2003年4月14日に終了した。このことはこれまで3万個と予測されていたヒトの遺伝子が3万3000個であり，30億の塩基対で構成されたことを確認したことになる。DNAの構造が明らかとなって50年目の記念すべき年である。3万3000個の遺伝子の1つ1つの意味を解明する研究はこれからである。その道の先には人間の生きる仕組の全体の解明，人間が生まれてきた進化の謎を解きあかすという大きな目標がある。

　ここまで到達してはじめてゲノムを解明したことになる。ゲノムに記された30億文字の物語を読み解く長い道程はいまはじまったばかりである。

　　　　　　　　　　（NHK「あすを読む」を参考にした）

ヒト遺伝子の内わけ
単細胞 22%
動物特有 45%
植物・動物 32%

■演習問題

(1) つぎの各項の用語を例をあげて説明せよ。
   (a) ピリミジン塩基，(b) プリン塩基，(c) ヌクレオシド，(d) ヌクレオチド，(e) DNA，(f) RNA

(2) つぎのヌクレオシドの構造を描け。
   (a) アデノシン（β-D-リボースとアデニンから構成されるヌクレオシド）
   (b) グアノシン（β-D-リボースとグアニンとから構成されるヌクレオシド）
   (c) シチジン（β-D-リボースというシトシンとから構成されるヌクレオシド）
   (d) チミジン（β-2-デオキシ-D-リボースとチミンとから構成されるヌクレオシド）

(3) つぎの略号で示されるDNA分子の構造を示せ。
   (a) dApCp，(b) dpppTpC，(c) dATG

(4) つぎの略号で示されるRNA分子の構造を示せ。
   (a) UUU，(b) AAU，(c) ACG

(5) DNAとRNAの構造上の相違について記せ。

(6) A-C塩基対の構造を示し，これがA-TおよびG-Cの塩基対と比較してなぜ不利であるかを説明せよ。

(7) 種々の試料から得られたDNA中のプリンとピリミジン含有量を分析したChargaffの研究結果とDNAの二重らせん構造とが矛盾しないことを説明せよ。

(8) つぎのそれぞれの用語を説明せよ。
   (a) 遺伝暗号，(b) mRNA，(c) tRNA，(d) コドン，(e) アンチコドン，(f) セントラルドグマ，(g) 複製，(h) 転写

(9) CUAUの配列をもったテトラヌクレオチドから作られたポリリボヌクレオチドがある。これを用いてペプチド合成を行ったところ (Leu-Ser-Ile-Tyr)$_n$ の配列をもったポリペプチドが得られた。この4種類のアミノ酸それぞれに対応するコドンは何か。

(10) あるDNAの断片がつぎのような塩基配列となっている。
   ……ACCCCCAAAATGTCG……
   (a) このDNAから転写されるmRNAの塩基配列はどのようなものか。
   (b) 合成されるポリペプチドのアミノ酸配列はどのようなものか。
   (c) 転移RNAのアンチコドンを示せ。

演習問題の解答

2章

(1) p. 21 参照

(2) α-D-グロピラノース（Haworth式）　β-D-ガラクトピラノース（Haworth式）

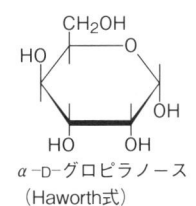

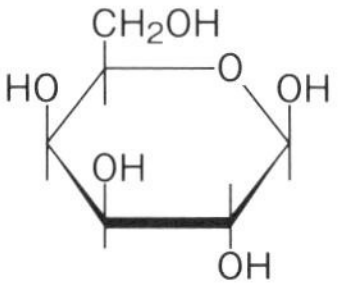

(3) p. 25 参照

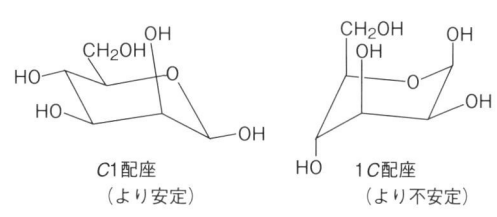

$C1$配座（より安定）　$1C$配座（より不安定）

(4) p. 32 参照

(5) D-キシロース →（HNO₃）→ D-キシラル酸 光学不活性（メソ体）

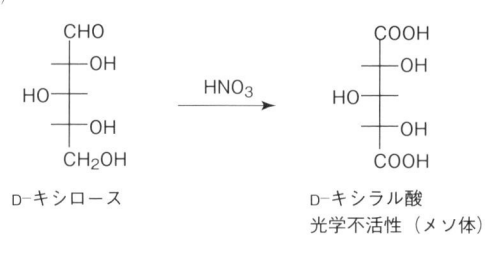

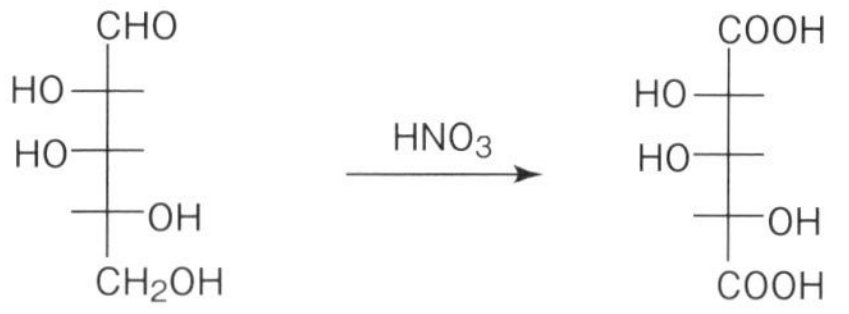

D-リキソース →（HNO₃）→ D-リキサル酸 光学活性

(6) フルクトースをメチルグリコシドに変えると，1モルのジアルデヒドを生成する（フルクトースは5モルの過ヨウ素酸を消費してホルムアルデヒド2モル，ギ酸3モル，二酸化炭素1モルを生成）。

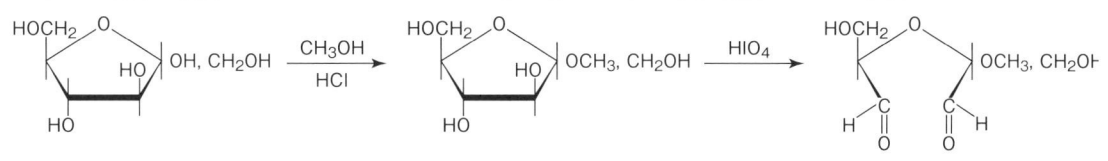

→（CH₃OH / HCl）→ →（HIO₄）→

(7) 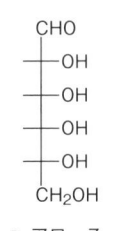 D-アロース 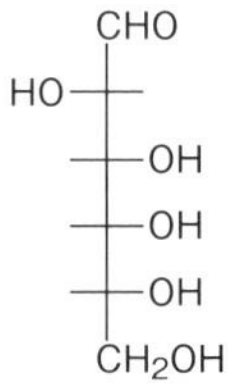　D-アルトロース 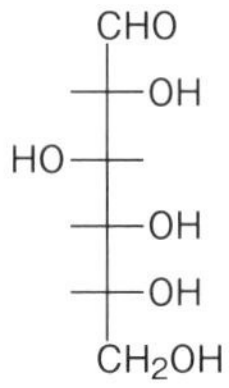　D-グルコース 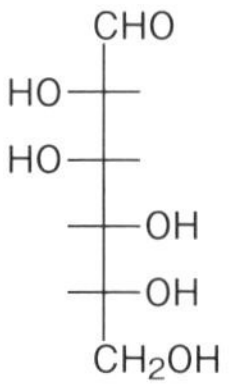　D-マンノース

(8) D-ソルボース →（NaBH₄）→ D-グリトール　D-イジトール

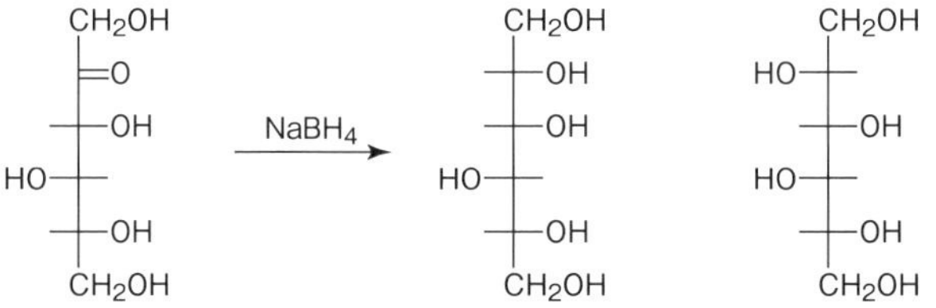

(9)

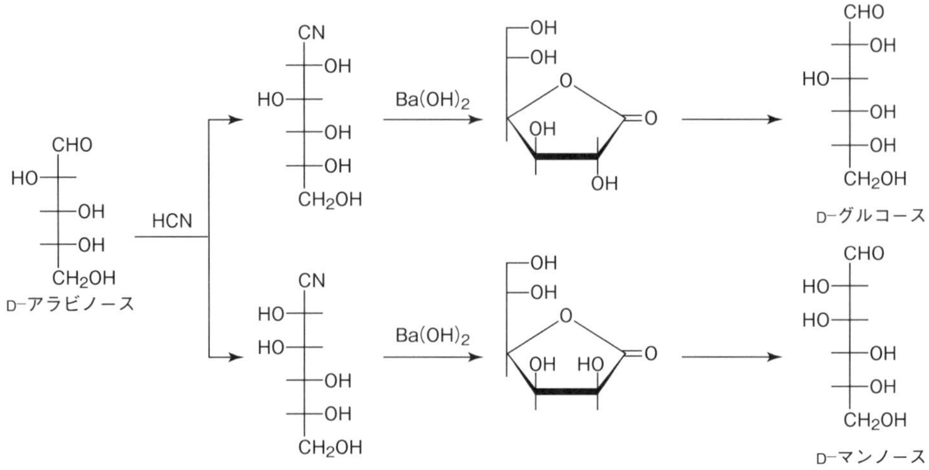

[図: D-アラビノースからHCN付加により2種のシアノヒドリンが生成し、Ba(OH)₂により環状中間体を経てD-グルコースおよびD-マンノースが得られる反応]

(10)

[図: ラクトース（β-アノマー）がC₆H₅NHNH₂と反応してラクトサゾンを生じ、H₃O⁺によりα-D-ガラクトピラノシドとD-グルコサゾンに加水分解される反応]

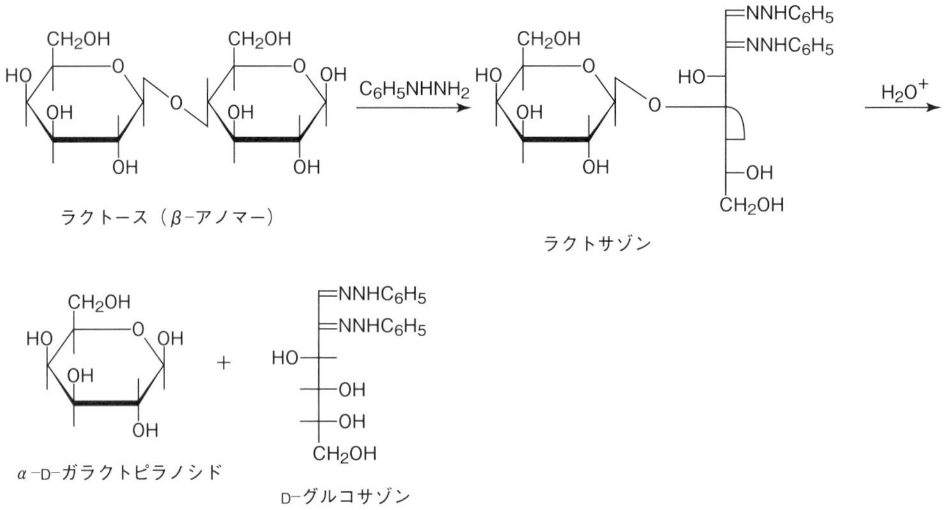

3章

(1) (a) $\overset{+}{H_3N}CH_2CH_2CH_2\overset{\overset{+}{NH_3}}{\underset{|}{C}H}COOH$ (pH 2)　(b) $HOOCCH_2\overset{\overset{+}{NH_3}}{\underset{|}{C}H}COOH$ (pH 2)　(c) $HSCH_2\overset{\overset{+}{NH_3}}{\underset{|}{C}H}COOH$ (pH 2)

$\overset{+}{H_3N}CH_2CH_2CH_2\overset{\overset{+}{NH_3}}{\underset{|}{C}H}COO^-$ (pH 7)　$^-OOCCH_2\overset{\overset{+}{NH_3}}{\underset{|}{C}H}COO^-$ (pH 7)　$HSCH_2\overset{\overset{+}{NH_3}}{\underset{|}{C}H}COO^-$ (pH 7)

$H_2NCH_2CH_2CH_2\overset{NH_2}{\underset{|}{C}H}COO^-$ (pH 12)　$^-OOCCH_2\overset{NH_2}{\underset{|}{C}H}COO^-$ (pH 12)　$HSCH_2\overset{NH_2}{\underset{|}{C}H}COO^-$ (pH 12)

(2) $\alpha-\overset{+}{NH_3}$基の電子吸引誘起効果によりCOOH基の酸性度が増加する。

(3) (a)弱酸性（pH = 6.0），(b)塩基性（pH = 9.6），(c)酸性（pH = 2.7），(d)弱酸性（pH = 4.6），(e)弱酸性（pH = 5.6）

(4)
$$H_3\overset{+}{N}-CH_2-\underset{\underset{H}{|}}{C}-N-CH_2-\underset{\underset{H}{|}}{C}-\overset{O}{\underset{\underset{H}{|}}{C}}-N-\underset{\underset{CH_3}{|}}{CH}-\overset{O}{\underset{\underset{H}{|}}{C}}-N-\underset{\underset{\underset{Ph}{CH_2}}{|}}{CH}-\underset{\underset{H}{|}}{C}-N-\underset{\underset{CH_2CH(CH_3)_2}{|}}{CH}COO^-$$

(5) DNFB + H$_2$N(CH$_2$)$_4$CHCONHCH$_2$COOH ⟶ HN(CH$_2$)$_4$CHCONHCH$_2$COOH
　　　　　　　　　　　　　|　　　　　　　　　　　　　|　　　|
　　　　　　　　　　　　　NH$_2$　　　　　　　　　　 DNP　DNPNH
　　　　　　　　　　　　　Lys-Gly

$\xrightarrow{H_3O^+}$ HN(CH$_2$)$_4$CHCOOH + H$_2$NCH$_2$COOH
　　　　　　　|　　　|
　　　　　　 DNP　DNPNH

DNFB + H$_2$NCH$_2$CONHCH(CH$_2$)$_4$NH$_2$ ⟶ HNCH$_2$CONHCH(CH$_2$)$_4$NH
　　　　　　　　　　　|　　　　　　　　　　　|　　　　　　　　|　　　　　|
　　　　　　　　　　 COOH　　　　　　　　　 DNP　　　COOH　　DNP
　　　　　　　　　　 Gly-Lys

$\xrightarrow{H_3O^+}$ HNCH$_2$COOH + HOOCCH(CH$_2$)$_4$NH
　　　　　　 |　　　　　　　　　　|　　　　　|
　　　　　　 DNP　　　　　　　　 NH$_2$　　DNP

両ペプチドをDNP化後，加水分解によって生成したDNPアミノ酸および遊離アミノ酸を分析する。

(6) p.74, 75参照

(7) p.67参照

(8)

ラセミ体（光学　　　　　　　　　　　　　　　　　　メソ体（光学
分割できる）　　　　　　　　　　　　　　　　　　　分割できない）

(9) C$_6$H$_5$CH$_2$OCOCl + H$_2$NCH$_2$COOH ⟶ C$_6$H$_5$CH$_2$OCONHCH$_2$COOH
　　　　　　　　　　　　　　Gly　　　　　　　　　　　　　　　　　 Gly

$\xrightarrow[DCC]{アラニン}$ C$_6$H$_5$HCH$_2$OCONHCH$_2$CONHCHCOOH $\xrightarrow[DCC]{チロシン}$ C$_6$H$_5$CH$_2$OCONHCH$_2$CONHCHCONH……COOH
　　　　　　　　　　　　　　　　　　　　　　　|　　　　　　　　　　　　　　　　　　　　　　　　　|
　　　　　　　　　　　　　　　　　　　　　　 CH$_3$　　　　　　　　　　　　　　　　　　　　　 CH$_3$
　　　　　　　　　　　　　　　Gly　　Ala　　　　　　　　　　　　　　　　　　　　Gly　　Ala　　Tyr

$\xrightarrow{H_2, Pd}$ C$_6$H$_5$CH$_3$ + CO$_2$ + Gly-Ala-Try

(10) プロリン。プロリンは2級アミンであるため，ペプチド結合を形成すると窒素につく水素がなくなり，水素結合できなくなる。

4章

(1) (a) CH$_3$(CH$_2$)$_{14}$COONa

(b) (CH$_3$(CH$_2$)$_7$CH=CH(CH$_2$)$_7$COO)$_2$Ca

(c) CH$_2$OCO(CH$_2$)$_{14}$CH$_3$
　　|
　　CHOCO(CH$_2$)$_{14}$CH$_3$
　　|
　　CH$_2$OCO(CH$_2$)$_{14}$CH$_3$

(d)
$$\begin{array}{l} CH_2OCO(CH_2)_2CH_3 \\ CHOCO(CH_2)_2CH_3 \\ CH_2OCO(CH_2)_2CH_3 \end{array} \qquad \begin{array}{l} CH_2OCO(CH_2)_7CH=CH(CH_2)_7CH_3 \\ CHOCO(CH_2)_7CH=CH(CH_2)_7CH_3 \\ CH_2OCO(CH_2)_7CH=CH(CH_2)_7CH_3 \end{array}$$

(e) $CH_3(CH_2)_7CH=CH(CH_2)_7\overset{O}{\underset{\|}{C}}O(CH_2)_{29}CH_3$ 　　(f) $CH_3(CH_2)_4(CH=CHCH_2)_4(CH_2)_2COOC_3H_7$

(2) (a)
$$\begin{array}{l} CH_2O\overset{O}{\underset{\|}{C}}(CH_2)_6(CH_2CH=CH)_2(CH_2)_4CH_3 \\ CHO\overset{O}{\underset{\|}{C}}(CH_2)_6(CH_2CH=CH)_2(CH_2)_4CH_3 \\ CH_2\overset{}{\underset{\underset{O}{\|}}{C}}(CH_2)_6(CH_2CH=CH)_2(CH_2)_4CH_3 \end{array} \xrightarrow{3\,NaOH} \begin{array}{l} CH_2OH \\ CHOH \\ CH_2OH \end{array} + 3\,CH_3(CH_2)_4(CH=CHCH_2)_2(CH_2)_6COONa$$

(b) $\xrightarrow{6\,H_2}$ $\begin{array}{l} CH_2OCO(CH_2)_{16}CH_3 \\ CHOCO(CH_2)_{16}CH_3 \\ CH_2OCO(CH_2)_{16}CH_3 \end{array}$ 　　(c) $\longrightarrow$ $\begin{array}{l} CH_2OH \\ CHOH \\ CH_2OH \end{array}$ + $3\,CH_3(CH_2)_4(CH=CHCH_2)_2(CH_2)_6CH_2OH$

(3) (a) p. 98, (b) p. 100, (c) p. 99, (d) p. 116, (e) p. 110, (f) p. 104, (g) p. 100, (h) p. 122を参照

(4) (a) コレステロール + $(CH_3CO)_2O$ ⟶

(b) 7-デヒドロコレステロール $\xrightarrow{紫外線}$

(c) テストステロン $\xrightarrow{CH_3COOOH}$

(d)

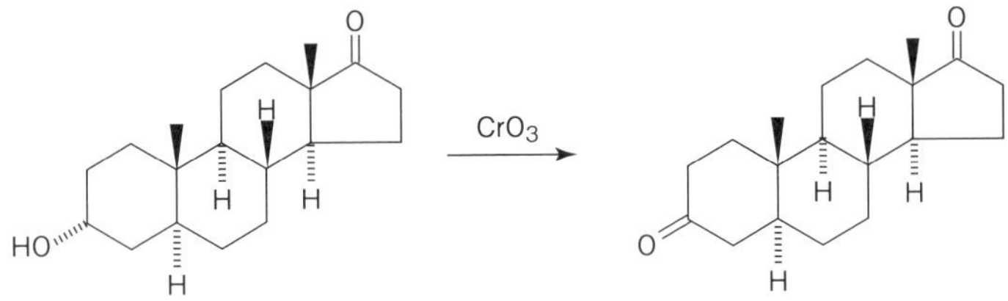

[構造式: アンドロステロン → CrO₃ による酸化生成物]
アンドロステロン

(5) ヨウ素価 = 174, けん化価 = 191

(6) p.111 参照

(7) (a) [4つのテルペン構造式(破線による分割を示す)]

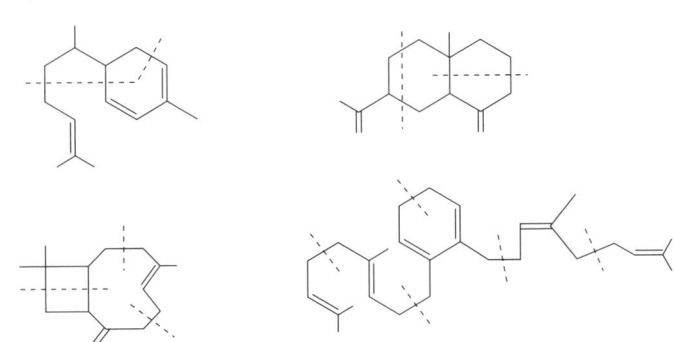

(8) p.106, 107 参照

(9) PPP, LLL, SSS, PPL, PPS, LLP, LLS, SSP, SSL, PLP, PSP, LPS, LSL, SPS, SLS, LPP, SPP, LSS, PSS, PLL, SLL, LPL, PLS, PSL, SPL, LSP, SLP

(10) (a)
$$\begin{array}{l} CH_2OC(CH_2)_{16}CH_3 \\ | \quad \|\quad O \\ CHOC(CH_2)_{16}CH_3 \\ | \quad \|\quad O \\ CH_2OC(CH_2)_{14}CH_3 \\ \quad \|\quad O \end{array} \xrightarrow{NaOH} \begin{array}{l} CH_2OH \\ CHOH \\ CH_2OH \end{array} + 2\ CH_3(CH_2)_{16}COONa + CH_3(CH_2)_{14}COONa$$

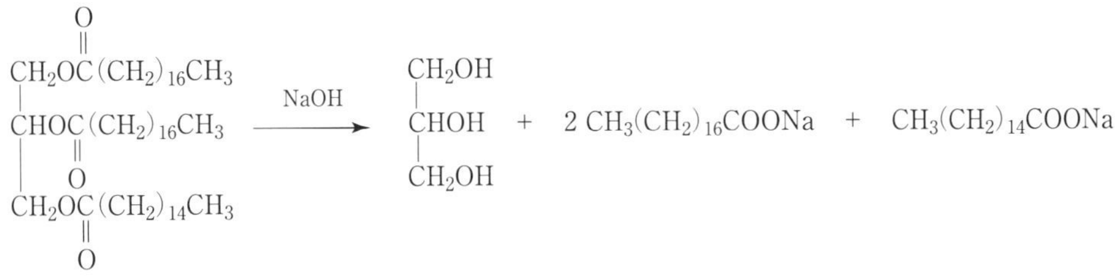

(b) パルミチン酸ナトリウム，オレイン酸ナトリウム，グリセロール3-ホスホリルコリン

(c) パルミチン酸ナトリウム，オレイン酸ナトリウム，グリセロール3-リン酸，コリン

5章

(1) (a) p.136, (b) p.136, (c) p.137, (d) p.139, 140, (e) p.146, (f) p.151 を参照

(2) (a) [アデノシンの構造式] (b) [2′-デオキシグアノシンの構造式]

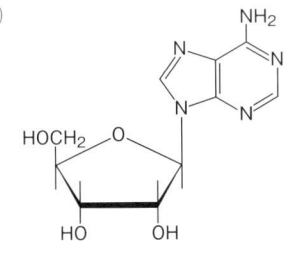

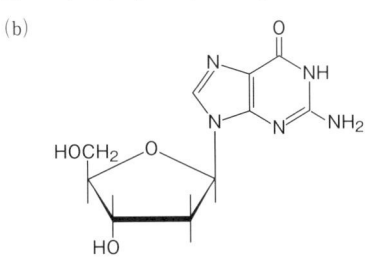

(c) (d)

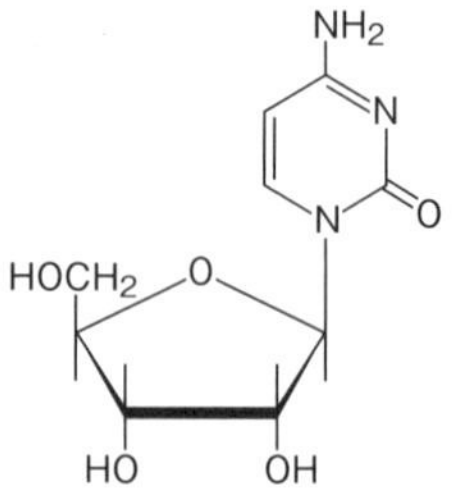

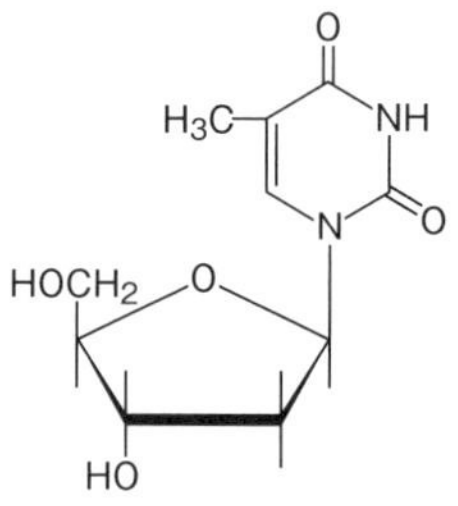

(3) (a) 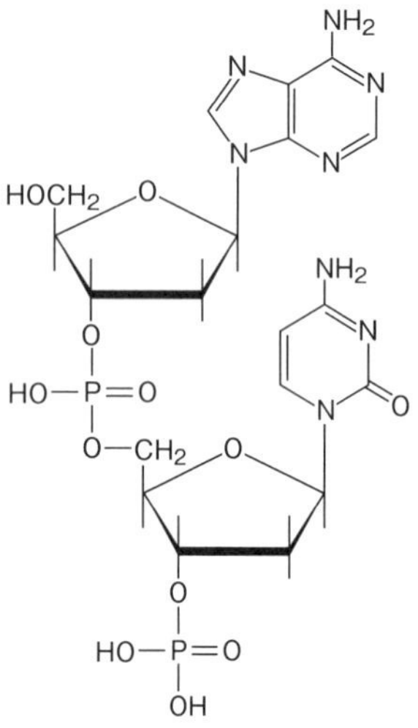 (b)

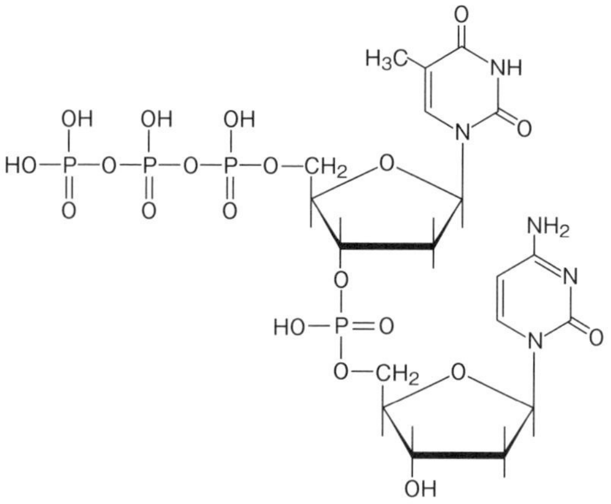

(c)

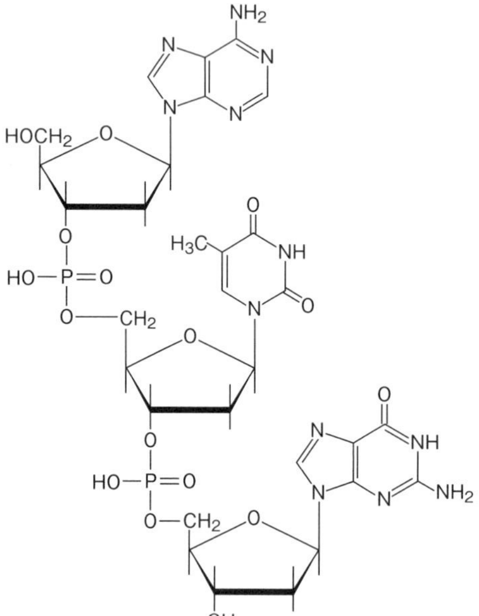

(4) (a) [structure] (b) [structure]

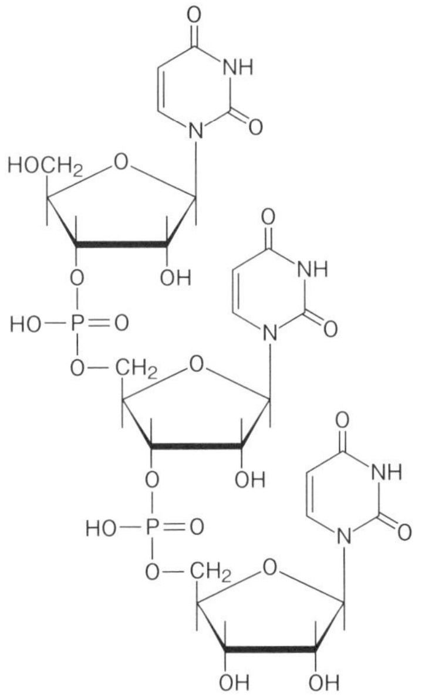

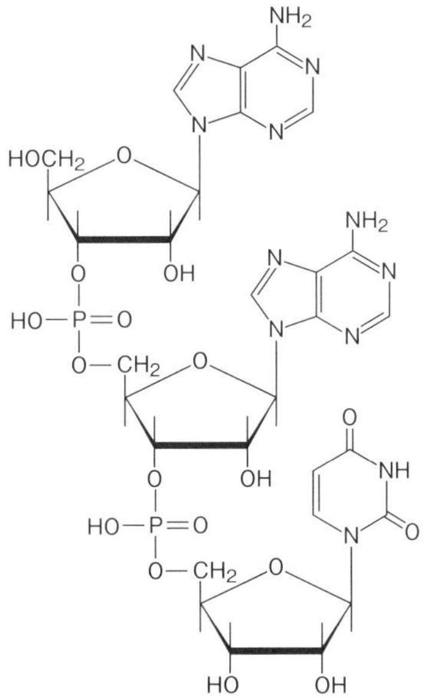

(c) [structure]

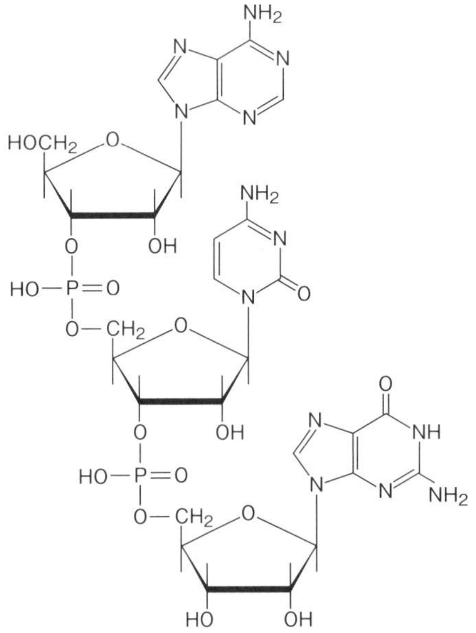

(5) p.152, 158参照

(6) [structures]

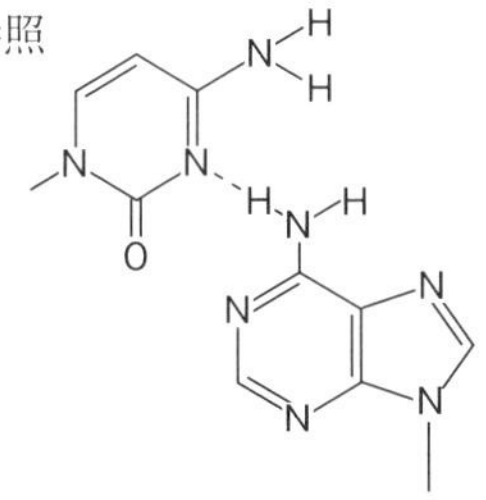

水素結合1つ

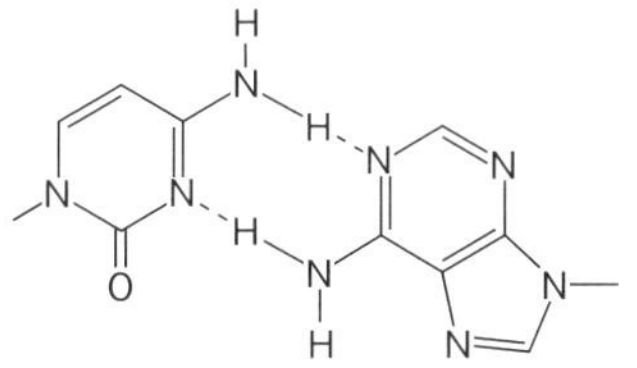

水素結合2つあるが2つの糖の距離が遠くなりすぎ、らせん構造にひずみを生じる。

(7) p.147参照

(8) 本文参照

(9) …UUA：UCU：AUC：UAC…
　　　Leu ・ Ser ・ Ile ・ Tyr
　　上のように各コドンがアミノ酸に対応する。

(10) (a) UGG GGG UUU UAC AGC
　　 (b) Tyr-Gly-Phe-Tyr-Ser
　　 (c) ACC CCC AAA ATG TCG

■参考文献

阿武君子，瀬野信子，『糖化学の基礎』，講談社（1984）．

蛋白質研究奨励会編，『タンパク質』，東京化学同人（1979）．

小林恒夫，『生体成分の化学』，養賢堂（1979）．

パーカー，久保田尚志訳，『生体物質の有機化学』，東京化学同人（1984）．

日本生化学会編，『生化学実験講座4，糖質の化学（上）（下）』，東京化学同人（1984）．

モリソン・ボイド，中西香爾ほか訳，『有機化学（下）』，東京化学同人（1994）．

Melvin Calvin著，江上不二夫，桑野章夫，大島泰郎，中村桂子共訳，『化学進化』，東京化学同人（1970）．

木村資生，近藤宗平，『生命の起源と分子進化』，岩波書店（1976）．

二宮一弥編，『生体成分の化学』，南江堂（1985）．

米田文郎，小倉治夫，富士薫，『生命有機化学』，講談社サイエンティフィク（1993）．

三浦敏明，酒田和彦，矢沢洋一，能野秀典，斎藤衛，『ライフサイエンス系の化学』，三共出版（1996）．

相本三郎，赤路健一，『生体分子の化学』，化学同人（2002）．

谷口直之編，『ポストゲノム時代の糖鎖生物学がわかる』，羊土社（2002）．

フォイエ，坂口武一監訳，『メディシナルケミストリー』，医歯薬出版（1982）．

コーン・スタンプ，田宮信雄ほか訳，『生化学』，東京化学同人（2003）．

ホワイト，鈴木旺ほか訳，『生化学』，広川書店（1979）．

ハーパー，上代淑人監訳，『生化学』，丸善（2002）．

レーニンジャー，山科郁男ほか訳，『基本生化学』，広川書店（2003）．

入野勤，菅家祐輔，瀬山義幸，山川敏郎，『コメディカルのための生化学』，三共出版（1997）．

ラリー・シェイブ，駒野徹ほか訳，『基礎生化学』，化学同人（1987）．

中村泰治，中谷一泰，『生化学の理論』，三共出版（1987）．

菅原二三男監訳，『マクマリー生物有機化学Ⅱ』，丸善（2002）．

別冊サイエンス，特集がん，日本経済新聞社（1981）．

別冊サイエンス，特集エイズへの挑戦，日本経済新聞社（1987）．

西村暹ほか，『発がん』，化学同人（1985）．

近藤元治，『エイズとガンの免疫学』，HBJ出版局（1987）．

生田哲，『がんとDNA』，講談社（1997）．

サイアス，ゲノムの基礎知識，5巻，朝日新聞社（2000）．

日経サイエンス，ヒトゲノム解読をめぐる競争，日本経済新聞社，9月号（2000）．

ニュートン，大特集ゲノムで激変する世界，ニュートンプレス，2001年4月号．

ニュートン，特集タンパク質がわかる本，ニュートンプレス（2003）．

礒部寛之，中村栄一，化学，**55**，62，（2000）．

T. メーダー，日経サイエンス，11月号，p 78（2002）．

化学，**57**，14（2002）．

関谷剛男，科学朝日，**40**，31（1980）．

畑辻明，現代化学，1月号，p 29（1982）．

吉本谷博，現代化学，2月号，p 24（1983）．

新井義信，プロスタグランジン，化学，**40**，5（1985）．

西岡 一，DNAを傷つける化学物質，現代化学，1979年2月号．

三浦賢一，正体を現わした発がん遺伝子，科学朝日，1983年2月号．

山本直樹，月刊薬事，**29**，7（1987）．

近藤矩朗，生命誕生時における紫外線によるDNA損傷と防御，化学と工業，vol. 56—5（2003）．

索　　引

あ　行

赤堀法　76
アグリコン　29
アジドチミジン　178
アジメクリン　178
アシル運搬タンパク質　9
アシル基転移反応　145
アシロイン縮合　7
L-アスコルビン酸　30
アスパラギン酸　11
アスパルテーム　73
アズラクトン　69
アセタール　19
アセチルCoA　9, 112
アセチルコリン　145
アセチル-D-グルコサミン　55
アセチル基　160
アセチルコリン　145
N-アセチルノイラミン酸　30, 105
N-アセチルムラミン酸　55
アデニル酸　140
2'-アデニル酸　141
5'-アデニル酸　10, 141
アデニン　5, 6, 134, 136
3'-アデノシル酸　141
アデノシン　138, 142
アデノシン2',3'-一リン酸　141
アデノシン2'-一リン酸　141
アデノシン3',5'-一リン酸　141
アデノシン3'-一リン酸　141
アデノシン5'-一リン酸　141
アデノシン三リン酸　8, 142
アデノシンリン酸　140
アテローム性動脈硬化　118
アナフィラキシー反応　128
アニソイル基　160
アノマー　21, 23
　　――効果　26
アビエチン酸　114
アミノアシルRNA　155
アミノグリコシド抗生物質　27
アミノ酸配列決定装置　75
アミノ糖　27
2-アミノ-6-ヒドロキシプリン　136
γ-アミノ酪酸　62

アミロース　52
アミロペクチン　52
アラキドン酸　92, 93, 94
アラキドン酸カスケード　129
L-アラニン　61
アルキル化　173
アルキルベンゼンスルホン酸ナトリウム　107
アルジトール　36
アルダル酸　33
アルドース　16
アルドテトロース　16
アルドトリオース　16
アルドール縮合　7
アルドン酸　31
アンギオテンシンⅡ　73
アンチコドン　154
アンドロステロン　119
アンモニア　3

イソチオシアン酸フェニル　74
イソブチリル基　160
イソプレン　110
　　――則　110
イソペンテニルピロリン酸　110
イソロイシン　62
一次構造　82
遺伝子暗号解読表　166
D-イドース　25
イニシエーター　175
5'-イノシン酸　11
イミダゾール　135
インターカレート　174
イントロン　168
インベルターゼ　48

ウシ膵臓ホスホジエステラーゼ　159
ウラシル　5, 7, 136, 153
5'-ウリジル酸　12, 143
ウリジン　153
ウロン酸　34

エイコサノイド　95
エイコサペンタエン酸　93, 94
エイズ　173
エキソヌクレアーゼ　159
エクソン　168

エストラジオール　119, 120
エストロン　119
エナンチオマー　16
D-エリトース　39
エルゴステロール　117
塩化アレンスルホニル誘導体　161
エンドヌクレアーゼ　159

黄体ホルモン　119
2-オキシ-4-アミノピリミジン　136
オキシム　37
オスカーネット　178
オーダーメイド医療　180
オータコイド　122
オリゴ糖　45
オリゴペプチド　71
オルニチン　62
オレイン酸　92
5'-オロチジル酸　12
オロチン酸　11
オンコジーン　175

か　行

解糖　9
界面活性作用　106
カウレン　114
化学進化　3
核酸　133
　　――の化学合成　160
　　――の性質　156
過酸化脂質　97
活性酸素　97
　　――種　174
カナマイシン　27
ガラクタル酸　33
D-ガラクツロン酸　34
D-ガラクトサミン　27
D-ガラクトース　43
ガラクトマンナン　51
カリオレフィン　113
カルバメート　77
β-カロテン　114
がん　173
ガングリオシド　105
還元　36

193

還元性二糖類　45
還元糖試験　31
環状アセタール　43
環状アデニル酸　141
環状ケタール　43
乾性油　99

キク酸　113
キシラン　51
ギトキシゲニン　120
キモトリプシン　75
球状タンパク質　80
強心配糖体　29, 120
鏡像異性体　16
銀鏡反応　31

グアニル酸　11, 140
5'-グアニル酸　10
グアニン　5, 6, 136
グアノシン　138
グアノシンリン酸　140
クエン酸回路　8
グリカン　51
グリコーゲン　53
グリコース　51
グリコール開裂　35
グリコサミノグリカン　55
グリコサミン　27
O-グリコシド　29, 137
N-グリコシド　137
グリコシルアミン　27
グリシン塩酸塩　63
グリセリド　98
グリセルアルデヒド　16, 61
グリセロ糖脂質　56
グリセロリン脂質　102
D-グルカル酸　33
D-グルクロン酸　34
グルカン　51
グルコース　19, 20
D-グルシトール　37
グルタミン　11
クローバ型構造　155
クロロフィル　8

鯨ろう　100
ケトース　16
ケトトリオース　16
ケトペントース　16
ゲノム　133
ケラタン硫酸　55
ゲラニオール　111
ゲラニルピロリン酸　111, 112
けん化　99

けん化性脂質　91
原始大気　2, 3
ゲンチアノース　50

光学分割　70
硬化油　99
合成洗剤　107
後天性免疫不全症候群　176
コール酸　118
固相合成法　80
骨粗鬆症　118
コドン　154
コラーゲン　81
コリン　101
コルチゾン　120, 121
コレステロール　116, 117
　──胆石　119
混合酸無水物　79
コンドロイチン（硫酸）　55

さ　行

細胞膜の構造　107
鎖状アデニル酸　141
サブユニット　86
酸化　31
酸化ストレス　97, 173, 174
残基　71
三次構造　85
酸敗　99
三連子暗号　154, 165

ジアステレオマー　21, 70
シアノヒドリン　39
シアル酸　30, 105
シアン化水素　3, 5
2,4-ジオキシピリミジン　136
ジオスゲニン　121
ジギトキシゲニン　120
シクロデキストリン　50
ジケトピペラジン　69
ジゴキシゲニン　120
ジシクロヘキシルカルボジイミド　79, 161
脂質　91
脂質過酸化ラジカル　174
脂質二重層　108
ジスルフィド結合　73
ジスルフィド架橋　85
シチジル酸　11, 140
シチジン　138
2',3'-ジデオキシアデノシン　178
2',3'-ジデオキシシチジン　178

2',3'-ジデヒドロ-2',3'-ジデオキシシチジン　178
2',3'-ジデヒドロ-2',3'-ジデオキシチミジン　178
ジテルペノイド　114
自動酸化　96
シトシン　5, 7, 136
シトロネラール　113
2,4-ジニトロフルオロベンゼン　75
シネオール　113
ジヒドロオロチン酸　11
ジヒドロキシアセトン　16
$1\alpha,25$-ジヒドロキシビタミンD_3　118
ジベレリン　114
脂肪　98
脂肪酸　92
　──，特殊　92
　──，必須　95
　──，不飽和　92
　──，飽和　92
　──の反応　96
ω-3系　93
ω-6系　93
脂肪油　98
ジメトキシトリチル基　160
縮重　166
ショウノウ　113
女性ホルモン　119

水素結合　85, 149
スクアレン　117
スクシニルCoA　145
スクロース　48
スチグマステロール　117
ステロイド　116
ステロイドサポニン　121
ストレプトマイシン　27
スーパーオキシドアニオンラジカル　174
スフィンゴ脂質　104
スフィンゴシン　104
スフィンゴ糖脂質　55, 105
スフィンゴミエリン　104
スプライシング　168

生元素　1
性ホルモン　119
石けん　99
　──の性質　99
セミカルバジド　37
セミカルバゾン　37
セラミド　55, 105
L-セリン　62
セルロース　54

索　引

セレブロシド　105
セロビオース　46
繊維状タンパク質　80
染色体　133
セントラルドグマ　2, 168

双性イオン　63
相補的　149
促進物質　175
疎水性相互作用　85
ソマトスタチン　73

た　行

多糖類　51
胆汁酸　118
単純脂質　91
単純タンパク質　80
淡色効果　157
ダンシル法　76
炭水化物　15
単糖類　15, 16
タンパクキナーゼ　176
タンパク質　59
　──の合成　167, 171
チミジル酸　11
チミジン　138, 178
チミン　5, 136
中性脂肪　97
中性洗剤　107
チロキシン　62

デオキシコール酸　118
デオキシ糖　26
デオキシリボース　26, 134
デオキシリボ核酸　134, 135
デオキシリボヌクレオチド　140
1-β-D-デオキシリボフラノシルチミン　138
β-D-2-デオキシリボフラノース　137
デキサメタゾン　120
デキストリン　52
(R,R)-デグホス　71
テストステロン　119
テトラテルペノイド　114
テトラヒドロピラニル基　160
7-デヒドロコレステロール　118
テルペノイト　110
デルマタン硫酸　55
転移RNA　154
転化糖　48

転写　167
天然ゴム　111
デンプン　51
点変異　173
伝令RNA　154

糖酸　33
透視式　21
糖脂質　56, 104
糖質　15
糖タンパク質　27, 56
等電点　64
ドコサヘキサエン酸　93, 94
ドパ　62
トリテルペノイド　114
トリプシン　75
トリフルオロアセチル基　78
トリプレット・コドン　165
トリプレットアンチコドン　154
トリプレット説　162
D-トレオース　39
トレオニン　62
トレハロース　49
トロンボキサン　122, 123, 128

な　行

ニコチンアミド　144
ニコチンアミドアデニンジヌクレオチド　143
ニコチンアミドアデニンジヌクレオチドリン酸　144
ニコチン酸　143, 144
二次構造　82
二重らせん構造　134, 147
L-乳酸　62
ニンヒドリン　66

ヌクレオシド　134, 137
ヌクレオシド一リン酸　141
ヌクレオシド塩基の配座　138
ヌクレオシド三リン酸　141
ヌクレオシド二リン酸　141
ヌクレオシドリン酸　139
ヌクレオチド　134, 139

ノイラミン酸　30, 105
濃色効果　157

は　行

パーオキシナイトライト　174

麦芽糖　45
バソプレッシン　73
発がん遺伝子　175
半乾性油　99
半保存的複製　152

ヒアルロン酸　55
非けん化性脂質　91
ビタミンA　114
ビタミンB_{12}　145
ビタミンB_2　144
ビタミンD_3　118
ビタミンK　115
ヒダントイン　69
必須アミノ酸　61
ヒトゲノム　179
ヒドラジン分解法　76
5-ヒドロキシメチルシトシン　136
ヒドロキシルアミン　37
α-ピネン　113
β-ピネン　113
ピラノース　20
ピリミジン　5, 135
ピリミジンヌクレオチド　12, 138
ピルビン酸　19
ピロリン酸エステル　111

ファネシルピロリン酸　112, 114
ファルネソール　111
フィトエン　114
フィトール　114
フィブロン　81
L-フェニルアラニン　71
フェニルオサゾン　37
フェニルヒドラジン　37
フェニルヒドラゾン　37
複合脂質　56, 91, 100
複合多糖　55
複合タンパク質　80
副腎皮質ホルモン　120
不斉炭素　16
フタロイル基　78
tert-ブトキシカルボニル基　77
プラスマローゲン　103
フラノース　20
フラビンアデニンジヌクレオチド　144
フラビン酸化還元反応　145
フラビンモノヌクレオチド　144
プリン　5, 135
プリン塩基　5, 135
プリンヌクレオチド　10
ブルシン　70
プロゲステロン　119

195

プロスタグランジン　121, 122
プロスタサイクリン　123
プロスタン酸　123
プロテオグリカン　55
プロモーター　175
分別結晶　70

ヘアピンループ　153
ヘテログリカン　51, 55
ヘテロ多糖　55
D-ペニシラミン　178
ヘパラン硫酸　55
ヘパリン　55
ペプチド　71, 72
ペプチドグリカン　55
ペプチド形成反応　78
ペプチド結合　72
ヘミアセタール　20
ヘルパーT細胞　177
変異原物質　175
ベンジルオキシカルボニル基　77
変　性　87
　——温度　157
変遷光　20
ベンゾイル基　160

補酵素　145
保護基　42
ホスファチジル-(N,N-ジメチル)エタノールアミン　102
ホスファチジル-(N-メチル)エタノールアミン　102
ホスファチジルイノシトール　102
ホスファチジルイノシトール4,5-二リン酸エステル　102
ホスファチジルイノシトール4-リン酸エステル　102
ホスファチジルエタノールアミン　102
ホスファチジルグリセロール　102
ホスファチジルコリン　102
ホスファチジルセリン　102
ホスファチジン　101
ホスファチジン酸　101, 102
5-ホスホα-D-リボシル1-ピロリン酸　11
ホスホグリセリド　101
3',5'-ホスホジエステル結合　152
ホスホリパーゼ　103
ホスホロアミダイト法　162
ホモグリカン　51
ポリスチレン樹脂　80

ポリテルペノイド　115
ポリペプチド　71
ホルミル基　78
ホルムアルデヒド　7
ホルモース　7
翻　訳　167
　——，還元略号の　169
　——過程　169
　——の開始　169
　——の終了　170
　——の伸長　170

ま　行

マイトマイシン　174
マルトース　45
マルトビオン酸　46
マロニルCoA　9
マロン酸エステル　67
マンナン　51
D-マンニトール　37
D-マンヌロン酸　34

ミオシン　81
ミセル　106, 108
蜜ろう　100

ムコ多糖　27, 55
娘DNA　152

メタン　3
α-メチルアデニン　136
メチル基転移反応　145
7-メチルグアニン　136
5-メチル-2,4-ジオキシピリミジン　136
5-メチルシトシン　136
メチルマロニルCoA　145
メッセンジャーRNA　134
メバロン酸　110
メレジトース　50
メントール　113

モノテルペノイト　113
モノメトキシトリチル基　160

や　行

焼きもどし　157

ユーリー・ミラーの実験　3
ユビキノン　115

ヨウ素価　96
四次構造　86

ら　行

ラクタム型　136
ラクチム型　136
ラクトース　47
ラノステロール　117
ラフィノース　50
卵胞ホルモン　119

リコペン　114
立体配座　24
　——，いす型　24
　——，舟形　24
リナロール　113
リノール酸　92, 93, 94
α-リノレン酸　93, 94
γ-リノレン酸　92, 93
リバビリン　178
リボース　18, 134
リボ核酸　134, 135
リボキシン　128
リボソーム　108
　——RNA　154
リボチミジル酸　155
リボヌクレアーゼ　158
リボヌクレオチド　140
9-β-D-リボフラノシルアデニン　138
9-β-D-リボフラノシルグアニン　138
1-β-D-リボフラノシルシトシン　138
β-D-リボフラノース　137
リボフラビン　144
リモネン　113
両親媒性　106
リン脂質　100

レシチン　101
レトロウイルス　175

ロイコトリエン　128
ろう　100

英文索引

ABS　107
Ac　160
ACP　9
acquired immune deficiency syndrome,
　ATDS　176
acyl carrier protein　9
ADP　141
aglycon　29
aldaric acid　33
alditol　36
aldonic acid　31
aldose　16
aldotetrose　16
amino acid sequencer　75
amino sugar　27
AMP　10, 141
amylopectin　52
amylose　52
An　160
angiotensin II　73
annealing　157
anomer　21
anomeric effect　26
aspartame　73
asymmetric carbon　16
ATP　8, 11, 141
autooxidation　96
azlactone　69
AZT　178

Beckmann転位　69
Benedict試薬　31
bioelement　1
Boc基　77
Bz　160

carbamate　77
carbohydrate　15
Cbz　77
cellobiose　46
cellulose　54
Chargaff　147
chemical evolution　3
conformation　24
conjugated protein　80
Crick　147
CS-85　178

cyanohydrin　39

D, L表示法　17
DCC　79, 161, 162
denaturation　87
deoxyribonucleic acid　134
D-galactosamine　27
D-galactose　43
D-galacturonic acid　34
D-glucitol　37
D-glucuronic acid　34
D-gulucaric acid　33
DHA　93
DHC　178
DHT　178
diastereomer　21
D-idose　25
dihydroxy acetone　16
D-mannitol　37
D-mannuronic acid　34
DMTr　160
DNA　133
　——の構造　146
　——の複製　149, 151
　——の自動合成　164
　——のポリメラーゼ　152
dopa　62

Edman分解　74
enantiomer　16
EPA　93
essential amino acid　61

FAD　144
fatty acids　92
Fehling試薬　31
fibrous protein　80
Fischer投影式　16, 23
FMN　144
formose　7
furanose　20

Gabrielのアミン合成　67
galactaric acid　33
galactomannan　51
gentianose　50
globular protein　80

glucan　51
glycan　51
glyceraldehyde　16
glycogen　53
glycoprotein　56
glycosamine　27
glycosaminoglycan　55
glycose　51
glycosylamine　27
GMP　11

Haworth式　23, 24
HIV　176
hnRNA　168
human immunodeficiency virus　177
hydantoin　69
hydroxylamine　37
hyperchromic effect　157
hypochromic effect　157

i-Bu　160
invert sugar　48
invertase　48
isoelectric point　64
isoprene rule　110

ketopentose　16
ketose　16
Khorana　162
Kiliani-Fischer合成　39

lactose　47
LAS　107
L-ascorbic acid　30
lipids　92
LT　128
LTC_4　129
LTD_4　129
LTF_4　129
LX　128

maltobionic acid　46
mannan　51
melezitose　50
messenger RNA, mRNA　154
MMTr　160
MS　162

197

mucopolysaccharide 55	protein 59	temperature of melting ,Tm 157
	PRPP 10	tert-butoxycarbonyl group 77
neuramic acid 30	pyranose 20	tertiary structure 85
Nierenberg 165	quarternary structure 86	Thp 161
ninhydrin 66		thromboxane ,Tx 123
nucleic acid 133	raffinose 50	thyroxine 62
nucleoside monophosphate 141	residue 71	Tollens試薬 31
nucleotide 139	ribonucleic acid 135	TPS 162
N末端基分析 74	ribosomal RNA 154	tramsfer RNA, tRNA 154
	RNA 135	transcribe 167
O-glycoside 29	RNase 159	translation 167
OHラジカル 174	RNAポリメラーゼ 168	trehalose 49
8-OHdG 174	(R,R)-Degphos 71	TS 162
	R, S 表示法 16, 17	
oligopeptide 71	Ruff分解 41	UMP 12
oligosaccharide 45		Urey-Miller 3
orinitine 62	saccharic acid 33	uronic acid 34
oxidative stress 174	Schmidt反応 68	
oxime 37	secondary structure 82	van Slyke法 65
peptide 71	semicarbazide 37	vasopressin 73
peptideglycan 55	semicarbazone 37	
perspective formula 21	sialic acid 30	Watson 147
phenylhydrazine 37	simple protein 80	Wax 100
phenylhydrazone 37	SNPs 179	Wohl分解 41
phenylosazone 37	somatostatin 74	
polypeptide 71	steroid 116	Zwitterion 63
primary structure 82	Strecker合成 4, 67	
prostacyclin 123	sucrose 48	$α$ヘリックス構造 82
prostaglandin,PG 121		$β$シート構造 83
prostanoic acid 123	TCA回路 9	$γ$-aminobutyric acid 62

著者略歴

樹林千尋（きばやしちひろ）
- 1962年　東京薬科大学卒業
- 1965年　東北大学大学院医学部薬学科修士課程修了
- 1965年　東京薬科大学助手
- 1971年～1972年　ジャーマンタウン研究所留学
- 1987年　東京薬科大学教授
- 2005年　日本薬科大学教授　東京薬科大学名誉教授
  薬学博士（東北大学）

秋葉光雄（あきばみつお）
- 1965年　東京薬科大学薬学部卒業
- 1970年　東京薬科大学大学院薬学研究科博士課程修了
- 1971年　同校助手
- 1991年　同校助教授
- 1979年～1980年　エモリー大学理学部化学科留学
- 1991年　㈱浅井ゲルマニウム研究所研究部長
- 現　在　㈱浅井ゲルマニウム研究所顧問
  薬学博士（東京薬科大学）

新版　ライフサイエンスの有機化学

1987年11月 1 日	初　版　発　行
2002年10月 5 日	初版第10刷発行
2004年 3 月10日	新版第 1 刷発行
2025年 3 月20日	新版第 8 刷発行

ⓒ著　者　樹　林　千　尋
　　　　　秋　葉　光　雄
発行者　秀　島　　　功
印刷者　萬　上　孝　平

発行所　**三共出版株式会社**　東京都千代田区
神田神保町 3-2
郵便番号 101-0051　振替 00110-9-1065
電話 03-3264-5711(代)　FAX 03-3265-5149
https://www.sankyoshuppan.co.jp

一般社団法人**日本書籍出版協会**・一般社団法人**自然科学書協会**・**工学書協会**　会員

Printed in Japan　　　　　　　　　印刷・製本　惠友印刷

JCOPY　〈(一社)日本著作出版権管理機構委託出版物〉

本書の無断複写は著作権法上での例外を除き禁じられています．複写される場合は，そのつど事前に(一社)日本著作出版権管理機構(電話 03-5244-5088, FAX 03-5244-5089, email:info@jcopy.or.jp)の許諾を得てください．

ISBN 4-7827-0473-9